高等学校教材

计算机在材料和化学中的应用

张发爱　赵　斌　编著

化学工业出版社
·北京·

本书是为材料和化学类专业学生进行初步科学研究、了解计算机在该领域中的应用而编写的。本书共分为 6 章，分别介绍了计算机在材料科学中的应用、化学中常见的计算机软件和资源、化学制图软件及分子式结构绘图 ChemWindow 软件、科学绘图和数据分析 Origin 软件、分子模拟软件 MP 以及文献管理软件 EndNote X2 的安装、使用方法和应用技巧等内容。所选软件均为最新的版本，采用图文并茂的方式进行分层次介绍，对于初学的读者非常实用，可按照书中的实例进行操作，同时在部分章节中增加了练习，以使读者通过这些练习尽快掌握软件的应用技能。

本书适用于材料、化学类专业的高校师生及相关领域的科技工作者参考，也适用于环境、能源等与化学分子式结构绘图、数据分析处理以及撰写科技论文的相关人员参考。

图书在版编目（CIP）数据

计算机在材料和化学中的应用 / 张发爱，赵斌编著. —北京：化学工业出版社，2012.6（2025.1 重印）
ISBN 978-7-122-13991-7
高等学校教材

Ⅰ. 计…　Ⅱ. ①张…　②赵…　Ⅲ. 计算机应用-材料科学　Ⅳ. TB3-39

中国版本图书馆 CIP 数据核字（2012）第 068675 号

责任编辑：杨　菁　　文字编辑：李　玥
责任校对：周梦华　　装帧设计：张　辉

出版发行：化学工业出版社（北京市东城区青年湖南街 13 号　邮政编码 100011）
印　　装：北京科印技术咨询服务有限公司数码印刷分部
787mm×1092mm　1/16　印张 11½　字数 284 千字　　2025 年 1 月北京第 1 版第 8 次印刷

购书咨询：010-64518888　　售后服务：010-64518899
网　　址：http: // www. cip. com. cn
凡购买本书，如有缺损质量问题，本社销售中心负责调换。

定　　价：36.00 元

前　言

计算机在各行各业中已经得到了广泛的应用，化学和材料行业也不例外。在人们从事的日常教学和科研工作中，经常会遇到将化学结构式、分子式、化学反应式、实验仪器装置图等加到文档中的问题，也有将实验数据归纳后如何用图形直观明了地表示出来的问题，在撰写论文时如何将大量的参考文献进行管理、引用以及按照一定的格式排版的问题。这些问题已经由一些专门的化学计算机软件来解决。一些常见的办公应用软件如 Word、Excel 尽管也有一些化学绘图、数据处理和图形表达功能，但是这些软件仅能绘制一些简单的图形，难以满足化学工作者日常工作的需要。近年来计算机专家和化学工作者合作开发了专门的化学分子式结构绘制、工程图和实验装置图绘制软件 ChemWindow、实验数据处理和图形表达软件 Origin 以及文献管理软件 EndNote 等，但是这些软件都是国外公司用英文编写，国内汉化版或者中文使用指南等书籍较少，难以使这些优秀的软件发挥较大的作用，而本书则侧重于对这几种软件进行介绍，以填补这些软件在国内使用中的空白。

本书主要介绍化学分子式结构绘图软件 ChemWindow、数据处理软件 Origin、分子模拟软件 MP 以及文献管理软件 EndNote X2 的安装、使用方法和应用技巧，全书共分为 6 章：第 1 章主要介绍计算机在材料科学，特别是高分子材料科学中的应用；第 2 章主要介绍了化学中常见的计算机软件和资源，包括分子结构、数据处理、文献管理、图谱解析、计算机辅助教学、量子化学计算等使用的软件以及它们的网站；第 3 章介绍了常见的化学制图软件，重点介绍了 ChemWindow 的功能、特点、安装、使用方法、应用示例，并列出了练习题；第 4 章主要介绍 Origin7.5 的用法，包括软件安装、工作环境、简单二维图形绘制、数据管理、多层图形绘制、非线性拟合以及数据的输入和输出，也列出了部分练习题；第 5 章介绍了分子模拟的基本知识以及分子模拟的软件，重点介绍了分子模拟软件 MP（分子的性质）的特点、使用方法以及应用实例；第 6 章主要介绍了文献管理软件 EndNote X2 的特点、使用方法，包括文献数据库的建立、管理以及在写作时的应用。

本书主要为材料和化学类专业学生学习《计算机在材料和化学中的应用》课程编写，其他专业学生也可参考。

本书第 1、2、3、5、6 章由张发爱编写，第 4 章由赵斌编写。由于编写时间紧迫，加之作者水平有限，难免出现疏漏，希望读者批评指正。

编　者

2012 年 2 月

目 录

第1章 计算机系统及其在材料科学中的应用

现代高新技术的发展，对材料的性能要求越来越高，由此对材料科学本身也提出了更高的要求。随着对材料微观结构与宏观性能关系了解的日益深入，人们将可以从理论上预言具有特定结构与功能的材料体系，设计出符合要求的新型材料，并通过先进工艺和技术制造出来。新材料的发展显然离不开近年来备受青睐的计算机技术的作用，在新材料的合成、加工以及获取更多的信息方面，都与计算机技术的发展紧密相连，计算机技术已应用于材料科学与工程的各个方面。在计算机技术迅速发展的今天，计算机模拟已经成为解决材料科学中实际问题的重要组成部分。

1.1 计算机信息系统

一个计算机信息系统通常由包括硬件、操作系统、网络系统在内的支持环境和以数据库管理为核心的数据库系统以及建立在其上的各种应用软件等几部分组成。而用户则通过专门的人机交互界面进行数据查询、修改等操作并实现统计分析、规划、决策等功能。目前计算机信息系统正向着系统集成化、结构分布化、信息多元化、功能智能化的方向发展。在材料科学领域中，尤以功能智能化为发展目标，如专家系统。目前的专家系统基本上以事务性操作为主，具有一定的决策功能，但还限于局部应用，如石刻文物防侵蚀复合材料专家系统、复合材料专家系统、各种数据库等。未来的信息或专家系统应具有知识获取、知识管理以及推理等功能，可以提供诸如提示、报警、自动记录和统计、专人或专题情报服务、预测和规划、决策和咨询等服务。

材料数据的特点是数据量庞大，世界上已有工程材料数十万种，各种化合物达几百万种，材料的成分结构、性能及使用等构成了庞大的信息体系，由此材料数据库应运而生。

计算机材料数据库具有存储信息量大、存取速度快、查询方便、使用灵活、应用广泛等优点。目前已有的材料数据库包括：合金相图数据库、陶瓷相图数据库、材料腐蚀数据库、材料摩擦磨损数据库等，还包括材料力学性能数据库、金属弹性性能数据中心和金属扩散数据中心等数十种各类数据库。网络技术的发展使得材料数据库进一步走向现代化，在材料研究、理化测试、产品设计和决策咨询中得到广泛应用。

1.2 计算机辅助系统

计算机辅助系统在材料科学中的应用主要体现在以下几个方面。

1.2.1 计算机辅助设计

目前各种合成及加工设备均采用计算机辅助设计（CAD），尤其是在高分子材料加工中的模具加工方面，计算机辅助设计已得到广泛应用，专门用于设计注塑产品的模具设计软件已得到厂家应用。该技术结合了高分子材料的物理特性、材料特性等，采用特征化、参数化技术，通过热力、静力、动力分析优化设计模型，是目前计算机辅助设计在高分子科学领域中应用取得最成功的一个方面。

材料设计是指通过理论与计算预报新材料的组分、结构与性能，或者通过理论与设计来“订做”具有特定性能的新材料，按生产要求设计最佳的制备和加工方法。材料设计按照设计对象和所涉及的空间尺寸可分为电子层次、原子/分子层次的微观结构设计和显微结构层次材料的结构设计。

材料设计主要是利用人工智能、模式识别、计算机模拟、知识库和数据库等技术，使人们能将物理、化学理论和大批杂乱的实验资料沟通起来，用归纳和演绎相结合的方式对新材料的研制做出决策，为材料设计的实施提供行之有效的技术和方法。

1.2.2 计算机辅助制造

计算机辅助制造是指在机械制造业中，利用电子计算机通过各种数值控制机床和设备，自动完成离散产品的加工、装配、检测和包装等制造过程，简称 CAM。CAM 的核心是计算数值控制（简称数控）。除 CAM 的狭义定义外，国际计算机辅助制造组织关于计算机辅助制造有一个广义的定义：“通过直接的或间接的计算机与企业的物质资源或人力资源的连接界面，把计算机技术有效地应用于企业的管理、控制和加工操作。”按照这一定义，计算机辅助制造包括企业生产信息管理、计算机辅助设计和计算机辅助生产、制造三部分。计算机辅助生产、制造又包括连续生产过程控制和离散零件自动制造两种计算机控制方式。这种广义的计算机辅助制造系统又称为整体制造系统。采用计算机辅助制造零件、部件，可改善对产品设计和品种多变的适应能力，提高加工速度和生产自动化水平，缩短加工准备时间，降低生产成本，提高产品质量和批量生产的劳动生产率。

数控已广泛应用于飞机、汽车、机械制造业、家用电器和电子产品制造业中各种设备的控制，如注塑机、挤出机、压延机及各种连续合成装置。

1.2.3 计算机辅助工艺规划

工艺规划是从原材料到产品之间加工顺序和所需条件的规划，这项工作需要由生产经验丰富的工程师进行复杂的规划。计算机辅助工艺规划（CAPP）也是运用人机交互、计算机图形学、工程数据库以及专家系统等计算机科学来实现的。高分子材料的合成及加工今后也可能采用这种方法，如通过气体辅助注塑成型实验与仿真研究，借助计算机辅助工程分析技术所提供的信息，优化模型设计，确定最佳的工艺参数配置，减少试模和修模次数。CAPP 的作用不仅在于节省了人工传递信息和数据，更有利于产品生产的整体考虑。设计工程师从公共数据库中，可以获得并考察所设计产品的加工信息，制造工程师可以从中清楚地知道产品的设计需求。全面考虑这些信息，可以使产品的生产获得更大的效益。

1.3 计算机控制系统

计算机控制系统是通过不断采集被控对象的各种状态信息，由计算机按照被控对象的模型和一定的控制策略实时地计算和处理后，作为控制信息去推动执行结构，被控对象自动地、准确地按照预定的规律运行，以减少人力，提高生产质量。目前计算机控制系统在大宗高分子材料合成装置中已被采用，如聚乙烯、聚丙烯、聚苯乙烯的合成。

使用计算机作为控制工具，控制系统及控制技术在广度和深度上都在不断发展。在广度上，向着大系统或系统工程方向发展。从单一过程、单一对象的局部控制到对整个工厂等复杂对象进行控制；在深度方面则向着智能化发展，引进自适应、模糊决策、神经网络等各种控制方法，并根据感知的信息进行推理分析、直观判断，自行学习解决问题，获得更高层次的控制效果。

材料加工是指制造材料的各种手段以及处理过程，如铸造、锻造、焊接、压力加工、机加工、热处理及粉末冶金等。所有这些均可利用计算机对其过程进行自动控制，比如目前应用较为广泛的连铸、连轧、多种化学热处理计算机控制，全自动焊机、热处理炉、粉末氢气烧结炉、数控机床等。它们共同的特点是：准确度高；可避免人为因素造成的误差或损失；可改善工人的工作条件和劳动强度；可节省人力物力资源以提高效率。材料加工技术的发展主要体现在控制技术的飞速发展，微型计算机和可编程控制器（PLC）在材料加工过程中的应用正体现了这种发展和趋势。

生产过程自动控制是生产过程现代化的标志之一。在材料加工控制领域，运用较多的是微型计算机和可编程控制器。计算机在材料加工中的应用包括以下几个方面：物化性能测试数据的自动收集和处理、加工过程的自动控制、计算机辅助设计和制造、计算机辅助研究、材料加工过程的全面质量管理等。

用计算机可以对材料加工工艺过程进行优化控制。例如在计算机对工艺过程的数学模型进行模拟的基础上，可以用计算机对渗碳渗氮全过程进行控制。在材料的制备中，可以对过程进行精确地控制，例如材料表面处理（热处理）中的炉温控制等。计算机技术和微电子技术、自动控制技术相结合，使工艺设备、检测手段的准确性和精确度等大大提高。控制技术也由最初的简单顺序控制发展到数学模型在线控制和统计过程控制，由分散的个别控制发展到计算机综合管理与控制，控制水平提高，可靠性得到充分保证。

1.4　计算机仿真（模拟）技术

计算机仿真技术是在建立模型（数学模型、过程模型等）的基础上，对所要模拟的客观或理论系统进行定量研究、实验和分析，以便为系统的实际操作提供充分的理论和实验依据。这里的“系统”是广义的，它包括工程系统（如电气系统等），也包括非工程系统（如生态系统等）。计算机仿真既不是实验方法也不是理论方法，而是在实验的基础上，通过基本原理构筑起一套模型与算法，从而计算合理的分子结构与分子行为。

1.4.1　计算机模拟技术的优势

采用各种新颖算法的模拟技术，并结合运算功能强大的计算机，人们能够做到前所未有的细致和精确程度对物质内部状况进行研究。这导致计算机模拟在材料科学中的应用越来越广泛，并由此产生了一门新的材料研究分支——计算材料科学（Computational Materials Science）。采用模拟技术进行材料研究的优势在于它不但能够模拟各类实验过程，了解材料的内部微观性质及其宏观力学行为，并且在没有实际制备出这些新材料前就能预测它们的性能，为设计出优异性能的新型结构材料提供强有力的理论指导。材料科学研究中的模拟“实验”比实物实验更高效、经济、灵活，并且在实验很困难或不能进行的场合仍可进行模拟“实验”，特别是在对微观状态与过程的了解方面，模拟“实验”更有其独特性甚至有不可替代的作用。

1.4.2 材料模拟方法与模拟层次

材料研究可针对三类不同的尺度范围：① 原子结构层次，主要是凝聚态物理学家和量子化学家处理这一微观尺度范围；② 介观层次，即介于原子和宏观之间的中间尺度，在这一尺度范围主要是材料学家、冶金学家、陶瓷学家处理；③ 宏观尺寸，此时大块材料的性能被用做制造过程，机械工程师、制造工程师等分别在这一尺度范围进行处理。既然材料性质的研究是在不同尺度层次上进行的，那么，计算机模拟也可根据模拟对象的尺度范围而划分为若干层次，如表 1.1 所示。

表 1.1 计算机的模拟层次、空间尺度及模拟对象

模 拟 层 次	空 间 尺 度	模 拟 对 象
电子层次	0.1～1nm	电子结构
原子分子层次	1～10nm	结构、力学性能、热力学和动力学性能
微观层次	约 1μm	晶粒生长、烧结、位错网、粗化和织构
宏观层次	>1μm	铸造、焊接、锻造和化学气相沉积

在研究微观尺度下的材料性能时，统计力学仍是十分有用的原子级模拟方法。这种经典方法最明显的成功是对相变的理解。例如，固体的结晶有序，合金的成分有序或铁磁体的磁化。这种模拟属于所谓的“物质的平衡态”，也就是物质从头至尾已弛豫至与环境达到热平衡和化学平衡。但是，实际许多工艺上情况是远离平衡的，例如，在铸造、焊接、拉丝和施压等情况下，平衡统计力学是不合适的。最近 10 年期间，非平衡过程的理论和这些过程的数学建模技术已经取得很大进步。随着巨型计算机的出现，用于规则的结晶固体的模拟计算，已经达到了定量预测的能力。最新的进展表明，有可能以相似的精度描述诸如缺陷附近的晶体形变、表面和晶粒边界的非规则图像。这些新方法甚至有可能用以研究物质的亚稳态或严重无序状态。

1.4.3 材料研究的主要模拟技术

1.4.3.1 第一原理模拟技术

材料的电子结构及相关物性与宏观性能密切相关。因此，研究材料的电子结构及相关物性，对从微观角度了解材料宏观形变与断裂力学行为的本质机制具有重要价值，也能为探索改善材料力学性能的可能途径提供指导。基于量子力学第一原理的局部密度函数（LDF）理论上的各种算法已能够计算材料的电子结构及一些基本物理性能，包括晶界—非晶—自由表面与断纹面—杂质—缺陷等各类原子组态的电子结构、相结构稳定性、点和切变面缺陷能量、理想解能量、原子键强及热力学函数等，这使得在实验和理论之间的比较不再局限于依靠经验或半经验参量势函数的计算模式。

1.4.3.2 原子模拟技术

按照获得原子位形或微观状态的方法，对于完整和非完整晶体的结构、动力学和热力学性质，有几种可行的模拟方法，如分子动力学方法（MD）、蒙特卡罗方法（MC）、最小能量法（EM）等。分子动力学的目标是研究体系中与时间和温度有关的性质而不只是静力学模拟中研究的构型方面。分子动力学方法是求解运动方程（如牛顿方程、哈密顿方程或拉格朗日方程），通过分析系统中各粒子的受力情况，用经典或量子的方法求解系统中各粒子在某时刻的位置和速度，来确定粒子的运动状态。蒙特卡罗方法是根据待求问题的变化规律，人为地构造出一个合适的概率模型，依照该模型进行大量的统计实验，使它的某些统计参量正好是待求问题的解。最小能量法是利用计算机计算晶体的能量，通过调整原子的位置、调整原子间的化学键长和键角得到最可能的结构，使其系统能量下降，达到最小，所计算的能量值与实验结果相比较，可达到相当精确的程度。

1.4.3.3　连续介质模型的模拟方法

为处理宏观问题，常用的方法主要包括传统的有限差分法、有限元法、边界元法等。例如，对材料研究中的传热温度场、传质扩散等问题都可借助这些方法进行求解。此外，对于某些连续的材料微观物理演变过程，也可以在对空间和时间的离散化处理的基础上，采用一定的算法对其进行数据模拟，如对材料的显微组织转变过程、晶粒或第二相粒子长大过程等现象的数值模拟。

1.4.3.4　综合化模拟方法

综合模拟技术是近年来兴起并蓬勃发展的一类新技术。综合化的含义主要体现在研究方法和研究对象的空间尺度两个方面，前者除发展全新技术外，还包括将原有的基于交互作用势函数的原子模拟技术、从第一原理出发的各种计算技术、连续介质模型、离散化数值计算这几类技术相结合的模拟技术；后者或是直接研究介于原子尺度和宏观尺度之间中间尺度（1～100μm）的材料结构与性能，或是将不同尺度的材料行为联系起来作为统一体加以研究，特别是如何将不同层次的研究联系起来，已成为材料模拟领域最富挑战性的重点课题。

1.4.3.5　人工智能模拟技术

在材料研究和应用的不少领域中，很大程度上还依靠经验解决问题，或者某些问题即使存在理论上的算法解，但由于解法过于复杂，使它们难以应用到实际中。针对上述现象，属于人工智能范围的各种计算机模拟技术为解决这些涉及材料研究与应用中特有的问题提供了有效工具，包括聚类模拟识别技术、专家系统、人工神经网络技术等，它们已经逐渐被应用于材料的组织成分设计、材料制备和加工过程的控制、材料物理与力学性能的预测等各个方面。

1.4.3.6　优化设计技术

这种设计的基本原理是：从已有的大量数据、经验事实出发，利用现有的各种不同结构层次的数学模型，如合金的成分、组织、结构与性能关系的数学模型及相关数据理论，如固体与分子经验电子理论、量子理论等，通过计算机对比、推理思维来完成优选新合金、新材料的设计过程。优化设计实质上就是数学上的最优化问题，任何一个需要优化设计的实际材料问题都可以用最优化技术来解决。

1.4.4　计算机模拟在材料科学中的应用

计算机仿真的用途十分广泛，它可应用于系统生命周期的三个阶段，即系统论证分析、系统开发建立和系统运行维护。在系统论证分析阶段，计算机仿真论证新系统建立的可能性及必要性，分析原有系统存在的问题及改进途径，减少盲目性和风险。在系统开发建立阶段，计算机仿真可用于实验新建立的系统（或子系统）的动态性能，提高工程质量。在系统运行维护阶段，计算机仿真可用于对系统运行进行指导（如调度），训练系统的操作人员，提高系统的运行质量。

1.4.4.1　新材料的设计合成

材料设计是指通过理论与计算，预报新材料的组分、结构与性能，或者通过理论与设计来“订做”具有特定性能的新材料，按生产要求设计最佳的制备和加工方法。材料设计主要是利用人工智能、模式识别、计算机模拟、知识库和数据库等技术，使人们能将物理、化学理论和大批杂乱的实验资料沟通起来，用归纳和演绎相结合的方式对新材料的研制做出决策，为材料设计的实施提供行之有效的技术和方法。

无论是对现有材料的合成与制备过程的改进，还是对新材料合成与制备的研究，仍然在很大程度上需要参照现有同类材料的合成与制备经验。这就使得各类材料的数据库，特别是各种材料的化学和物理化学性质的数据库显得非常重要。例如，一种新陶瓷材料的合成，一种新型晶体材料的生长，如果能得到有关相图方面的信息，就可以大大减少工作中的盲目性，减少工作量。这时，计算机及其相关技术就成为必不可少的工具，依据材料科学的知识系统，将大量丰富的实验与模拟计算资料存储起来以形成综合数据库。目前，各国的材料研究机构已经建立了许多不同类型的数据库，如合金系相图、晶体结构参数和物理性质、相和组织的力学性能图等。

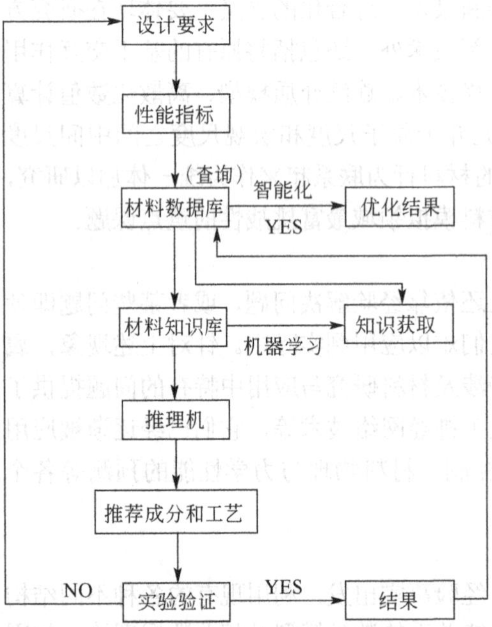

图 1.1　材料设计专家系统流程

材料设计是研究材料的合成和制备问题的最终目标之一。许多化学家、物理学家和材料学家在这一方向上不懈地努力着。他们将材料方面的大量数据和经验积累起来，在数据库的基础上形成了大大小小的专家系统，一些工作已经取得了很好的结果。

如图 1.1 所示的是一个计算机辅助 Bi-YIG 磁光薄膜材料设计的专家系统，在这个系统中两个最重要的部分就是材料数据库和材料知识库。材料数据库中存储的是具体有关材料的数据值，它只能进行查询而不能推理；材料知识库中存储的是规则，当从数据库中查询不到相应的性能值时，知识库却能通过推理机构以一定的可信度给出性能的估算值，从而实现性能预测功能。同时，也可用知识库进行组分和工艺设计，在整个知识库中采用了近年来在国际上兴起的数据库知识发现技术 KDD。材料设计的专家系统是今后发展的重要方向之一。

1.4.4.2　材料的组成和结构分析

现今材料的组成和结构表征研究主要采用各种大型分析设备进行，例如扫描电镜（SEM）、透射电镜（TEM）、分析电镜（AEM）、扫描探针显微镜（SPM）等；各种谱仪如可见光谱、红外光谱、拉曼光谱、原子吸收光谱、等离子体发射光谱、荧光光谱等；各种衍射仪如 X 射线衍射、电子衍射、中子衍射等。这些大型分析设备几乎无一例外地是在计算机的控制之下完成分析工作的。这些分析设备提供不同的分析模拟软件以及相应的数据库，而且这些分析模拟软件的功能非常强大，大大减轻了数据处理的工作量，可以给出能够直接用于发表的各种图表。

1.4.4.3　材料的性能测试和分析

材料性能的测定大多使用专门的测试设备和仪表。有时为了测定某些较为特殊的性能，也常用一些通用的测试设备和仪表组成比较复杂的测试系统。在组建的测试系统中，如果使用计算机来控制整个系统，使其协调运行，进行数据采集和数据处理，通常都能使整个系统的功能得到飞跃性的增强。计算机化的材料性能测试系统（CAT 系统）是提高材料研究水平的重要手段。由于计算机灵活的编程方式，强大的数据处理能力和很高的运算速度，使得 CAT 系统可以实现手动方式不能完成的许多测试工作，提高了材料实验研究的水平和测试的精度。在材料性能分析方面，计算机的应用也非常广泛。例如，对纳米非均匀体系中的内应力场及其对相变的影响以及多晶系统中的晶粒压电共振等许多问题进行计算和模拟。这些计算和模拟为深刻地认识材料的物理性质，为建立相应的物理模型提供了有力的论据。

1.4.4.4　材料加工的自动控制

对材料进行加工是工业上制造和处理材料的重要手段。材料加工主要包括铸造、锻造、压力加工、热处理及粉末冶金等。所有这些均可利用计算机对其进行自动控制。材料加工的基本原理是：根据材料加工的尺寸或性能要求向计算机输入相关数据，将得到的信息经过 A/D 转换成数字信号输入计算机，计算机经过自己的程序处理，最后将处理的数字信号经 D/A 转换器变成模拟信息，进而将模拟信息传输到相应的执行设备以达到自动控制效果。

1.4.4.5　相图计算及其软件

相图是描述相平衡系统的重要几何图形，通过相图可以获得某些热力学资料；反之，由热力学数据建立一定的模型也可计算和绘制相图。用计算机来计算和绘制相图有了广泛的应用。当今最具代表性的材料集成热化学数据库和相图计算软件是瑞典皇家工学院开发的 Thermo-Calc 系统（包括物质和溶液数据库、热力学计算系统、热力学评估系统）和加拿大蒙特利尔工业大学开发的 FACT 系统（包括物质和溶液两个数据库及一套热力学和相图等的优化计算软件）。这些软件的共同特点是集成了具有自洽性的热化学数据库和先进的计算软件，可用于各种类型的二元、三元和多元相图的平衡计算。

1.4.5　计算机模拟在高分子材料科学中的应用

计算机模拟覆盖了高分子物理、高分子化学、高分子材料加工与高分子材料的分子设计等领域。目前国内外许多专家都在开拓该领域的研究。

计算机仿真最早开展研究是在高分子材料物理性能的估算方面，目前仍是国内外研究的热点，从基本分子结构形态模拟估算到高分子材料各种物理性能的估算，几乎涉及高分子物理的各个方面。

在高分子结构方面，用计算机模拟网状聚合物中链的取向，模拟支链聚合物分子量分布和支化度，采用动力学理论模拟网状聚合物的形成。在高分子电性能方面，模拟偶极转化极性聚合物的介电松弛，模拟稳定聚合物铁磁体液晶态的光电响应，固体聚合物电解质的离子传导。在高分子力学性能方面，模拟聚合物液晶的结构和机械性能关系。利用随机抽样（或称统计法）的 Monte Carlo 模拟技术，在研究聚合物的热力学性质、相分离动力学、链动态学、链的构象和构型性质以及聚合物共混物的相形态学等方面有大量成果。

聚合反应是非常复杂的，由于影响因素较多，很多反应难以对其反应机理和动力学行为进行精确的建模和仿真。在聚合过程中，寻找能反映聚合体系的化学和物理本质，准确描述反应动力学行为的模型是亟待解决的问题。许多学者提出了各种模型，例如：

（1）从苯乙烯自由基聚合反应和机理出发，在工厂生产模拟实验数据的基础上，建立苯乙烯本体聚合反应动力学模型。针对不同待定参数的识别问题，采用相应优化方法，给出用于估计待定参数初始值范围的经验公式，有效地解决苯乙烯聚合反应的动力学方程参数初始值难以确定的问题。

（2）模拟二氧化碳环氧丙烷共聚过程。

（3）能用于模拟多种单体的乳液聚合过程的数学模型。

（4）以一个工业化聚酯生产过程为例，以反应度法和生成函数为工具，建立描述此类缩聚反应过程的反应动力学及其分子分布的数学模型。

1.5 计算机数据和图像处理技术

材料科学研究在实验中可以获得大量的实验数据，这些处理数据往往比较复杂，涉及的数据精度要求较高，仅凭人工计算处理难以达到精度要求，即使能达到，也要花费相当多的精力和时间，且出错的概率很大。借助计算机的存储设备，可以大量保存数据，并对这些数据进行处理（计算、绘图、拟合分析）和快速查询等。

材料的性能与其凝聚态结构有密不可分的关系，其研究的手段之一就是光学显微镜和电子显微镜技术，这些技术以二维图像方式表述材料的凝聚态结构。利用计算机的图像处理和分析功能就可以研究材料的结构，从图像中获取有用的结构信息，如晶体的大小、分布、聚集方式等，并将这些信息和材料性能建立相应的联系，用来指导结构的研究。

目前，可用于数据管理、计算、绘图、解析和拟合分析的软件很多，有些功能强大，有些则相对简单、专业化。一个比较著名的软件是 Microcal Software 的 Origin 软件（参见第 4 章），可以对科学数据进行一般的处理与绘图，对实验数据进行常规处理和一般的统计分析，用数据作图，用多种函数拟合曲线等。

计算机图像分析系统正逐渐成为辅助研究材料结构与性能之间定量关系的一种重要手段。图像处理主要是用常规软件（Photoshop 等）进行材料的图像分析与处理，例如，材料凝聚态结构单元的测量，利用图像色调整的方法进行图像的二值化，包括目标粒子的分离、背景的去除等。典型的应用如计算机图像分析系统在金属材料研究中的应用，包括晶粒度测量、夹杂物的评级、相分析（包括测含量及形状因子）以及显微硬度、孔洞率、球化率、圆度和涂层厚度的测定。

计算机在材料检测中的应用目前主要集中于材料的成分、组织结构与物相、物理性能的检测，以及机械零部件的无损检测等方面。其基本方法是借助于某种探测器，将各探测到的信号转化为数字信号传输到计算机里，然后通过程序员编制的相关程序对这些数字信号判断、处理后得到相应结果。例如，能谱分析仪、X 射线仪、超声波无损检测仪、万能材料实验机等的计算机处理系统等就是这方面应用的成功事例。

1.6 计算机模拟的步骤

计算机模拟的基本步骤是：① 首先建立系统的数学模型，并将它转变为能在计算机上运行的仿真模型；② 根据研究目的，设计在计算机上对模型进行实验的框架；③ 在计算机上运行模型以得到模型的行为特性；④ 对行为特性进行分析，若有必要，需改进模型或实验框架，重复上述步骤。

根据系统数学模型的描述特点的不同，计算机仿真一般分为连续系统仿真与离散条件系统仿真两大类。二者的主要区别是连续系统的数学模型一般可用方程来加以形式化描述，而离散条件系统则难以用方程加以形式化描述，往往要以一组逻辑条件及实体流程图来加以描述。

1.7　结束语

计算机作为一种现代工具，在当今世界的各个领域日益发挥着巨大的作用，它已渗透到各门学科领域以及日常生活中，成为现代化的标志。计算机应用技术从最初的数值计算开始已逐渐渗透到材料研究领域的各个方面。计算机应用系统也由最初的单机系统向集成化、网络化、智能化方向发展，并可处理各种形式的信息。计算机应用系统也由最原始的手工编程发展到运用软件工程的原理以及诸如层次、结构和面向对象的多种开发方法。由于更多地依赖专用的软件开发工具和环境以及在操作系统和应用软件之间出现了越来越多的中间软件，为应用软件的开发提供了方便的平台和接口，从而使计算机应用的开发人员趋于非计算机专业化，也使计算机技术广泛应用于材料科学。

参考文献

[1] 李旭祥. 计算机技术在高聚物研究中的应用. 石化技术与应用，2000，18（3）：125-128.
[2] 黄万. 计算机在材料科学中的应用. 包钢科技，2005，31（增刊）：6-8.
[3] 陈文革，魏劲松，谷臣清. 计算机在材料科学中的应用. 材料导报，2000，1（2）：20-21.
[4] 高英俊，刘慧，钟夏平. 计算机模拟技术在材料科学中的应用. 广西大学学报：自然科学版，2001，26（4）：291-294.

第 2 章　化学中的常用计算机软件与资源

计算机作为一种化学学习和研究的工具有着不可替代的作用。它不仅能够帮助人们进行文字及图形处理等文书工作，而且可以在化学学习与研究的各个方面协助人们更快、更好地工作。本章介绍一些常用的能在 PC 上使用的化学类软件，以期能帮助读者在自己的学习和研究中做出有效、快速的选择。

2.1　化学结构式

有关化学结构式编辑的软件市面上有很多，它们各有所长，既有商品的，也有对教育界及家用免费的。其功能主要是描绘化合物的结构式、化学反应方程式、化工流程图、简单的实验装置图等化学常用的平面图形的绘制。常见的这类软件有：ChemDraw、ChemWindow、ISIS Draw、ChemSketch 等。ChemDraw 和 ChemWindow 为商业软件，有关它们的资料可以查阅各自的网站 http://www.camsoft.com/software（现为 PerkinElmer 公司所有）和 http://www.bio-rad.com，最新版本分别为 12.0 和 6.5。ISIS Draw 和 ChemSketch 对教育界及家用为免费软件，可以在它们各自的网站 http://accelrys.com/products/informatics/cheminformatics/draw/ 和 http://www.acdlabs.com/resources/freeware/chemsketch/ 上下载，最新版本分别为 2.4 和 4.0。

ChemDraw 为当前最常用的结构式编辑软件，除了以上所述的一般功能外，其 Ultra 版本还可以预测分子的常见物理化学性质，如熔点、生成热等；对结构按 IUPAC 原则命名；预测质子及 ^{13}C 化学位移等。

ChemWindow 的一个最突出的特点是与光谱的结合，它的 6.5 Spectroscopy 版本包括了一个约 5 万张 ^{13}C NMR 的数据库（达 250MB），因而其预测更加精确；除了根据化合物的结构预测 ^{13}C NMR 化学位移外，还能预测红外图谱、质谱等，更可以读入标准格式的 NMR、IR、拉曼（Raman）、UV 及色谱图。

这些程序虽然可以画出非常好的二维化学结构，但除了 ChemSketch 外，要表现出三维的化学结构则十分困难，必须依赖于一些专门的 3D 软件来实现。

2.2　三维结构

比较有名的化学三维结构显示与描绘软件有：Chem3D、WebLab Viewer Pro、RasWin、ChemBuilder 3D、ChemSite 等，它们都能够以线图（Wire Frame）、球棍（Ball and Stick）、CPK 及带状（Ribbon）等模式显示化合物的三维结构，如图 2.1 所示。其中的 RasWin 和 WebLab Viewer 的 Lite 版只能显示而无法编辑三维分子模型，作为免费软件，RasWin 可以在几乎所有的化学软件站点找到，WebLab Viewer 的下载地址为 http://www.chem.ac.ru/Chemistry/Soft/WEBLAB.en.html。

Chem3D 同 ChemDraw 一样，是 ChemOffice 的组成部分，它能很好地同 ChemDraw 一

起协同工作，ChemDraw 上画出的二维结构式可以正确地自动转换为三维结构。它的 Ultra 版本还包括一个很好的半经验量子化学计算程序 MOPAC 97，并能与著名的从头计算程序 Gaussian98 连接，作为它的输入、输出界面。能够以三维的方式显示量子化学计算结果，如分子轨道、电荷密度分布等。

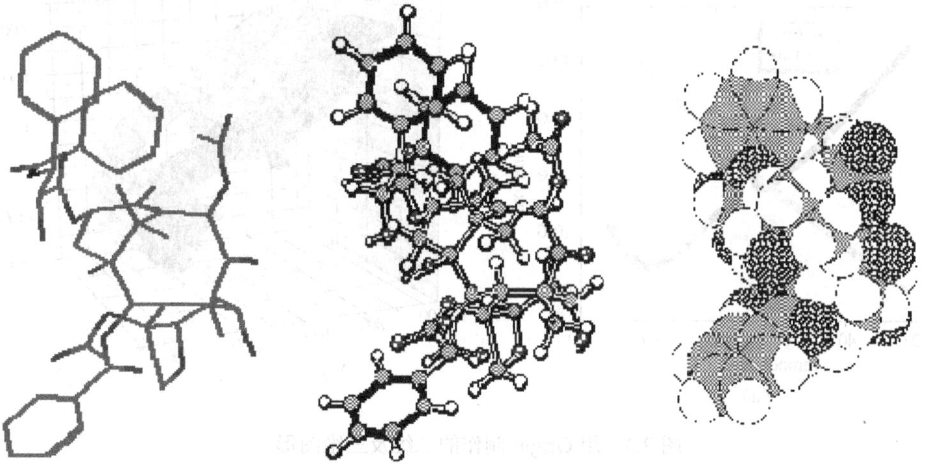

(a) Wire Frame　(b) Ball and Stick　(c) CPK

图 2.1　各种三维结构模型

WebLab Viewer 的 Pro 版本表现生物分子和晶体结构的能力比较强，如图 2.2 所示。

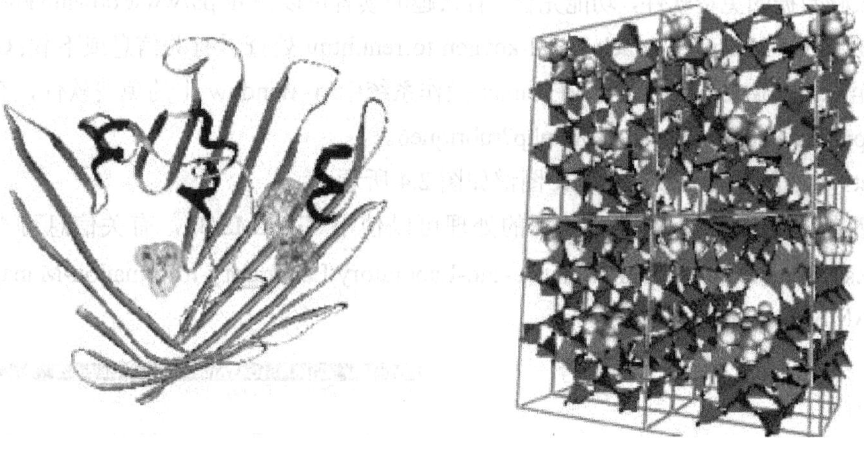

(a) Porin　(b) Sorbate In Zeolite

图 2.2　WebLab Viewer 的 Pro 版表现的生物分子和晶体结构

2.3　数据处理

化学中的数据处理多种多样，对不同的数据处理要求采用不同的软件完成。通用型的软件如 Origin、SigmaPlot 等可以根据需要对实验数据进行数学处理、统计分析、傅里叶变换、t-试验、线性及非线性拟合；绘制二维及三维图形，如散点图、条形图、折线图、饼图、面积图、曲面图、等高线图等。Origin 的最新版本为 8.6，其演示版可以从 http://www.originlab.com/

下载；SigmaPlot 的最新版本为 12，其版本可以从 http://www.sigmaplot.com/products/sigmaplot/sigmaplot-details.php 下载。

由 Origin 生成的二维及三维图形，如图 2.3 所示。

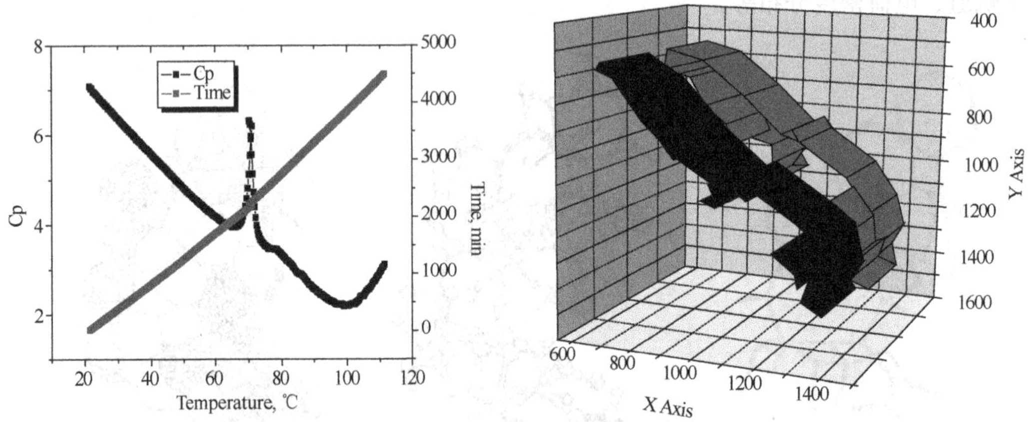

（a）（b）

图 2.3 用 Origin 制作的二维及三维图形

核磁数据处理软件有：Nuts、Mestre-C、Gifa 等，NUTS 可以处理一维及二维核磁数据，其功能包括傅里叶变换、相位校正、差谱、模拟谱、匀场练习等几乎所有核磁仪器操作软件的功能，安装程序不大（3MB），其演示版可以在http://www.acornnmr.com/下载；Mestre-C 为处理一维核磁数据的免费软件，功能完善。有兴趣的读者可以在 http://www.downloadwarez.org/free-full-download-Mestre+C-crack-serial-keygen-torrent.html 处查看有关信息或下载；Gifa 可以处理一维至三维核磁数据，为运行在 Linux 操作系统中 X-Window 上的免费软件，有关信息可查看 http://abcis.cbs.cnrs.fr/site/spip.php?rubrique6。

由 Nuts 生成的一维及二维 NMR 图谱如图 2.4 所示。

色谱及红外、Raman 等实验数据的处理可以使用 GRAMS/32，有关信息可查阅网页 http://www.softscout.com/software/Science-and-Laboratory/Laboratory-Information-Management-LIMS/GRAMS32-AI.html。

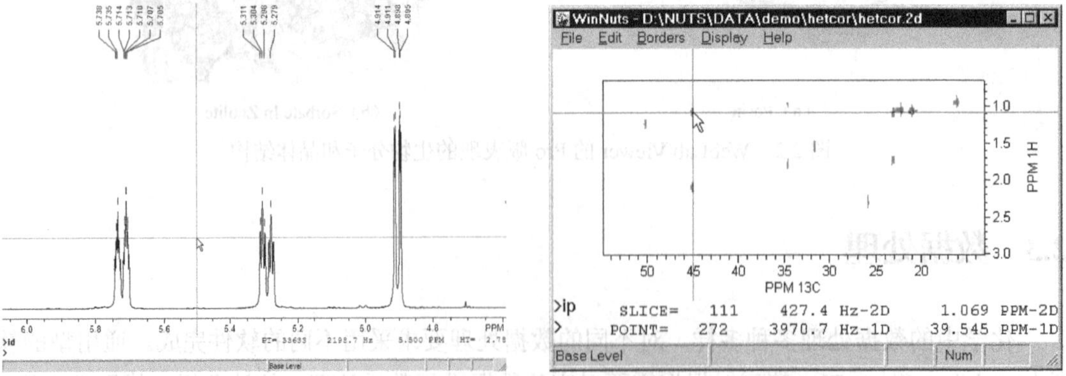

（a）（b）

图 2.4 由 Nuts 生成的一维及二维 NMR 图谱

2.4 文献管理

在收集参考文献过程中，文献管理程序可以帮助人们整理、排列所收集的内容；撰写研究论文的过程中，这类程序允许用户直接在文字处理过程中插入参考文献，并按要求自动生成规定格式的参考文献列表。这类程序中有代表性的有：EndNote、Reference Manager 和 ProCite 等，它们都能对文献进行整理，能在文字处理程序中直接插入参考文献并生成一定杂志规定格式的参考文献列表。所不同的是 EndNote 有时对中文版的文字处理程序如 Word 的兼容性有问题，导致 Word 不能正常启动。其他两个程序则无此类问题。有关程序的演示版或测试版可以在 http://www.niles.com/（EndNote X5）和 http://www.risinc.com/（Reference Manager 12，ProCite 5.0）找到。

2.5 图谱解析

解析有机化合物的红外、核磁及质谱有时是一件非常困难的工作，特别是复杂化合物的图谱解析更是这样。

核磁图谱的解析可以先利用 ChemNMR、C13 Module for ChemWindow 或 gNMR 等软件对目标化合物的化学位移进行估算或做出模拟谱，用以协助对该化合物图谱的指认。ChemNMR 为 ChemDraw Ultra 版本的一个插件，可以用来估算大多数有机物的 ^{1}H、^{13}C 化学位移及用线图表示的相应图谱。C13 Module for ChemWindow 为 ChemWindow 的一个插件，可以用来估算大多数有机物的 ^{13}C 化学位移。gNMR 则可用来估算任何 NMR 活性核的化学位移，并能画出非常逼真的图谱，该软件包所带的几个工具（gSPG、gCVT）也可用来处理一维核磁图谱数据，并能与模拟谱进行比较，有关该程序的信息及演示版可以查阅 http://www.cherwell.com/。二维核磁的解析可以使用 Sparky 程序，特别是对复杂 2D NMR 的解析非常有用。IR Mentor Pro 及 IR SearchMaster 为专门用来辅助红外图谱解析的工具，它们能对给定的红外图谱数据自动分析与处理，或对给定的振动谱带给出可能存在的功能团，有关的版本 IR Mentor Pro 2.0 (Bio-Rad Laboratories) 可以在 pubs.acs.org/doi/abs/10.1021/ed074p764.2 下载。MassSpectra Simulator 为质谱模拟程序，其有关信息可以查阅网址 http://www.i-mass.com/software.html。此外，在 ChemWindow 6.0 Spectroscopy 版本中也有丰富的质谱分析辅助工具。

2.6 计算机辅助教学

利用计算机动画、多媒体等工具可以协助人们学习一些比较抽象的理论。这类的软件市面上非常多，不胜枚举。这里只介绍两个有关有机合成路线设计和有机化合物命名的工具。

CHAOS 程序的出现比较早，是随 *Organic Chemistry in Action* 一书一起上市的，这个短小精悍的程序可以使用“逆序法”自动寻找目标物的合成原料，非常好用。

前面已经介绍了 ChemDraw 的 Ultra 版本中包括有机物的 IUPAC 命名功能，那是因为其中包括一个 Beilstein 公司的 AutoNom 2.0 命名软件；实际上，该公司推出了 AutoNom 4.0 版，其功能更强大，除了给出 IUPAC 名称外，还给出了 CAS 名称，更增加了对立体化学的支持。

2.7 量子化学计算

量子化学对分子结构与性质的解释与预测是任何其他工具所不能替代的。但对大部分的化学工作者来说，不可能也没有必要去弄清楚量子化学计算的每一个细节，他们关心的只是其结果。与分子结构和性质计算有关的程序逐渐成为化学研究中一个必不可少的工具。

WinMopac 为著名的半经验分子轨道（AM1、PM3、MINDO/3、MNDO 等）计算程序 MOPAC 的商业版本，同共享版相比，界面更友好、方法更多。计算出的分子轨道及电荷密度等可以用三维图形表示出来。WinMopac7.21 有关信息可查阅 http://members.fortunecity.com/winmopac。

PC Spartan 为 WaveFunction 公司的产品，分为标准版、Plus 版及 Pro 版，功能依次增加，其计算方法包括：MM2、AM1、AM1 with Solvent、PM3、从头计算等，也可将分子轨道及电荷密度等用三维图形表示。有关信息请查阅 http://www.crackquest.com/download/p/pc-spartan-plus/。

HyperChem 等功能比 PC Spartan 更强，包括常用的几乎所有分子力学及半经验分子轨道方法及多种基集的从头计算等，并能计算振动光谱、电子光谱、分子动态学等，所得结果可以非常漂亮的三维图形表示出来。HyperChem 8.0.10 在其网站 http://www.hyper.com/可以下载测试版。

GAMESS 为一个免费的从头计算程序，其速度快，并提供源程序。但其界面为 DOS 界面，必须用手工输入分子结构及计算相关的命令，比较烦琐。有关信息可查阅 http://www.msg.ameslab.gov/GAMESS/GAMESS.html。另外，有一个专门为 GAMESS 设计的用户界面 Visualize，使得结构与命令的输入更简单，计算的结果可以三维图形方式表现出来。该软件也为免费程序，可以在 http://www.chemissian.com/上下载。

Gaussian 在量子化学界非常有名，支持常用半经验方法、从头计算法及密度泛函理论，其用户界面不够友好。但可以在 Chem3D 加入 CS Gaussian Client 插件后简化用户的操作。其站点在 http://www.gaussian.com/。Gaussian 是一个功能强大的量子化学综合软件包。其可执行程序可在不同型号的大型计算机、超级计算机、工作站和个人计算机上运行，并相应有不同的版本。高斯功能：过渡态能量和结构、键和反应能量、分子轨道、原子电荷和电势、振动频率、红外和拉曼光谱、核磁性质、极化率和超极化率、热力学性质、反应路径，计算可以对体系的基态或激发态执行。可以预测周期体系的能量、结构和分子轨道。因此，Gaussian 可以作为功能强大的工具，用于研究许多化学领域的课题，例如取代基的影响、化学反应机理、势能曲面和激发能等。

Jaguar 为 Schrodinger 公司给使用工作站（如 SGI、HP、DEC）及 Linux 操作系统的 PC 所设计的从头计算及密度泛函计算程序，其速度特快，用户界面一般。其站点为 http://www.schrodinger.com/。

Titan 为设计 PC Spartan 的 WaveFunction 公司与设计 Jaguar 的 Schrodinger 公司合作的结晶，该产品支持半经验方法、从头计算法及密度泛函计算，用户界面友好。但功能相对较薄弱。

Cache 5 是用于生命科学、材料和化学的计算机辅助化学建模软件包，适用于实验化学家、生物化学家、药物化学家、计算化学研究者，以及高等教育工作者。Cache 使用经典和量子力学方法，并有 Dgauss 的图形界面，可以使用密度泛函理论进行计算。它包含很多新的半经验方法，可以计算直到 20000 个原子的分子，甚至可以挑战实验精度。其公司主页为 http://www.cachesoftware.com，应用平台包括 Windows 95/98/NT4/2000/Me、Macintosh。

参考文献

[1] http://www.bioon.com/service/softwares/78799.shtml.

[2] http://phychem.snnu.edu.cn/web/jxzy/20051071106528906.htm.

第 3 章　化学制图软件及化学之窗 ChemWindow

随着电子计算机应用的不断发展与普及，各行各业对软件的要求不断地增加。对于一个非计算机专业的用户来说，如何选择与获得最好的软件为自己的生活和工作带来便利值得探讨。作为一个化学工作者，以往常常为画出标准的各式各样的化学分子结构式及化学图形而费尽心机。而在微型计算机不断普及的今天，如能用化学软件来完成此项工作，无疑将会给自己的科研和工作带来事半功倍的效果。ChemWindow 及其他化学软件正是解决此问题的有力工具。

3.1　常见的化学制图软件

3.1.1　ChemSketch

ChemSketch 是绘制分子结构的免费软件，它是高级化学发展有限公司（ACD）设计的用于化学画图用软件包，该软件包可单独使用或与其他软件共同使用。该软件可用于画化学结构、反应式和图形，也可用于设计与化学相关的报告和演讲材料。该软件中包含各种链结构、环结构、组结构、有机化学等模板，并支持自定义模板。所作图形均为矢量图，能任意旋转、放大，所见即所得。

ACD/ChemSketch 有如下主要功能。

（1）结构模式。用于画化学结构和计算它们的性质。

（2）画图模式。用于文本和图像处理。

（3）分子性质模式。可以对以下性质进行估算：分子量、百分含量、摩尔折射率、摩尔体积、等张比容、折射率、表面张力、密度、同位素质量、标称分子量和平均分子量。

ACD/ChemSketch 可以作为画图软件包单独使用，也可作为其他 ACD 软件的终端使用，如 NMR 预测软件。

ChemSketch 目前版本具有以下新功能。

（1）用 PDF 格式保存 ChemSketch 文件，进而可以在 Adobe Acrobat Reader 和相关软件中使用。

（2）将结构式以 Chemical Markup Language（CML）格式输出。

（3）可以将 SMILES 线性结构转变成分子结构，反之亦然（立体化学结构除外）。

（4）不仅可以计算平均原子量，而且可以计算最常见的同位素的原子量。

（5）扩展了作者在线指导，并依据用户最喜欢的杂志上的最新消息进行升级。

（6）分子结构式命名，只要单击工具栏中的相应工具键即可。

（7）立体旋转功能（3D Rotational Convention），与 ACD/3D Viewer 相同。

ChemSketch 目前版本为 12.0。运行平台包括 Windows 9X/Me/NT/2000/XP/2003，文件大

小为 3.6 MB，软件语言为英语。

3.1.2　ISIS/Draw

ISI Draw 2.5 是很有名的绘制化学结构式的免费软件，内建 RASMOL 插件，不须再下载 RASMOL。界面与操作类似 ChemWin，从其体积便知其功能非常强大。备注有 3MB 多的帮助（help）文件。

ISIS/Draw 是一个智能的化学绘图软件包，能自动识别化合价、键角和各种环，使用户如同在纸上一样，轻轻松松地绘制化学结构。可以将绘制的 ISIS/Draw 结构图插入到文档、网页、电子表格和讲演稿中。也能够用 ISIS/Draw 创建 2D 和 3D 分子、聚合物和反应数据库。

软件开发商为 MDL Information Systems，Inc.。

ISIS/Draw 具有以下特点。

（1）创建高质量的图形：所有种类的化学结构，包括复杂的生物分子和聚合物。

（2）发送分子结构到各种网页。

（3）具有常用软件的综合性能：剪贴 ISIS/Draw 图到 Microsoft Word、Excel、PowerPoint 等其他软件。

（4）创建化学智能查询。

（5）创建化学结构的本地数据库。

（6）使绘制的 2D、3D 分子注册到 ISIS 主服务器数据库。

系统要求：IBM PC 或 100% IBM PC-兼容计算机，要求用 80486 以上处理器；SuperVGA（800×600）监视器或更好，Microsoft Windows 兼容鼠标。

操作系统：Windows 9X/Me/NT/2000/DOS。

内存：16 MB（Windows 95/98），24 MB（Windows NT），64 MB（Windows 2000）。注释：一些操作系统可能需要更多的内存。

打印机：Microsoft Windows 兼容 PostScript 打印机。

硬盘空间：MDL ISIS/Draw，14.2 MB；MDL ISIS/Base，16.8 MB。

3.1.3　Chemistry 4D Draw

Chemistry 4D Draw（绘制化学结构、化合物命名软件）由 Cambridge Soft Corporation 出品。这个新一代化学程序结合了先进的化学结构绘制技术，一个专有模块 NamExpert（命名专家），能够识别 IUPAC 命名法则，只需要输入化合物名称，就能够创建高质量的化学结构，该程序含有一整套工具，用于绘图、文本、结构编辑和标记。其特点包括交互式 3D 旋转、句法校对、热键标记、多步撤销、使用者自定义名称、创建结构模板等。

系统要求：Windows 95/98/NT/2000/Me/XP，OS/2，Macintosh。

软件开发商为 ChemInnovation 软件公司，公司网址为 http://www.cheminnovation.com。

3.1.4　GlassyChemistry

GlassyChemistry（玻璃化学软件）是一个化学工具软件，它可以绘制 2D 化学结构和化学反应方程式、实验室玻璃器皿、实验装置图。由德国 SoftShell 公司开发，其中的 ChemWindow 是最早的有机分子结构绘制软件。

ChemWindow 6.0 版本后整合到 GlassyChemistry 2000，还可以用来构建和组装二维的实验室玻璃器皿和实验装置图，实验仪器装置可以是彩色的，形象十分逼真。

3.1.5 ChemOffice 2010

英国剑桥公司最新版本 ChemOffice 2010 是世界上优秀的桌面化学软件，该软件包是为广大从事化学、生物研究领域的科研人员个人使用而设计开发的产品。同时，这个产品又可以共享解决方案，给研究机构的所有科技工作者带来效益。利用 ChemOffice 可以方便地进行化学生物结构绘图、分子模型及仿真，可以将化合物名称直接转为结构图，省去绘图的麻烦；也可以对已知结构的化合物命名，给出正确的化合物名称。在这里科学家可以用 ChemDraw 和 ChemOffice 去完成自己的想法，和同事用自然的语言交流化学结构、模型和相关信息，在实验室科学家用 E-Notebook 整理化学信息、文件和数据，并从中取得他们所要的结果。

ChemOffice Ultra 2010 版包含以下功能模块。

（1）ChemDraw 模块，是世界上最受欢迎的化学结构绘图软件，是各论文期刊指定的格式。

（2）Chem3D 模块，提供工作站级的 3D 分子轮廓图及分子轨道特性分析，并和数种量子化学软件结合在一起。由于 Chem3D 提供完整的界面及功能，已成为分子仿真分析最佳的前端开发环境。

（3）ChemFinder 模块，化学信息搜寻整合系统，可以建立化学数据库、储存及搜索，或与 ChemDraw、Chem3D 联合使用，也可以使用现成的化学数据库。ChemFinder 是一个智能型的快速化学搜寻引擎，所提供的 ChemInfo 信息系统是目前世界上最丰富的数据库之一，包含 ChemACX、ChemINDEX、ChemRXN、ChemMSDX，并不断有新的数据库加入。ChemFinder 可以从本机或网上搜寻 Word、Excel、PowerPoint、ChemDraw 和 ISIS 格式的分子结构文件。还可以与微软的 Excel 结合，可连接的关联式数据库包括 Oracle 及 Access，输入的格式包括 ChemDraw、MDL ISIS SD 及 RD 文件。

（4）ChemOffice WebServer，化学网站服务器数据库管理系统，用户可将自己的 ChemDraw、Chem3D 作品发表在网站上，使用者就可用 ChemDraw Pro Plugin 网页浏览工具，用 WWW 方式观看 ChemDraw 的图形，或用 Chem3D Std 插件中的网页浏览工具观看。

ChemOffice 2010 V12.0 完整版下载地址为 http://media.cambridgesoft.com/cbou120/cbou120.exe。

3.1.6 ChemDraw

ChemDraw 是一个化学绘图程序，包括立体化学结构的识别和显示，创建多页文档，ChemNMR 可显示化合物的核磁光谱，并进行校对。Name=Struct 能快速将名称转化为相应的结构，AutoNom 可为指定结构创建 IUPAC 名称。ChemDraw 还可以和 Excel 对接，用互联网连接到 ChemACX.com，很容易得到相关的原始资料，ChemDraw 插接件可加入化学智能到用户的浏览器，以便从 Web 网站查询或显示数据。

ChemDraw 有三个版本，标准版、专业版和超级版，并提供试用版。

程序开发商为英国剑桥软件公司。运行平台为 Windows 95/98/Me/NT/2000/XP。

3.1.7 ChemWindow

ChemWindow 由 Soft Shell Intern Ltd.于 1989 年推出首版，到 1993 年发行了 3.0 版，现在最新的是 6.5 标准版。该软件主要功能是能绘出各种结构和形状的化学分子结构式及化学图形，具有一般其他绘图软件所不具备的化学分子图形编辑功能。ChemWindow 运行于

Microsoft Windows 95 或 3.x 版以上，由于 Windows 环境下具有的友好用户界面和便利的切换功能，使得其资料可共享于各软件之间。该软件在绘制化学专业图形方面使用方便且功能强大，可免去许多人工手绘化学分子图形之苦，为日常的教学和科研带来许多方便，该软件与 Microsoft Word、PowerPoint 等软件联用，可出色地完成一般化学科技论文的编印及制作出漂亮的专业幻灯片，为化学工作者带来极大便利。

3.2　ChemWindow 6.0 的主要功能和特点

ChemWindow，即“化学之窗”，在 1993 年推出 3.0 版后，其强大的化学绘图功能已被广大的化学工作者所熟悉。现在 ChemWindow 推出了新版本 6.5，其在功能上得到了更多的增强和扩展。它可以画出各种复杂的脂肪环烃、芳香烃、化学方程式、离子方程式、二维空间结构、电子云、电子式、分子的构象结构、实验装置图、化工方块流程图和生产流程图、三维空间模型等。ChemWindow 6.0 作为专业的化学绘图软件，其具有的主要功能特点如下。

（1）界面友好、操作方便。该软件具有标准的 Windows 窗口风格，提供下拉菜单和按钮式工具栏，支持右键菜单，形象直观，并提供相应的帮助文件，能使初学者很快掌握它的一般用法。该软件具有便捷的操作工具，画分子图形的各种常用操作均用图标示于工具栏中，不必记忆任何操作口令，也不必采用下拉式菜单（虽然也配有此功能）。如对分子图形的组合、水平、垂直翻转及任意角度旋转等操作，可直接从工具栏中用鼠标单击相应图标即可完成。

（2）提供模板功能。模板就是把常用的分子结构作为基本“元件”，其他复杂的分子结构可以以搭积木的形式把一些基本“元件”组装起来。该软件提供了大量画分子式或分子图形所需的各种“组装元件”，如各种类型的化学键、分子母环（从三元到八元环，包括六元环的船式和椅式构型）、化学分子轨道、圆电荷、球（椭球）等。在模板工具中存储有大量常用的杂环、稠环供选择。使用户在使用过程中变得像小孩子玩积木那样简单，具有丰富的图形屏幕显示，对图形不同部分可用不同的颜色进行显示。除了系统提供的模板外，还可把自己绘制的分子结构保存为模板，并在以后的绘制中直接应用。利用模板可以大大减少重复劳动时间，提高工作效率。

（3）对图形能进行组合、翻转、任意角度旋转、拉缩、分块处理。该软件另一大特点就是强大的分子图形编辑功能。对分子图形可进行组合、分块处理，即可将许多对象结合成一个对象进行处理，或将一个对象分解成许多部分，使得在编辑时可根据需要用不同的方式来编辑。对整体分子图形既可进行放大、缩小、旋转等操作，也能对局部进行精确微调。

（4）提供 UNDO 和 REDO 功能，能取消前面的操作和恢复取消的操作。

（5）提供右键功能。在工作区中单击右键后，在弹出的菜单中选择相应的功能图标，即可进行相应的功能操作。

（6）提供与 Office 程序的 OLE（对象链接和嵌入）功能。

可以将制作好的图形方便地复制到 Office 程序（如 Word、PowerPoint）中，并可在安装有 ChemWindow 的计算机上在这些程序中编辑图形，不必在 ChemWindow 中修改和编辑。

（7）使用标记工具智能识别化学分子式输入中的上下标。

（8）文件的保存可以有多种格式，其中*.mol、*.chm、*.scf 格式的文件可被相应其他的化学软件所调用，实现交流和共享。

（9）提供三维立体空间结构，可在比例模型、球棍模型和键线模型等之间自由切换，并能对它们进行旋转、缩放、移动等处理，更能自动切换成符合分子空间实际排布的结构，并能显示出键长、键角等键参数。

（10）增加了表格功能，可方便地在绘图区绘制表格。

（11）支持多窗口操作，可同时打开多个窗口进行编辑。

3.3 ChemWindow 的安装

安装前退出所有的 Window 程序后，在下载后的 ChemWindow 的文件夹（6.0 版本大约 40MB）中，先打开文件名为 Serial 的文本文件，将序列号复制（Ctrl+C）或抄写下来，关闭文本文件，双击 Setup 安装文件图标（SETUP Setup Launcher 文件，如图 3.1 所示），出现选择设置语言对话框，在其中选择“美国英语”（注：没有汉语）后确定，开始进入 ChemWindow 安装过程。首先出现 Warning 警告，要求移去以前安装的 ChemWindow 版本，如果以前没有安装可以直接确定，就进入 Welcome 欢迎对话框，在此强烈要求安装前退出所有的 Window 程序，如果还有运行的 Window 程序可以单击 Cancel，退出安装程序去关闭运行的 Window 程序。单击 Next，进入 User Information（用户信息）对话框，在此填入姓名、单位名称和序列号（用 Ctrl+V），单击 Next，进入 Software License Agreement（软件许可协议），单击 Yes 后进入“安装类型”对话框，可以选择典型安装 Typical（程序将安装大多常见的选项，对大多数用户推荐此项选择），简洁安装 Compact（程序将安装最低所需选项），或自定义安装 Custom（可以安装自己所需选项，推荐用于高级用户）。在此还可选择安装的文件夹，默认安装在 C 盘的程序文件夹目录中（推荐安装在此）。单击 Next，进入选择程序文件夹对话框，安装程序将在程序文件夹中增加一个 Bio-Rad Libraries 图标，可以改变文件夹名称或在其中选择一个（但一般不需改动），单击 Next，进入文件安装过程中，等全部文件复制完毕（一般只需要几秒），进入安装完毕对话框，单击 Finish 即可完成安装程序。

图 3.1 ChemWindow 安装界面

安装完毕后，依次进入“开始”→“所有程序”→Bio-Rad Libraries→ChemWindow，单击 ChemWindow 即可进入程序，也可以选择 ChemWindow 后单击右键，将 ChemWindow 发送到桌面快捷方式，在桌面上建一个 ChemWindow 图标，以后使用时，双击该快捷方式即可进入 ChemWindow 应用程序。

在没有安装打印机的计算机中运行 ChemWindow 程序时，系统会要求用户安装打印机，这时可以安装一个虚拟打印机，按照系统的提示安装后即可正常运行。

3.4　ChemWindow 的使用方法

ChemWindow 的操作绝大部分由鼠标便可完成，基本使用方法借助 Help 文件也可较快学会。

3.4.1　ChemWindow 6.0 的程序界面

双击桌面上的 ChemWindow 图标后，出现如图 3.2 所示的化学之窗程序界面图。如图 3.2 所示，窗口可分为标题栏、菜单栏、工具栏、提示栏和绘图区。

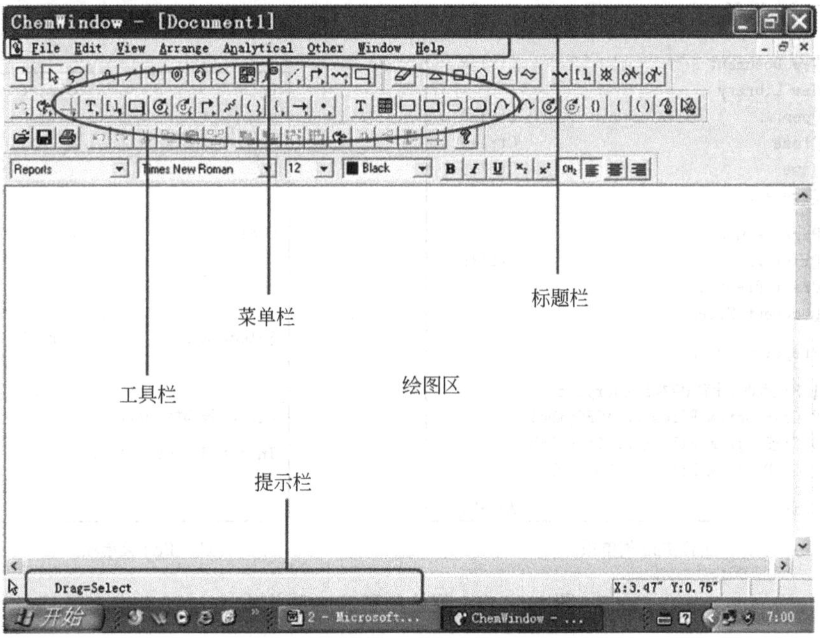

图 3.2　ChemWindow 程序界面

3.4.1.1　标题栏

标题栏位于窗口的最上方，显示 BIO-RAD 公司 ChemWindow 应用程序下的文件名，启动时为 Document1，保存时输入文件名称。在右上角有“最小化”按钮、“还原”按钮和“关闭”按钮。

单击标题栏左侧的控制菜单按钮，可以弹出如图 3.3 所示的 ChemWindow 的控制菜单，控制菜单选项用于改变窗口大小、位置和关闭 ChemWindow。通过单击控制菜单的“最大化”命令或是单击标题栏右端的“最大化”按钮，可以使 ChemWindow 窗口充满屏幕。单击控制菜单的“最小化”命令或是单击标题栏右端的“最小化”按钮，窗口则缩小为一个图标，显示在任务栏中，单击该图标，又可以恢复为原来窗口大小。选择控制菜单中的“关闭”命令或单击标题栏右端的“关闭”按钮可以退出 ChemWindow。

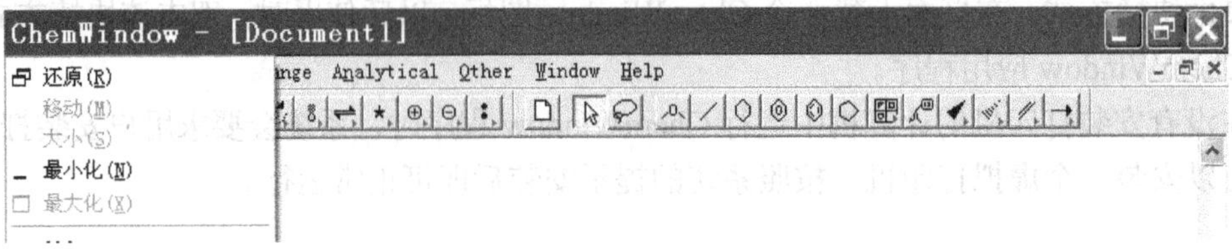

图 3.3　化学之窗的标题栏

3.4.1.2　菜单栏

菜单栏位于标题栏的下方，它提供操作命令的菜单。菜单栏中的操作命令有 File（文件）、Edit（编辑）、View（视图）、Arrange（排列）、Analytical（分析）、Other（其他）、Window（窗口）、Help（帮助）。单击菜单栏中的菜单项，可以展开或关闭各个菜单，不同的菜单执行不同的操作。

（1）文件菜单和编辑菜单　单击菜单栏中的 File 菜单项或 Edit 菜单项，分别出现如图 3.4 所示的下拉菜单。

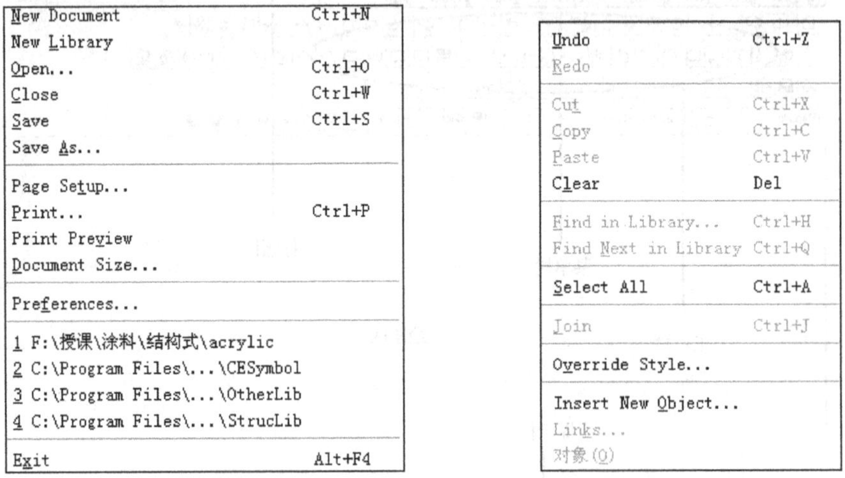

（a）File 菜单项　　（b）Edit 菜单项

图 3.4　File 菜单项和 Edit 菜单项

File 菜单的下拉菜单分为 5 部分，最上面是对文件操作的命令，有 New Document（新建文档）、New Library（新建库）、Open（打开已有文件）、Close（关闭文件）、Save（保存文件）、Save As（文件另存为）。其次是有关页面设置和打印的命令，有 Page Setup（页面设置）、Print（打印）、Print Preview（打印预览）、Document Size（文档大小，默认为高度 1，宽度 1）。第三部分是 Preferences（参数选择，在此选择模板文件夹、模板文件、样式文件夹以及默认的样式文件所在位置）。第四部分是最近打开的 4 个文件，最后是 Exit（退出）按钮。

在右面的编辑菜单中，分别有 Undo（撤销）、Redo（重复）、Cut（剪切）、Copy（复制）、Paste（粘贴）、Clear（清除）、Find in Library（在图库中查找）、Find Next in Library（在图库中查找下一个）、Select All（全部选定）、Join（连接选择的两个对象）、Override Style（首选

样式)、Insert New Object（插入新的对象）、Links（编辑连接对象）、对象（激活嵌入或连接对象）。

（2）视图菜单和排列菜单　单击 View 菜单或 Arrange 菜单，分别显示如图 3.5 所示的下拉菜单。

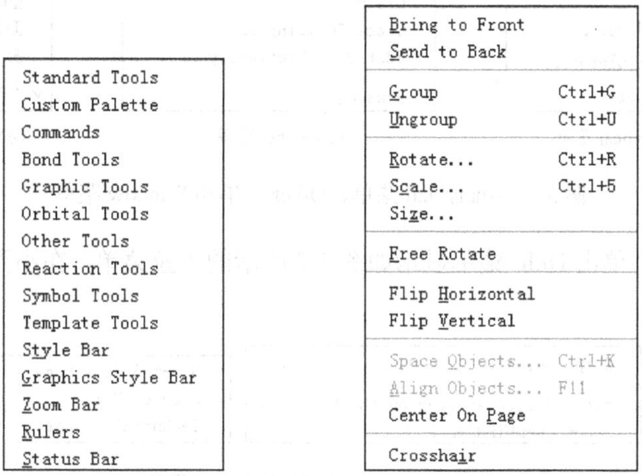

（a）View 菜单项　　（b）Arrange 菜单项

图 3.5　View 菜单项和 Arrange 菜单项

在图 3.5（a）的 View（视图）菜单中，分别是 Standard Tools（标准工具）、Custom Palette（定制面板）、Commands（命令）、Bond Tools（化学键工具）、Graphic Tools（绘图工具）、Orbital Tools（轨道工具）、Other Tools（其他工具）、Reaction Tools（反应工具）、Symbol Tools（记号工具）、Template Tools（模板工具）、Style Bar（样式条）、Graphics Style Bar（图形样式栏条）、Zoom Bar（缩放条）、Rulers（标尺）、Status Bar（状态条）。

在图 3.5（b）的 Arrange（排列）菜单栏中，有 Bring to Front（置前，即将选择的对象提前）、Send to Back（置后，即将选择的对象置后）、Group（组合）、Ungroup（取消组合，即将组合解散）、Rotate（旋转）、Scale（按给定比例放大或缩小）、Size（调整图的大小）、Free Rotate（自由旋转）、Flip Horizontal（水平翻转）、Flip Vertical（垂直翻转）、Space Objects（对象间隔，将选定的对象按照一定的距离排列）、Align Objects（对齐对象，垂直或水平排列对象）、Center On Page（页面居中）、Crosshair（建立十字标）。

（3）分析菜单、其他菜单和窗口菜单　单击 Analytical 菜单、Other 菜单和 Window 菜单后分别显示如图 3.6 所示的下拉菜单。

图 3.6（a）Analytical 菜单中分别为 Calculate Mass（计算分子量）、Formula Calculator（分子式计算器）、Periodic Table（周期表）。

图 3.6（b）Other 菜单中为 Check Chemistry（检查化学结构）、Make Stick Structure（制作棍状结构）、Make Labeled Structure（制作标记结构）、Add User Chemistry（添加用户化学结构）、Edit User Chemistry（编辑用户化学结构）、Edit Hot Keys（编辑热键）、Clean Up（清除）、Check Spelling（检查拼写）、Edit User Dictionary（编辑用户图库）、SymApps。

图 3.6（c）Windows 菜单中有 New Window（新建窗口）、Cascade（层叠）、Tile（平铺，按照非重叠方式排列）、Arrange Icons（排列图标）。

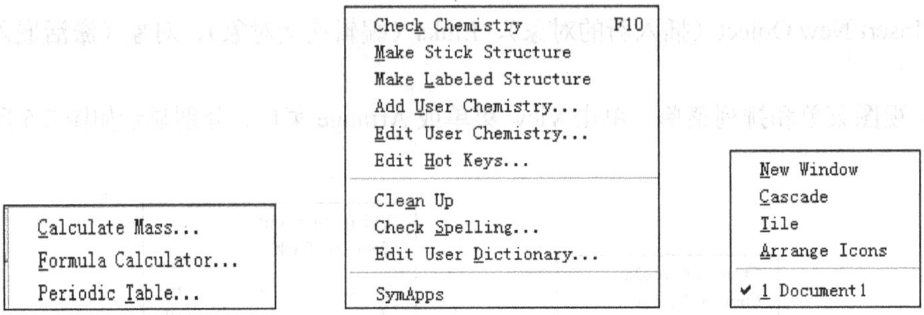

（a）Analytical 菜单　　（b）Other 菜单　　（c）Window 菜单

图 3.6　Analytical 菜单、Other 菜单和 Window 菜单

（4）帮助菜单　单击 Help 菜单显示如图 3.7 所示的下拉菜单，在小黑三角后还有下一级子菜单。

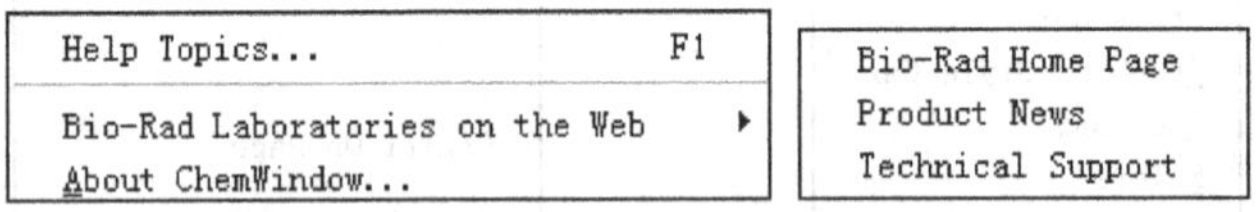

图 3.7　Help 下拉菜单及其子菜单

在 Help 下拉菜单中有 Help Topics（帮助主题）、Bio-Rad Laboratories on the Web（Bio-Rad Laboratories 网站）、About ChemWindow（关于 ChemWindow）。在 Bio-Rad Laboratories on the Web 的下一级子菜单中有 Bio-Rad Home Page（Bio-Rad 主页）、Product News（产品新闻）、Technical Support（技术支持）。

3.4.1.3　工具栏

工具栏显示常用的工具。单击 View（视图）菜单栏后，在出现的下拉菜单中选择相应的工具栏，即可使之显示在工具栏中。可在工具条左上角单击后，拉至菜单下或窗口左面任意位置。

（1）标准工具条

分别为新建文件、选择工具、套索（部分选择）工具、标签工具、标准化合键输入工具、环己烷工具、苯环工具、苯工具、环戊烷工具、更多模板工具、注解工具、键类型（三种）和箭头工具。图标右下角的小红三角表示单击后会出现完整菜单工具，可根据以后的选择而变化。

（2）定制面板

左侧出现的定制面板工具条中分别为撤销、自由旋转、十字标、标题、带阴影的矩形、弧形箭头、实线圆弧、虚线圆弧、轨道、平衡箭头、可变附件、正电荷、负电荷、电子对工具。（该工具条中的内容均可根据以后的选择而变化。）

（3）命令条

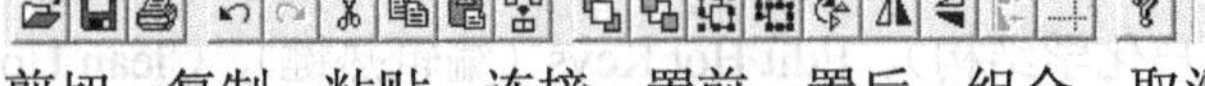分别为打开、保存、打印、撤销、重复、剪切、复制、粘贴、连接、置前、置后、组合、取消组合、自由旋转、水平翻转、垂直翻转、对齐对象、十字标工具。单击最后的问号可进入帮助文件。

（4）键工具条

分别为虚线键、粗线键、断裂键、楔形键、断裂楔

形键、空楔键、未定义键、双键、内侧双键、虚线双键、内侧粗线双键、三键和四键工具。

（5）图工具条

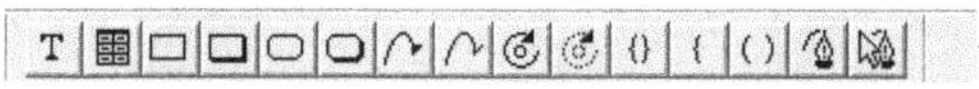
分别为输入标题、表格工具、矩形图、带阴影矩形图、圆角矩形图、带阴影圆角矩形图、机理箭头、电子箭头、实线圆弧椭圆工具、虚线圆弧椭圆工具、双括号、单括号、圆括号、形状工具和形状编辑工具等。

（6）轨道工具条

用于绘制各种轨道式。

（7）其他工具条

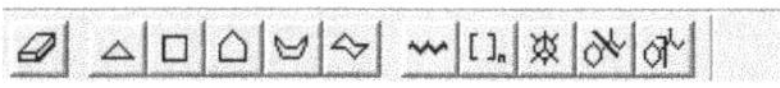
分别是橡皮工具、环丙烷、正丁烷、环戊烷、船形环己烷、椅形环己烷、链状分子、聚合物、纽曼式、碎片工具、碎片质量显示工具。

（8）反应工具条

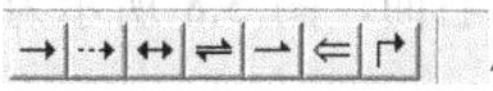
用来绘制化学方程式中的各种连接符号。分别是反应箭头、虚线箭头、共振箭头、平衡箭头、半平衡箭头、逆向合成箭头、90°箭头。

（9）符号工具条

左侧 11 个按钮用来绘制正负电荷、带正负电荷的自由基、自由基、电子对，右侧 6 个按钮分别对原子进行标记，可以用数字、英文字母及希腊字母标记。

（10）模板工具条

用来绘制左侧所列的各种模板。

（11）样式条

用来改变图形和字体的样式、字体、大小、颜色、粗体、斜体、下划线、下标、上标、文本左对齐、文本居中和文本右对齐等。

（12）绘图样式条

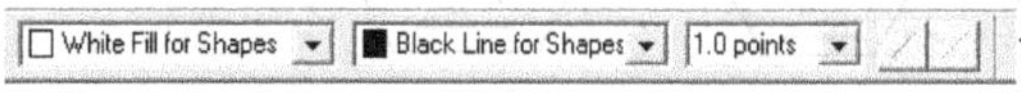

设置图形形状的填充颜色、形状线条颜色、线的宽度、形状实线样式和形状虚线样式。

（13）缩放条

分别为缩放比例、全部缩放、放大、缩小、缩放实际大小、图形、整个页面和页面宽度。

（14）标尺

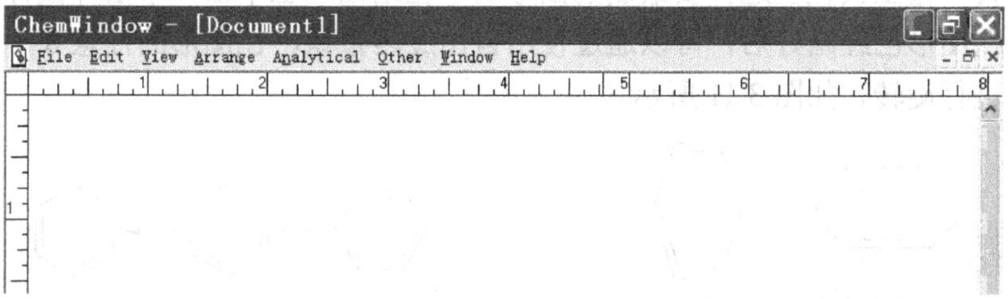

在绘图区显示上标尺和左标尺。

3.4.1.4　状态栏

显示绘图的状态，以及光标位置。当鼠标在工具栏上出现时，在状态栏上显示出相应的说明。

3.4.1.5　绘图区

工具栏下空白工作区即为绘图区，所有绘图工作均在此进行。在绘图区右边有上下滚动条，下边有左右滚动条。

3.4.2　画图和编辑基础

在 ChemWindow 中，实际上并不需要画任何东西，所有的环、键和原子都已经为用户画好，用户所做的仅是将这些“零件”组装起来。

3.4.2.1　基本画图方法

（1）单击和拉　当选择一个环或键工具后，在绘图区可以进行单击和拖拉操作。单击后对象将会在一定位置出现。环出现在逆时针方向，键和箭头出现在右面，图 3.8 所示为单击结果。

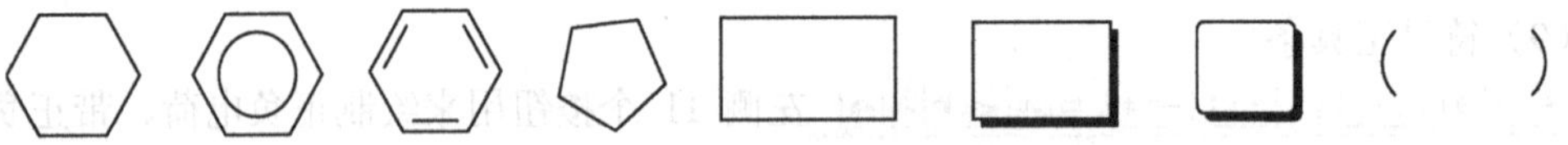

图 3.8　部分图形单击后的效果

如果拖拉一个工具，可以确定它的方向。只要按住鼠标左键不放，就可以在任何方向进行旋转。拖拉时不能确定对象的大小，因为其长度是变化的。

（2）四角拖动（不同比例）　选择一个图形后（在其边缘出现 8 个小黑点），在四角黑点上拖动，就会改变其大小，同时显示其改变比例，如图 3.9 所示。

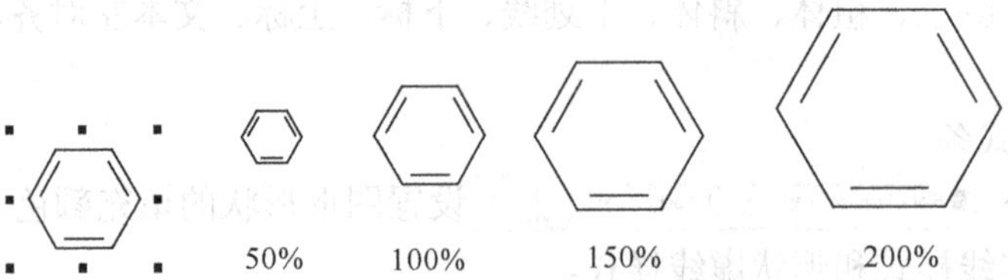

图 3.9　图形选择和放大效果

（3）边缘拖动　选择一个图形后（在其四边出现 8 个小黑点），在四边中点上拖动，就会改变其形状，使其左右拉伸或压缩，如图 3.10 所示。

（4）旋转　在工具栏上选择要绘制的图形后，在绘图区上单击，未松开鼠标时可以随意进行旋转。在图形已经画好后，可以通过使用自由旋转按钮，在图形的任意 8 个小黑点上按住鼠标左键进行旋转，如图 3.11 所示。

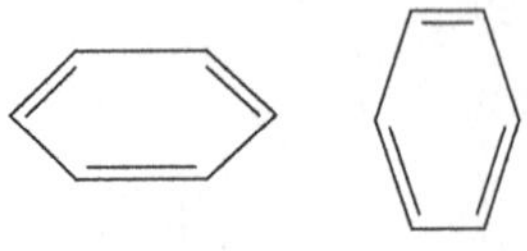

（a）左右拖动　（b）上下拖动

图 3.10　图形边缘拖动效果

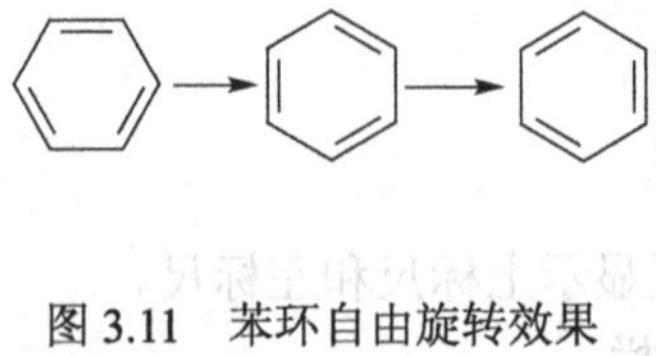

图 3.11　苯环自由旋转效果

（5）不同长度链长　单击绘制碳链工具，按住鼠标左键沿某一方向拖动，就会在该

方向上绘制长链，同时出现链长数目，直到达到要求的数目后松开左键。若超过预定数目后也可在未松开左键时往回拖拉来减少链长数目，如图 3.12 所示。

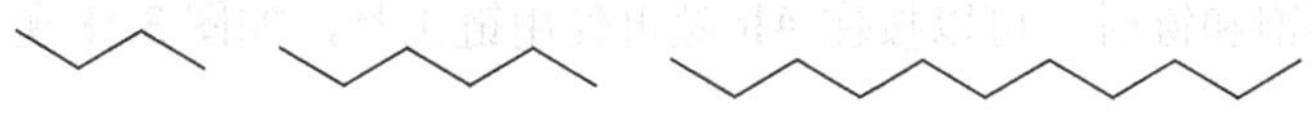

（a）4 个碳链　（b）6 个碳链　（c）11 个碳链

图 3.12　不同长度碳链

3.4.2.2　环的特殊操作方法

（1）环的连接　有两个以上的环连接时，先绘制其中一个环，在绘制另外一个环时，若单击要连接的键的中央，则两环以共用一键的方式连接起来；若单击键角，则两环以单键形式连接，如图 3.13 所示。

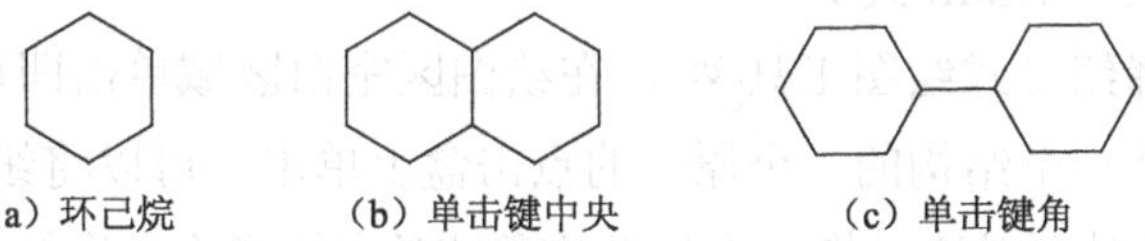

（a）环己烷　（b）单击键中央　（c）单击键角

图 3.13　单击脂肪环不同位置的效果

（2）芳香环　两个或两个以上芳香环连接时，先绘制其中一个环，在绘制另外一个环时，若单击键中央，则两环以共用一键的方式连接起来；若单击键角，则两环以单键形式连接，如图 3.14 所示。双键的位置将会自动地正确显示出来。

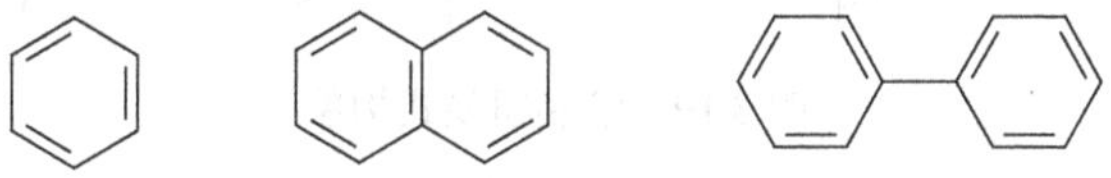

（a）苯环　（b）单击键中央　（c）单击键角

图 3.14　单击芳香环不同位置的效果

3.4.2.3　键的特殊操作

（1）改变键的类型　单击单键中央后形成双键，再单击后形成三键（中间长，上下短），继续单击后又形成单键。要将一个单键变为一长一短的双键时，按住 Alt 键后用单键工具单击已画好单键的中心点即可。如果短键不在所需的位置，按住 Alt 键后再用单键工具单击一次。使用标记工具 Label 也与单键工具有同样的效果，如图 3.15 所示。

图 3.15　单击单键不同次数的效果

（2）改变箭头方向　在单箭头中央再单击后可改变箭头的方向，如图 3.16 所示。

（a）单击前　（b）单击后

图 3.16　单击单箭头不同次数的效果

（3）改变键的长度和方向　在画键或箭头时先按住 Shift 键，然后拖拉到所要求的长度和方向，先松开鼠标左键后松开 Shift 键即可改变键的长度和方向。

3.4.2.4　脂肪链工具

在绘图区单击链工具绘制脂肪链，到正确的位置和原子个数时松开鼠标左键。程序将自动计算原子个数。如果从一个原子的点击盒（Hit Box）开始拉，链将会作为现有结构的部件。

按住 Shift 键后使用链工具，可改变链中键的长度。松开鼠标左键以前链的方向可以任意变化，如图 3.17 所示。

在绘制交替不饱和键时，可以按住 Alt 键再使用链工具，如图 3.18 所示。

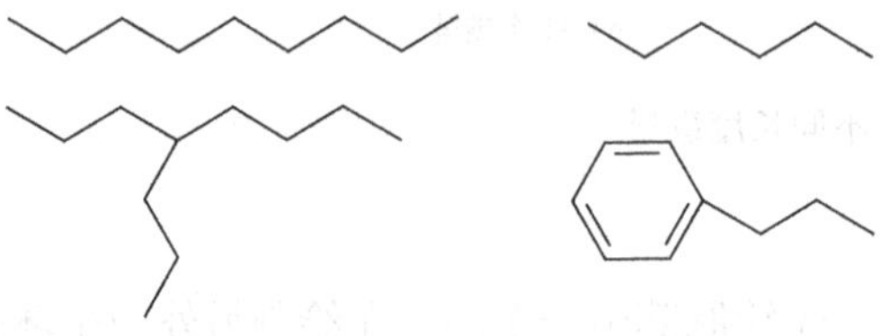

图 3.17 单击脂肪链的效果

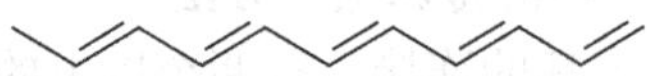

图 3.18 绘制交替双键的效果

3.4.2.5 构象式画法（Newman 式）

在其他工具中选择纽曼式绘图工具，在绘图区空白区域单击即可绘出如图 3.19 所示的纽曼式构象，在另外一个结构的一个原子的点击盒上单击，可以将纽曼式连接到现存的结构上。不松开鼠标左键时可以通过拖动来旋转构象式的前面部分，拖拉时按住 Shift 键可以改变前面键的长度。使用套索工具可以单个地改变键的大小和方向。

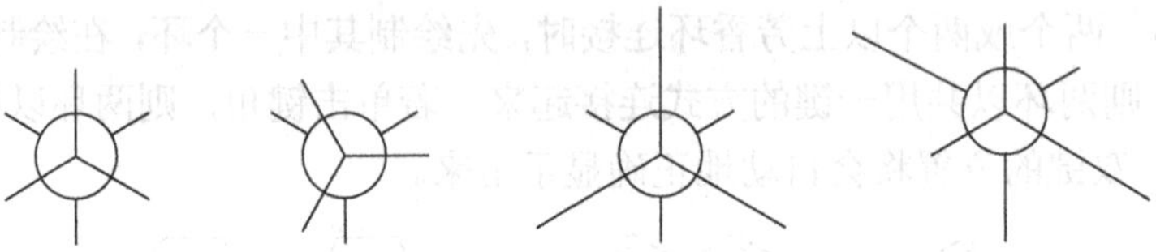

图 3.19 绘制纽曼式构象

3.4.2.6 原子标记

原子标记工具在记号工具栏（Symbol Tools）中。可以用阿拉伯数字、英文字母和希腊字母对化学结构进行编号。选择需要的原子标记工具，在第一个原子上单击，系列的第一个元素（数字或字母）自动地标记在该原子上，单击另外的原子点击盒可以继续这个系列。值得注意的是，如果没有单击在另外原子的点击盒上，标记将会从头开始，在移动该结构时也不是一个整体，需要进行组合。消除标记时，用套索工具选择要消除的数字和字母按 Delete 键即可。如图 3.20 所示的标记结果。

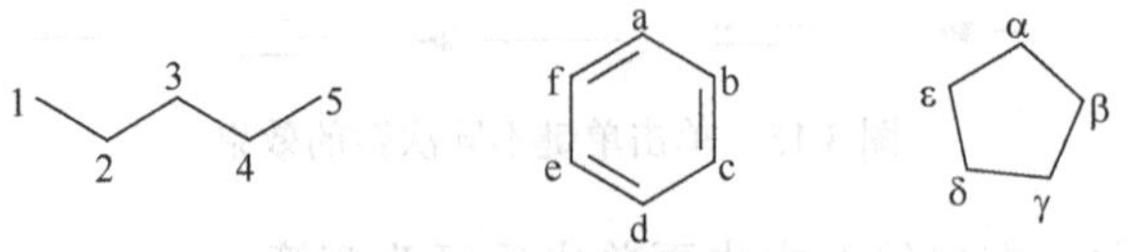

图 3.20 对结构式的标记结果

3.4.2.7 反应箭头

反应箭头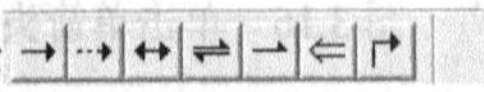出现在反应箭头工具条（Reaction Arrow Tool）上，单击鼠标右键也会出现反应箭头。这些工具包括直线箭头、虚箭头、双向箭头、平衡箭头、半平衡箭头、综合箭头和成角反应箭头。选择箭头工具后在绘图区单击即可得到相应的箭头，如图 3.21 所示。

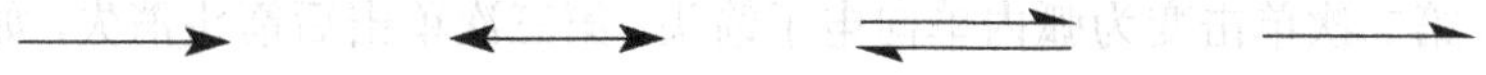

图 3.21　反应箭头

直线箭头的中心有一个点击盒，单击该点击盒可以改变箭头方向。选择另一种箭头类型，单击前面的箭头点击盒可以改变箭头的类型。选择角度箭头后在绘图区域向上下左右 4 个方向拖拉可以得到不同类型的箭头，长度可以随意改变，如图 3.22 所示。

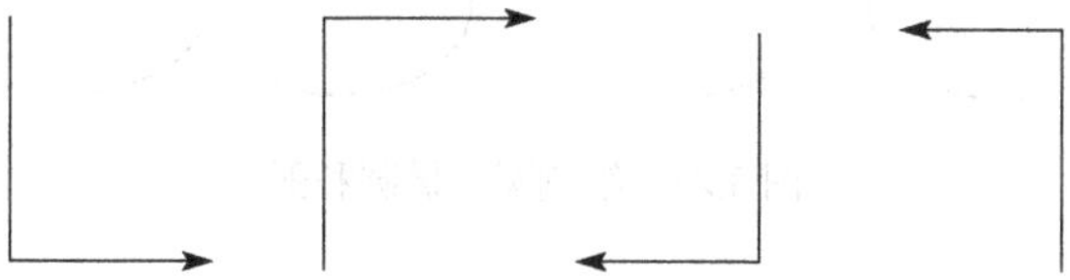

图 3.22　角度箭头向不同方向拖动的结果

编辑箭头时在其点击盒上进行，点击盒位于箭头的起始点、终止点和转弯点。选择角度箭头后在箭头的头部单击可改变箭头的类型。如单击箭头头部后有如图 3.23 所示的结果。

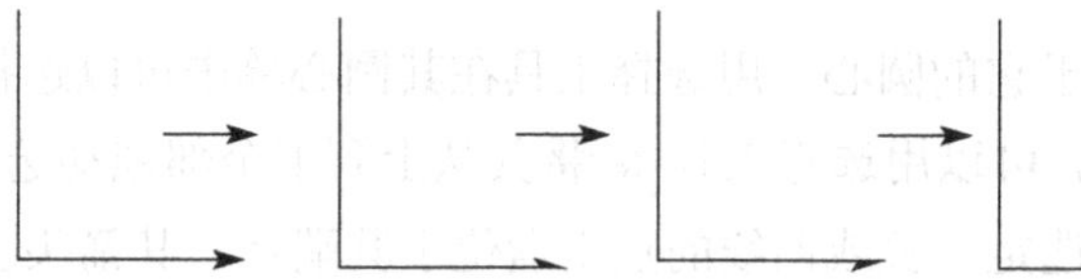

图 3.23　角度箭头头部连续单击后的结果

3.4.2.8　机理和电子箭头

机理和电子箭头位于绘图工具（Graphic Tool）条上。用该箭头可以在任何方向上绘出光滑的曲线，或者绘出带有一个或两个电子的箭头，代表电子的运动或者标记键角。选择机理或电子箭头在绘图区拖拉，在松开鼠标左键前可以向任何方向进行旋转，如图 3.24 所示。

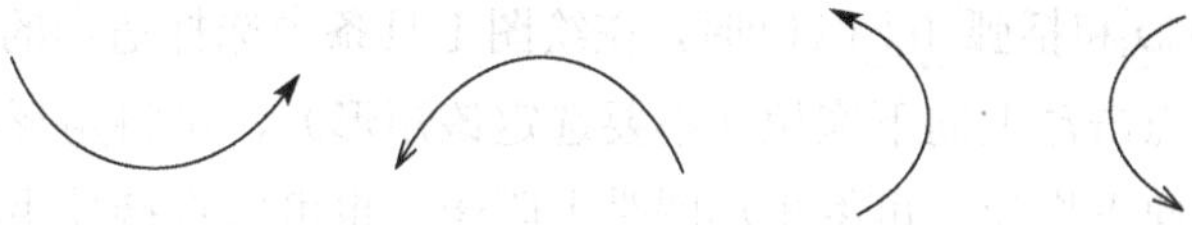

图 3.24　绘制机理和电子箭头

通过单击箭头的起始点、终止点可以改变箭头的形状。如从双面箭头变为单面箭头、从一面箭头变为另一面箭头，从有箭头变为无箭头，或者反过来都可以，如图 3.25 所示。

图 3.25　机理和电子箭头的变化

3.4.2.9　圆和弧工具

选择弧工具通过拖拉来画圆，按住 Shift 键拖拉可画出椭圆。画弧时，先画一个圆，然后将光标放在想使弧开始的地方，按顺时针方向旋转即可，如图 3.26 所示。

在默认状态下，箭头出现在弧的末端。如果在箭头上连续单击时，第一次箭头变为弧外单向电子箭头，第二次单击变为弧内单向电子箭头，第三次单击后箭头消失，如图 3.27 所示。

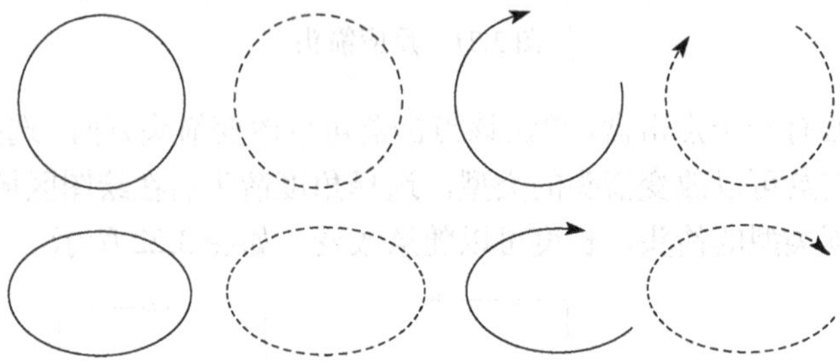

图 3.26 绘制圆、椭圆和弧

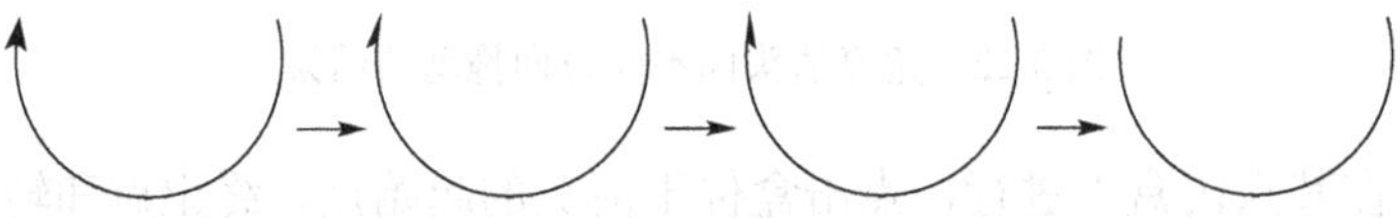

图 3.27 连续单击弧箭头的变化

圆或椭圆的点击盒位于它的圆心。用选择工具在其圆心单击可以选择和移动圆或椭圆。有时圆心点不太容易找到，可以用选择工具将其从上到下全部拖动选定，在其周围出现 8 个小黑点，表示已经将其选定。弧或曲线的点击盒位于其端点，其箭头在其终点，使用弧工具还可以通过拖动使弧的长度发生变化，也可以改变其箭头的类型，如图 3.28 所示。

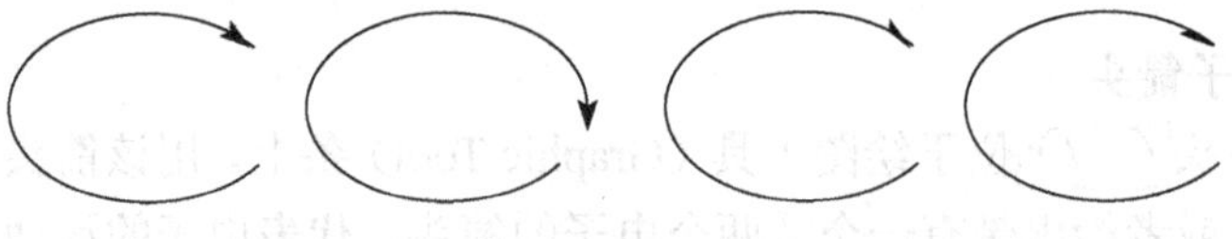

图 3.28 圆弧长度和箭头的变化

3.4.2.10 矩形和括弧

画矩形和括弧时，在绘图工具条中选择适当的工具拖拉即可。在画好的矩形图的左上角点击盒上向下拖拉（不要选定该矩形），可将矩形图变为圆角；在矩形图的右下角点击盒上向下拖拉，可将矩形图带上阴影。也可以直接使用圆角工具或阴影工具拖拉得到。要改变括弧的曲率可以在任何括弧的端点拖动，如图 3.29 所示。

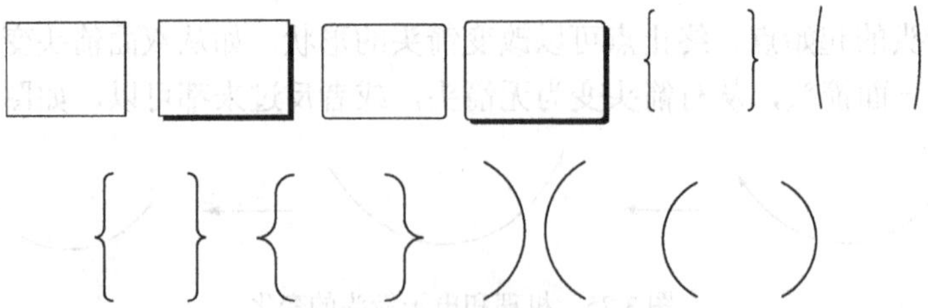

图 3.29 绘制的方形和括弧

画方括弧时，在其他工具或常用工具中选择（Bracket）沿对角拖动即可。方括弧四角带有 4 个文本框可以对其进行注解。如果想在没有文本框的位置输入文本可以使用标题（Caption）工具 T，如图 3.30 所示。

3.4.2.11　电子式

绘制电子式时，首先绘制出原子或原子团，然后选择需要的自由基或电子对，在空白区域绘出，用鼠标将其拖动到指定位置即可。需要注意的是，原子上面的电子对需先画出两个单个的自由基后再进行组合。在画出原子或原子团后，用电子对工具在原子或原子团上单击，也可以绘制出电子对，如图 3.31 所示。

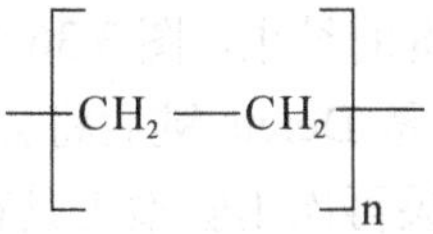

图 3.30　绘制的方括弧

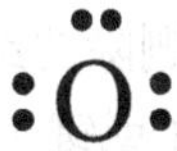

图 3.31　绘制的电子式

3.4.2.12　轨道式

画轨道式时，选择所需的轨道工具在画图区拖拉即可。在释放鼠标前可以以任何角度旋转。在拖拉时按住 Shift 键可以改变轨道形状的大小，轨道式画好后用选择工具也可以改变形状的大小，如图 3.32 所示。

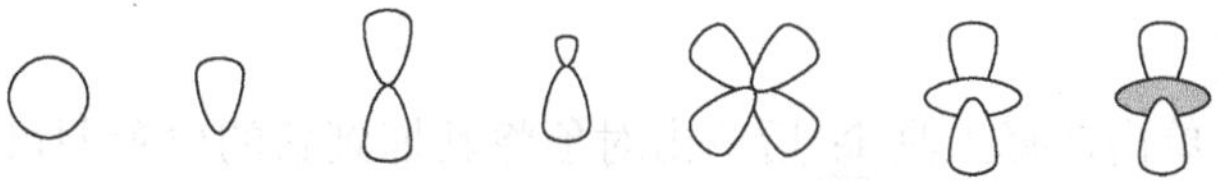

图 3.32　绘制的各种轨道式

3.4.2.13　撤销命令

有时在绘图时想要撤销前面的操作，可以使用 Edit 菜单中的“撤销”命令（Undo），也可以多次使用该命令来撤销前面的多次操作；还可以使用 Edit 菜单中的“重复”（Redo）命令再次回到前面已经进行的操作。

3.4.2.14　橡皮工具

当删除一个结构的一部分时可以使用 Other 菜单中的橡皮工具。删除字母标记时，在字母的点击盒上单击即可删除。删除化学键时在该键的中心单击即可。删除芳香环上的键时，在该键的中心单击，若在环的顶部单击后删除，会有不同的结果。如图 3.33 所示，图 3.33（b）的结构式是用橡皮工具单击单键的结果，图 3.33（c）是单击顶点的结果。

3.4.2.15　杂环结构

对杂环化合物的结构的绘制，以绘制如图 3.34 所示结构为例，其操作为：先绘制一个苯环，选择标签工具后将鼠标移动至苯环结构上的端点，输入字母“N”，则系统智能地以 N 原子代替 C 原子，如图 3.34 所示。

（a）　（b）　（c）

图 3.33　橡皮工具的使用

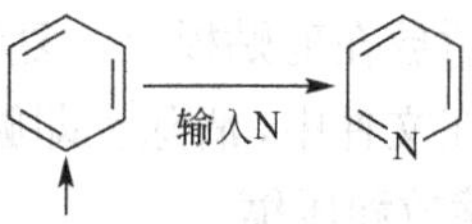

图 3.34　杂环结构的绘制

3.4.3　结构编辑命令

3.4.3.1　选择工具

选择工具用于编辑整个结构，套索工具（Lasso）用于编辑结构的一部分，如一个键或原子。当删除整个结构或几个结构时可以使用选择工具，方法是用选择工具在其点击盒

上单击，或者是用选择工具在一个或几个要删除的结构上拖动，则已选择的结构上出现 8 个选择黑点，表示已经被选择，如图 3.35 所示。

当删除一个结构的一部分时可以使用套索工具。删除字母标记时，在字母的点击盒上单击，然后用 Delete 键删除。删除化学键时，在该键的中心单击后按 Delete 键。删除芳香环上的键时，在该键的中心单击后按 Delete 键，在环的顶部单击后删除，会有不同的结果。如图 3.36 所示，图 3.36（b）所示结构式是选择单键的结果，图 3.36（c）是单击顶点的结果。若使用套索工具将需要删除的结构或部分圈起来，按 Delete 键后将会把圈起来的内容全部删除。也可以在某一个原子或键上双击全部结构，如果再次用套索工具在绘图区空白区域单击，则可解除选择。

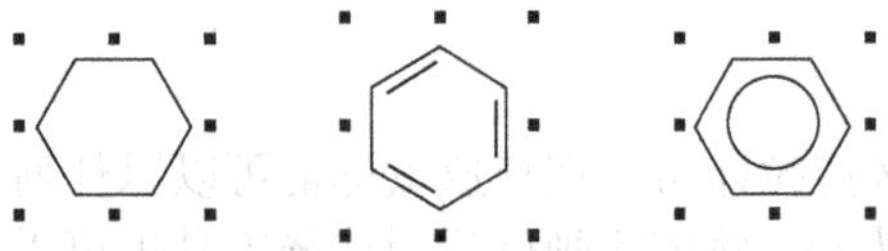

图 3.35　对象被选择

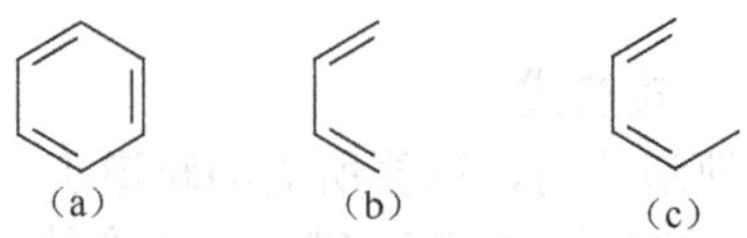

图 3.36　单击不同位置的删除结果

3.4.3.2　移动和复制

移动一个图时，单击选择工具后单击对象将其拖到新的位置即可。移动多个图时，首先选择全部对象，然后在任意对象上拖动就可将全部对象移动到新的位置。在拖动时按住 Shift 键，可以仅使其沿水平或垂直方向移动。选择一个对象后使用键盘上的上下左右 4 个箭头可以使其向上下左右 4 个方向移动，这对于对象的准确定位非常有用。

复制选择的对象时，将光标放在对象上，按住 Ctrl 键，将其拖动到新位置后先松开鼠标后松开 Ctrl 键，则在新位置上会出现一个复制对象，如图 3.37 所示。

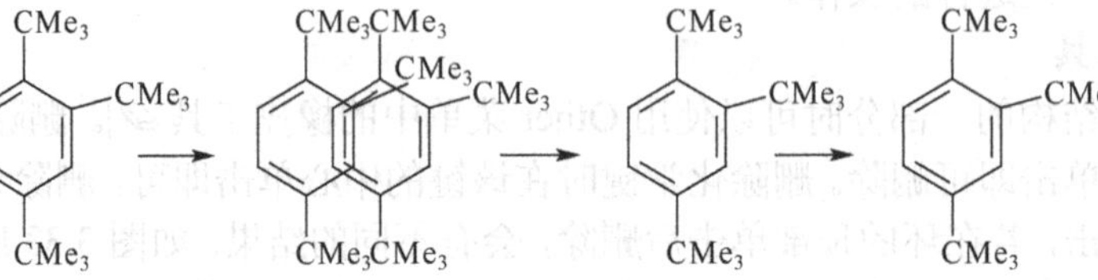

图 3.37　对象的复制和移动

根据复制对象的复杂性，有时可能需要等待几秒钟，在复制对象出现以前不要松开 Ctrl 键。

3.4.3.3　剪切、粘贴和清除

在使用与剪贴板有关的命令时，首先要选择一个或多个对象。剪切就是将对象从文件中剪切出来后放在剪贴板上，复制就是将选择的对象的拷贝放在剪贴板，粘贴即是将剪贴板上的对象放在文件中，清除也即删除，快速删除方法是使用键盘上的 Delete 键或 Back Space 键。

3.4.3.4　缩放和压缩

要缩放一个或多个对象，用选择箭头工具在选择对象的角柄拖动放大或缩小，同时保持水平和垂直的比例不变，放大或缩小的比例在松开鼠标以前会一直显示。若在拖动时按住 Shift 键则可使对象水平或垂直的比例改变。也可以使用选择对象的上下左右 4 个边柄，改变水平或垂直的比例。

3.4.3.5　组合和拆分

当完成一个复杂分子的结构后，有时需要移动整个分子结构，此时若一不小心，原来分

子中不同结构的排列位置就会发生变化。因此在移动之前，最好让完成的作品先组合成一个整体，这样随便怎么移动结构都不会影响分子的结构了。

使用 Commands（命令）菜单中的 Group（组合）命令可以使两个或多个对象成为一组，该命令也在 Arrange（排列）菜单中出现，一组可包括许多对象或另外的组，组内的对象可以使用套索工具除去。Ungroup（取消组）命令可将前面组合的对象拆开。

3.4.3.6　对齐和旋转

在输入一个化学方程式或绘制多处环状结构后，会希望把它们排列整齐。如用手工移动操作很难做到准确，可以先选择欲对齐的整个方程式或图形，再按 F11 键（或选择 Arrange 菜单中的 Align Object），出现一个对话框（如图 3.38 所示），在其中选择一种欲对齐的方式。在图 3.38 中左栏为水平对齐，选项有：无变化（No Change）、左对齐（Left Side）、中心对齐（Centers）和右对齐（Right Sides）。右栏为垂直对齐，选项有：无变化（No Change）、顶部对齐（Tops）、中心对齐（Centers）和底部对齐（Bottoms）。这里的对齐是指对象的 8 个定位点而言。

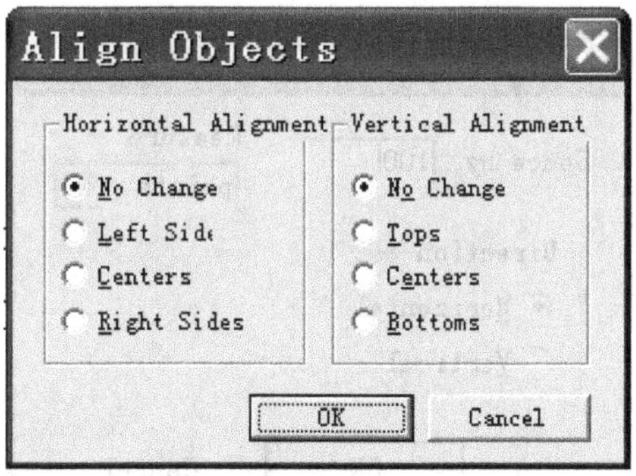

图 3.38　Align Objects 对话框

图 3.39 是不同的水平对齐效果。

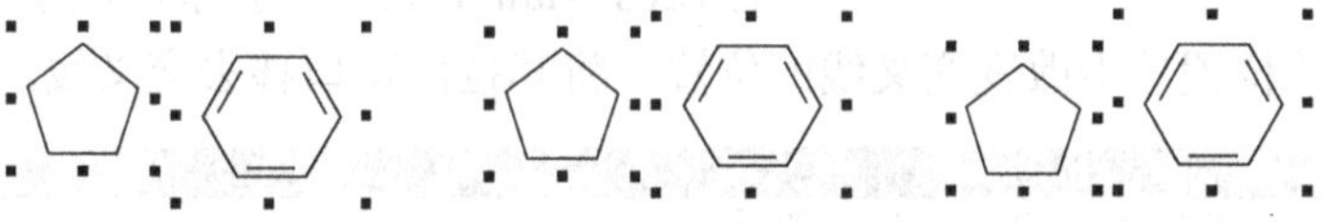

（a）上对齐　　（b）中心对齐　　（c）下对齐

图 3.39　不同的水平对齐效果

图 3.40 是不同的垂直对齐效果。

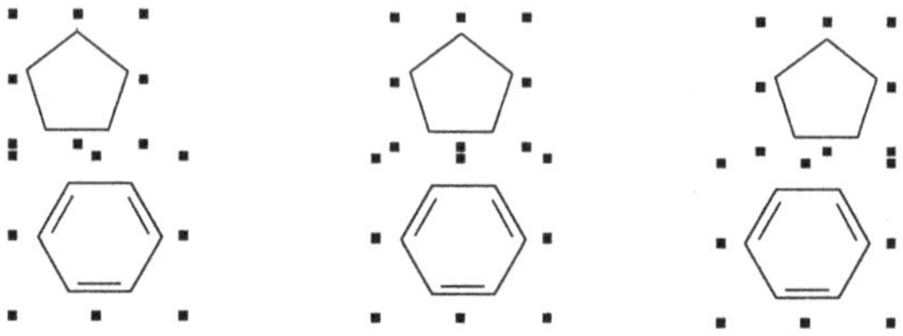

（a）左对齐　　（b）中心对齐　　（c）右对齐

图 3.40　不同的垂直对齐效果

要旋转一个结构或对象，首先用选择工具选择对象，按 Shift 键，将光标放在对象的边柄进行拖拉即可。可以旋转结构式、文字说明、机理箭头和单括号，但不能旋转圆、椭圆、方括号、电子对等。使用套索工具可以使组中的元素进行旋转。在 Arrange（排列）菜单中选择 Rotate（旋转），输入一定值可以使其旋转一定角度。使用 Arrange（排列）菜单中的 Free Rotate（自由旋转）命令可以使其旋转任意角度。Arrange（排列）菜单中的 Flip Horizontal（水平翻转）命令和 Flip Vertical（垂直翻转）命令可以使选中对象水平和垂直翻转，如图 3.41

所示。

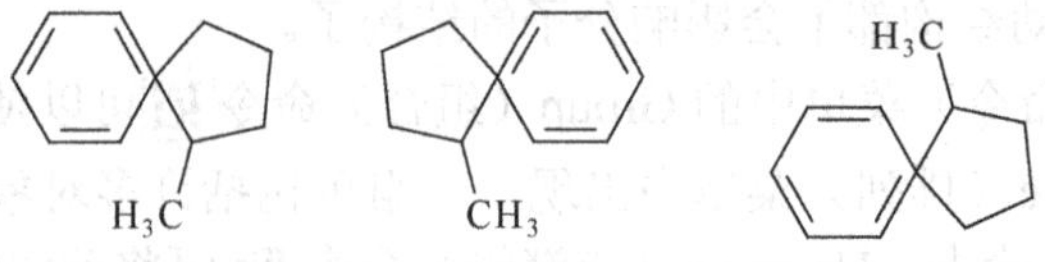

（a）原图　（b）水平翻转　（c）垂直翻转

图 3.41 图形翻转结果

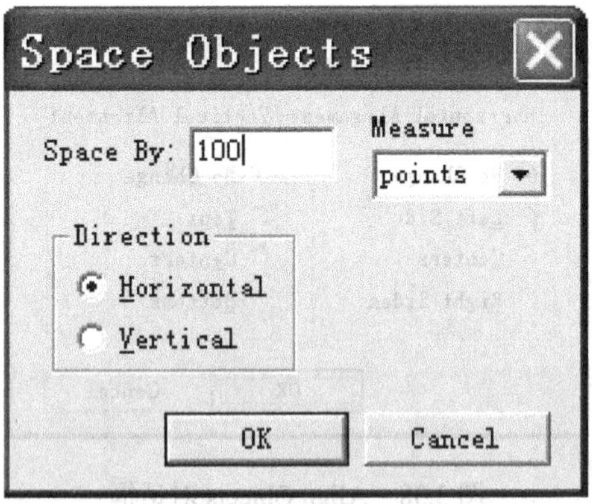

图 3.42 隔开对象

3.4.3.7 对象间隔和居中

选择对象后使用 Arrange（排列）菜单中的下列命令：Space Objects（对象间隔）和 Center On Page（页居中）。间隔对象时首先将选择的对象排列在中心，然后根据在出现的对话框中用户指定的数值将其等距离排列，还可在对话框的 Direction（方向）中选择 Horizontal（水平）和 Vertical（垂直），如图 3.42 所示。

选择 Arrange 菜单中的 Center On Page（居中）命令，将使选择的对象处于文件页面的中部。

在准确校准对象时选择 Arrange（排列）菜单中的 Cross Hair Tool（十字标）工具，就会在页面上显示十字标，在新的位置单击改变交叉线的位置，将其拉出窗口移去交叉线，如图 3.43 所示。

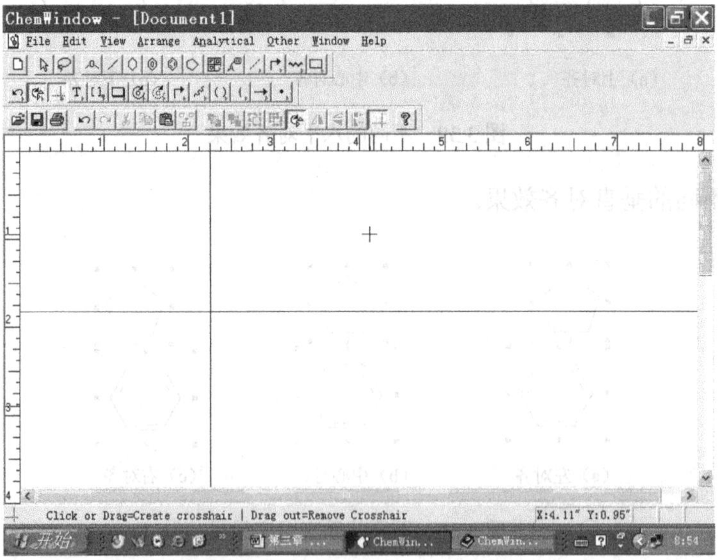

图 3.43 绘图区出现的十字交叉工具

3.4.3.8 前后互换

本软件设计用于二维绘图，没有 Z 坐标，但可以交叠对象或对对象进行分层。使用 Arrange（排列）菜单中的 Bring to Front（置前）或者 Sent to Back（置后）命令可以将选定的对象移至前面或放在后面。这对绘制实验装置图特别有用。

3.4.4　画图样式

画图样式指结构图的外观。它确定图中线宽度、键的长度、图的类型以及其他设置。使用样式可以为大型报告制作较大的黑体结构或精细结构。

3.4.4.1　选择一种样式

文件的样式设置通过 View（视图）菜单中的 Style Bar（样式工具条）来控制。如果在 

下拉菜单中选择一种新的样式，新绘制的图将以新样式出现，而已经绘制的图不会因为新样式而改变，除非选择了该图。要改变在开机时的默认样式或者单击 New Document 时的样式，在 File 菜单中选择 Preferences（参数选择），在出现的对话框中通过浏览来改变。更方便的方法是在样式工具条中进行选择。在该工具条中有粗体（Bold）、介绍（Presentation）、报告（Report）、原样式 60%（JOC Reducer 60%）、原样式 75%（JOC Reducer 75%）和小型（Small）选项，如图 3.44 所示。其中，Presentation 只对文字有用，对结构式没有用处。保存文件时最后使用的样式也会被保存，下次开机时该样式为默认样式。

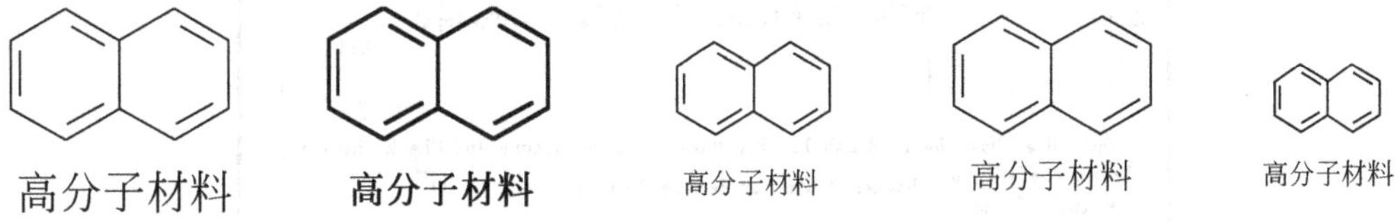

（a）报告　（b）粗体　（c）原样式 60%　（d）原样式 75%　（e）小型

图 3.44　不同画图样式效果

3.4.4.2　应用样式

先将画好的结构选择后，在样式工具条的样式控制菜单中选择一种样式，一次可以将多个结构转变为新的样式。这个操作不能改变新画结构的样式。要改变所有的字体，选择结构后在样式工具条中选择字体类型 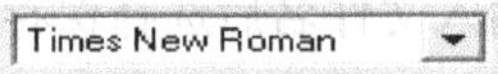

、字体大小 

。要改变整个结构的颜色，选择该结构后在样式工具条 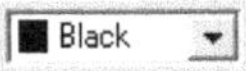

中选择需要的颜色即可。还可以将字体变为黑体、斜体或者给字体加上下划线 

等。

3.4.4.3　改写样式

临时修改样式设置可以选择 Edit 菜单中的 Override Style（改写样式）。使用该命令修改样式后绘制的图形均为新样式，直到用户将其再次修改为止。用修改后的样式保存文件后下次打开文件时仍为修改后样式的设置。要永久保存修改样式，可以将其保存为扩展名为 cwt 的文件，并保存在样式文件

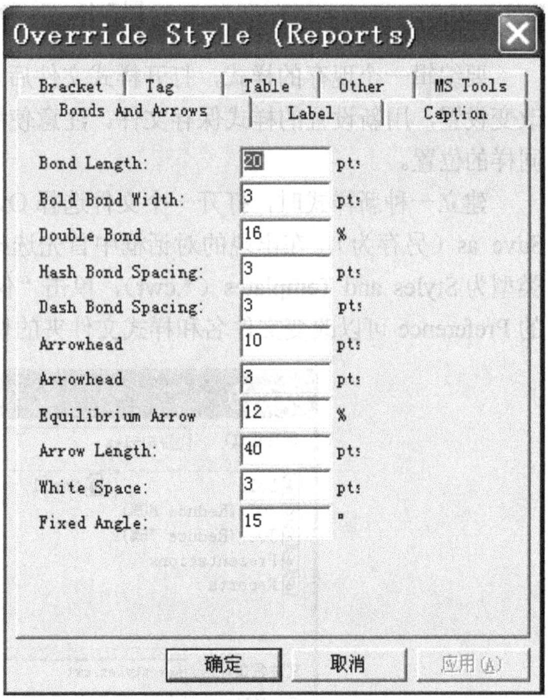

图 3.45　Override Style 对话框

夹中。修改样式的对话框中的设置都有说明，如图 3.45 所示。在 Override Style 对话框中，可以改变键和箭头的尺寸大小、标记的字体大小、上下标的位置、标题中的字体及大小、括号的大小等。

3.4.4.4 建立一种新样式

保存文件时样式的设置也会被保存。在 ChemWindow 中这些样式保存在 Style（样式）文件夹中。样式文件也可放在其他目录中，ChemWindow 会根据 Preferences（参数设置）对话框提供的路径寻找样式文件，如图 3.46 所示。如果在样式工具条的样式控制菜单中没有列出任何样式文件，选择 File 菜单中的 Preference，确保为样式输入了正确的路径。

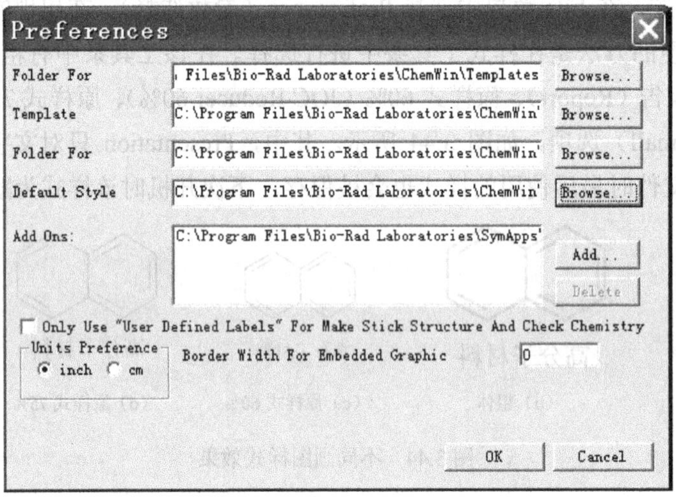

图 3.46 Preferences 对话框

要编辑一个现存的样式，打开样式文件后选择 Edit 菜单中的 Override Style（修改样式）改变设置，用新设置的样式保存文件。注意使用.cwt 作为扩展名，并与其他样式文件保存在同样的位置。

建立一种新样式时，打开一个文件选择 Override Style（改写样式）改变设置，然后选择 Save as（另存为），在出现的对话框中首先选择保存文件的位置，再输入文件名后选择保存类型为 Styles and Templates（*.cwt），单击“保存”即可，如图 3.47 所示。选定 File 菜单中的 Preference 可以改变文件名和样式文件夹的位置。

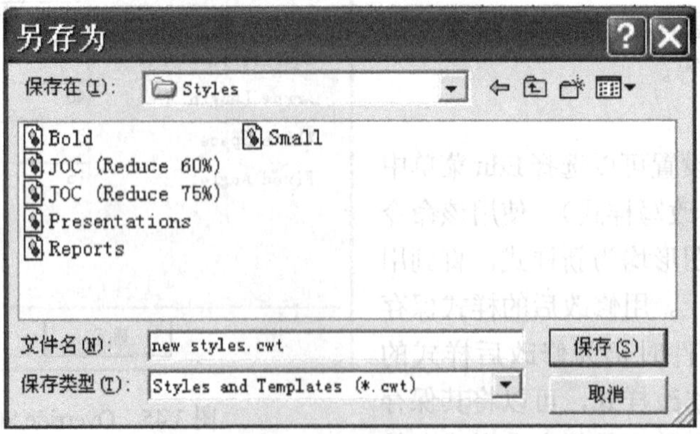

图 3.47 “另存为”对话框

3.4.4.5　页面设置和文件样式

选择 File 菜单中的 Page Setup（页面设置）可以设置页面的大小、方向和页边距，如图 3.48 所示。选择 File 菜单中的 File Size（文件大小）来设置文件中的页数，如图 3.49 所示。需要注意的是，在 ChemWindow 中页面之间是并排显示的。该图是选定 File Size 后出现的对话框，在其中 Document Width（文件宽度）中输入 2（意味着并排两页），在 Document Height（文件高度）中输入 2（意味着平行两页），确定后出现页数（2×2）。可以在文件菜单的预览中看到设定的页数。这些特性也可以保存在任何文件中或作为样式文件保存起来。

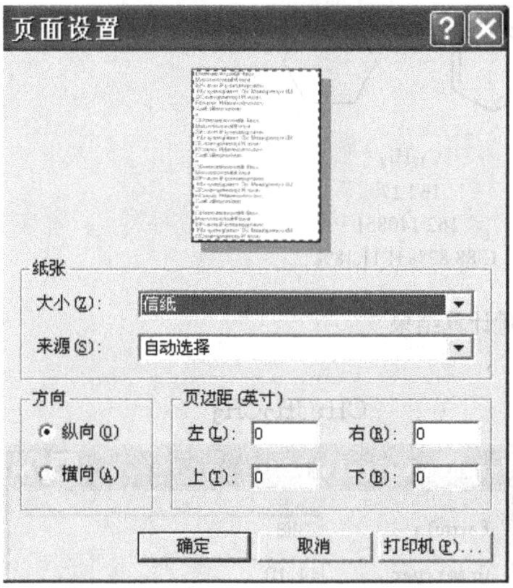

图 3.48 “页面设置”对话框

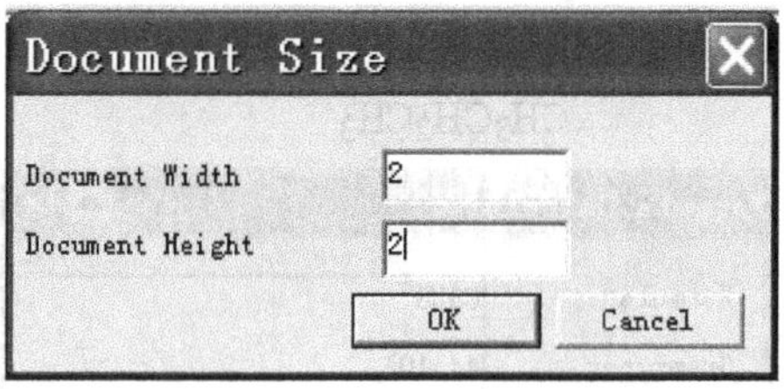

图 3.49　Document Size 对话框

3.4.5　化学命令和工具

ChemWindow 遵守一些基本化学规则，可以帮助用户更快更好地画出分子结构。

3.4.5.1　计算分子质量

计算一个给定结构的分子式、分子量、准确的分子量以及化学组成时，选定 Analytical（分析）菜单中的 Calculate Mass（计算质量），将会出现如下的计算结果，如图 3.50 所示。通过在 Calculate Mass 对话框的 Formula（分子式）、Molecular（分子量）、Exact Mass（准确分子量）、Composition（组成）等项后面方框中打勾，可以选择是否将其在粘贴时显示出来。如果选定多个结构，这些数将会被加起来。利用套索选择工具也可计算结构图中部分原子基团的值。单击 Paste，则绘图区分子结构下将计算结果用文字显示出来，可以移动其显示的位置。

3.4.5.2　分子式计算器

选定一个画好的分子结构图后，选择 Analytical（分析）菜单中的 Formula Calculator（分子式计算器），可以计算出分子式、分子量、物质的量和质量。在出现的对话框中改变物质的量可以改变质量，而改变质量同样可以引起物质的量的变化，如图 3.51 所示。

3.4.5.3　检查化学结构

选定 Other 菜单中的 Check Chemistry（检查化学结构）或按 F10 键，显示化学结构式中可能的错误，就像 Word 中的拼写检查程序一样，光标将在可能错误的地方闪烁，并在出现的化学检查条上显示错误的简短描述。化学检查器可以检查出许多问题，如没有化学意义的字母、键上连接错误的原子价、原子标记中不正确的原子价等。

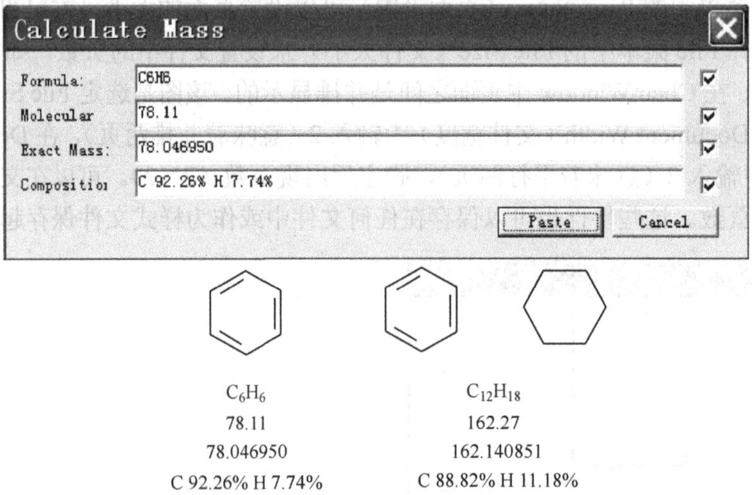

图 3.50 分子质量计算结果

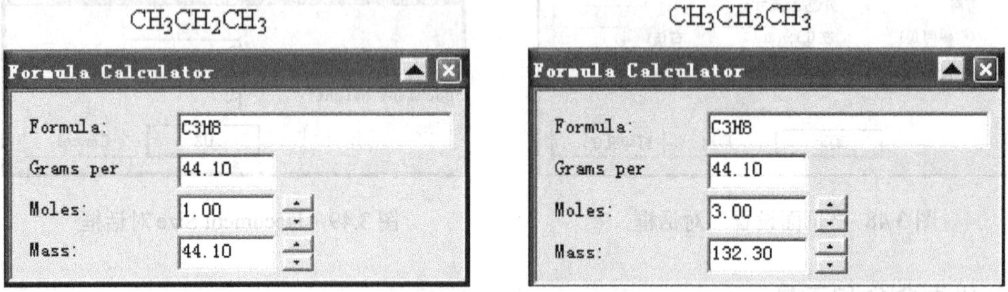

图 3.51 分子式计算结果

程序在这里有一个缺陷，如在绘图区输入“CH_3CHCH_3”后，单击 Check Chemistry 后，光标在最后一个 CH_3 的下标闪烁，表明这里有错误，同时在状态栏中提示：化合价不准确（The valence is not correct）。实际上错误在中间的 CH 处，应为 CH_2。单击如图 3.52 所示的检查条上出现的按钮，可以忽略错误（Ignore），忽略同样的全部错误（Ignore All）、或者单击 Learn（学习）将其储存在 User Chemistry List（用户化学列表）中。当然也可对错误的结构式进行修改。如果在检查时没有发现问题，或者已经检查完毕，将会显示如图 3.52 所示的对话框。

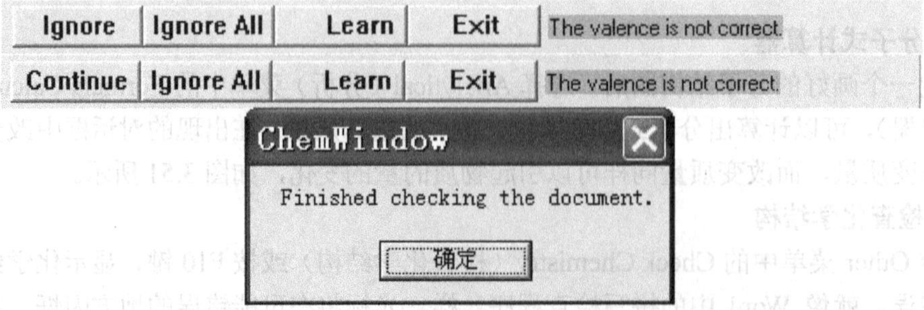

图 3.52 检查发现错误时出现的对话框和检查完成对话框

3.4.5.4　用户化学

用户化学保存非标准的原子标记和专门的不符合化学规则的结构。如用 Me 代表 CH_3。有两种方法将新的结构加入到 User Chemistry 中，一是在使用 Other 菜单的 Check Chemistry（检查化学结构）命令时选择 Learn，这种方法使用户在以后检查化学时允许这种结构，但不会对这种结构进行描述。另一种方法是用俗名来准确定义非标准原子标记，先画出代表俗名的棒状结构图片段或基团，其末段用单键与 R 连接起来，选择这种片段或基团后，选择 Other 菜单中的 Add User Chemistry（添加用户化学），输入片段的俗名，单击 OK 即可。这种方法输入的俗名能被 Calculate Mass（计算质量）、Check Chemistry（检查化学结构）和 Make Stick Structure（制作棍状结构）命令所理解。它们可被复制到剪贴板，粘贴到其他化学应用中。

要删除 User Chemistry List（用户化学列表）中的一个俗名（Nickname）或学习的例外（Learned Exception），选定 Other 菜单中的 Edit User Chemistry（编辑用户化学），在出现的对话框中选择不需要的词条（按照词条的字母顺序排列），按 Delete 键即可，如图 3.53 所示。

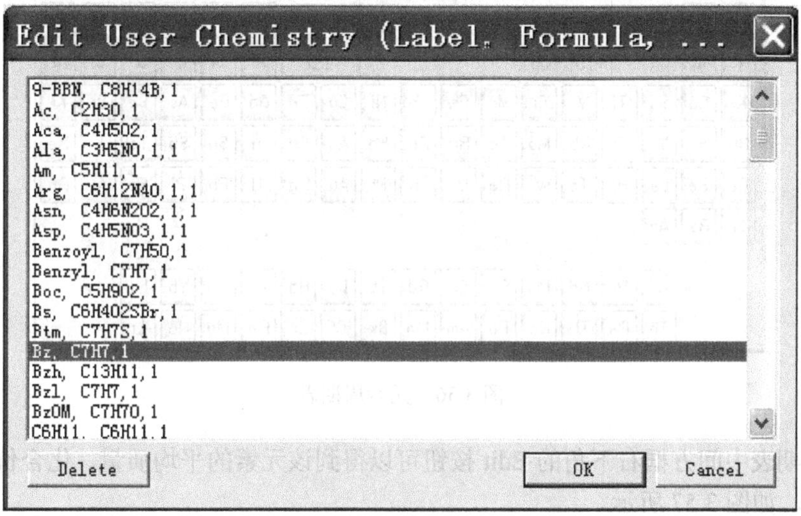

图 3.53　删除用户化学库中的词条

3.4.5.5　制作棍棒结构

要将选择的结构变为棍棒构型，可选择 Other 菜单中的 Make Stick Structure（制作棍棒结构）命令，如图 3.54 所示。要将棍棒构型变为原来的形式，在未进行其他操作前可选定 Edit 菜单中的 Undo（撤消）。

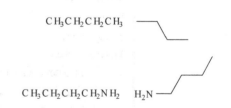

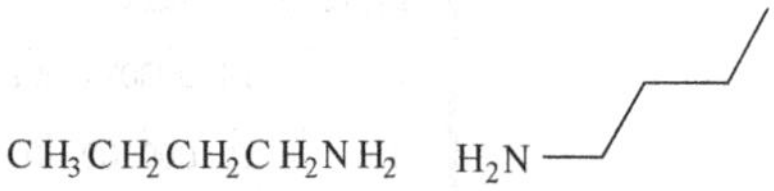

图 3.54　制作的棍棒结构

3.4.5.6　制作标记结构

该命令将棍棒结构中的非环部分（脂肪链）转变为标记结构。方法是选定要转变的部分（选定全部时用选择箭头，选择部分时用套索工具）后，选择 Other 菜单中的 Make Labeled Structure（制作标记结构）命令，如图 3.55 所示。

图 3.55　制作的标记结构

3.4.5.7 同位素

ChemWindow 能够理解作为原子前上标的同位素（Isotopes）概念，同位素常用在 Check Chemistry（检查化学），Calculate Mass（计算质量）和 Make Stick Structure（制作棍棒结构）命令中。

3.4.5.8 周期表

选择 Analytical 菜单中的 Periodic Table（周期表），ChemWindow 能够显示元素周期表，作为参考或在结构上标记原子使用。在两种情况下可以将选定的原子加入到一个分子结构中：① 用键工具新建了一个键（标记于最后一个原子上）；② 用套索工具选择了一个或多个原子。单击右上角上的小三角，可以使元素周期表最小化，再次单击小三角后又显示出来。在元素周期表的中间方框中显示了选出的元素的原子序数、氧化值、原子量。单击需要的元素符号可以从中间方框中得到该元素的上述值，如图 3.56 所示。

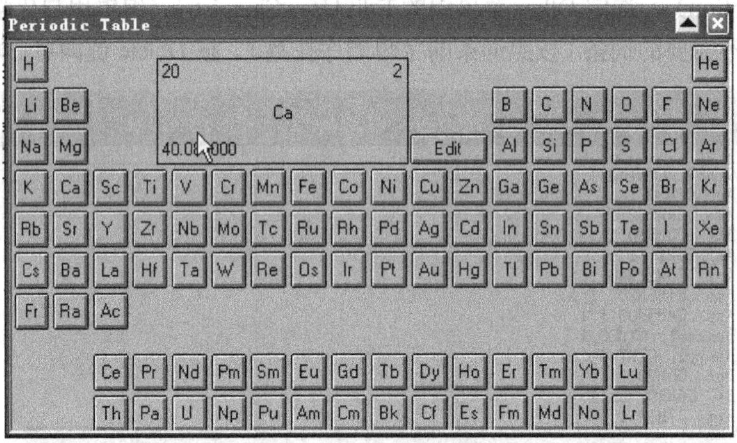

图 3.56 元素周期表

单击周期表中间方框右下角的 Edit 按钮可以得到该元素的平均质量、化合价、同位素质量及其丰度，如图 3.57 所示。

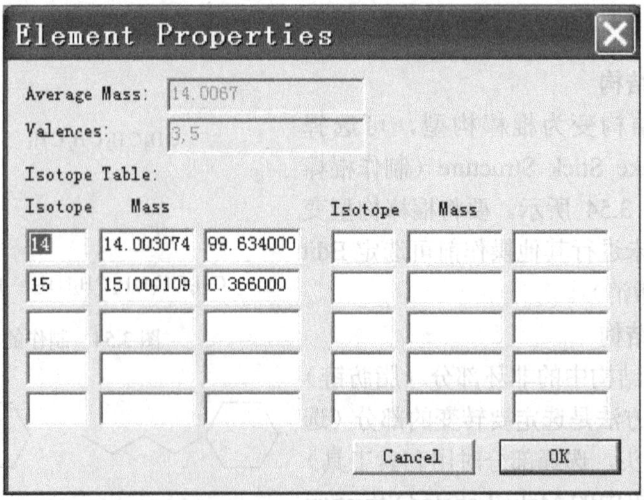

图 3.57 选定元素名称后单击 Edit 后出现的元素性质

3.4.5.9　拼写检查

Check Spelling（拼写检查）命令用于检查在 ChemWindow 中建立的 Captions（标题）中出现的英文拼写错误。在字典中含有许多化学名称帮助用户找到可能的错误。与其他拼写检查程序一样，可以忽略一个、忽略全部或将丢失的单词加入字典中。

3.4.6　标题和类型样式

ChemWindow 的标题工具，用于给结构图增加简单的文字说明。注意标题工具与原子标记工具是两种不同类型的文字。如果用标题工具来编辑原子记号或者反之，ChemWindow 将自动地转变为正确的工具。

3.4.6.1　建立标题

建立一个标题，在绘图区单击后开始输入文字。按 Enter 键开始一个新行。在一个文本框里建立标题，可将在绘图区输好的标题移入其中或者直接在文本框里输入。设置一个新标题的字体、类型、颜色和样式时，将光标在绘图区单击出现闪烁的光标后进行，在输入前使用样式条中的命令和键。

注意：标题工具不能用来建立或编辑标记，标记工具也不能用来建立或编辑标题。标题和标记的建立要用单独的工具，因为标记工具建立的是具有化学意义的文本，而标题工具却不能建立具有化学意义的文本，仅仅是文字说明。用标记工具建立的文本可被 Chemistry Checker 程序检查。

3.4.6.2　编辑标题

编辑标题，首先要选择文本。选择文本的方法有两个：① 用选择工具或套索工具选择文本；② 用标题工具在文本的字母上拖动。选择文本后可以在 Style Bar（样式条）菜单上选择文本的字体、大小、颜色。也可以改变对齐方式、类型样式以及上下标的设置。选择文本后按 Delete 键可以完全删除一个标题。

使用闪烁光标进行其他编辑操作。用标题工具在标题中单击就激活该标题，可以使用 Back Space 键删除光标前的字符，按 Delete 键删除光标后的字符。或在字符上拖动后输入新的字符来代替它们。光标的位置可以使用键盘上的箭头键移动，或用光标将其移到新的位置。

化学中使用的上下标，当样式条中的“公式”(Formula）按钮处于激活状态，输入分子式时，上下标会自动加到分子式中去。选择要处在上下标的字符，单击“公式”按钮也可以改变上下标状态。当样式条中的“公式”按钮没有按下，输入的分子式不会自动地变为上下标，可以选择要变为上下标的数字或字母，使用下标键或上标键使之变为上下标。

“公式”按钮在建立上下标时可以自动改变大小，并遵守化学规则。如果在数字前加上正负号，将会被认定为上标，否则被认定为下标。

两个字符之间的距离称为字距（kerning)。改变一对字符的字距时，将闪烁的光标放在两个字符之间，按住 Ctrl 键，同时按左右箭头键即可。

3.4.6.3　旋转标题

要旋转一个标题，先用选择工具选择它，按住 Shift 键后，在图的侧柄上（不能在角柄）用鼠标沿圆周运动方向拖拉，当对象旋转到需要的角度时松开鼠标。程序将会自动显示旋转角度，也可以使用 Arrange（排列）菜单中的 Rotate（旋转）命令使之旋转一定的角度。图 3.58 是一个标题旋转 30° 后效果。可以看出，标题旋转后字体变得模糊，效果不佳。另外，中文标题旋转后已经认不出来，因此在 ChemWindow 中，标题旋转不适合于中文操作。

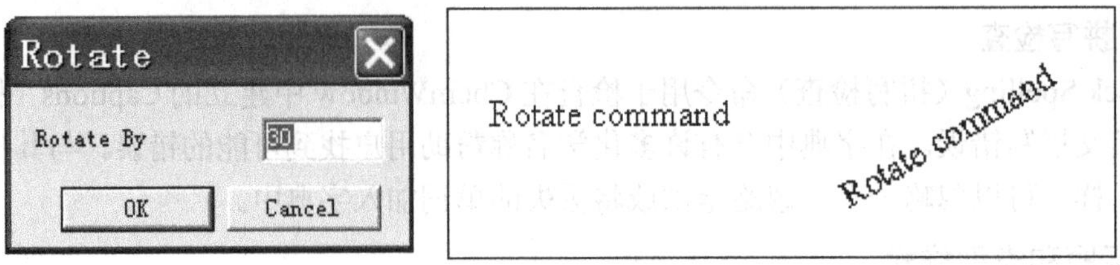

图 3.58 Rotate 对话框及旋转效果

3.4.7 制作和使用模板

ChemWindow 允许用户在绘图时建立模板，它可以作为一个方便使用的“零件”来使用。就像一个环工具，可以旋转模板、改变模板大小、在模板上画出新的结构、与其他结构融合。模板可以显示在模板工具条上。

3.4.7.1 制作模板文件

由键、直线箭头、环、芳香环、分子式、电荷以及其他标记建立的任何结构均可以作为模板。要将一个文件保存为模板文件，在保存文件的对话框中使用样式和模板文件类型(.cwt)保存即可。本软件中建立的大多数文件均可作为模板文件使用。

所有画出的模板与样式工具条中的形式的样式一致，而不论原来模板是如何画的。这保证了用户画出图的一致性。模板的大小由枢轴键的长度来决定，在双环或三环时，枢轴键并不是标准尺寸，这会使模板尺寸不一。要避免这种情况发生，应在模板文件中画一个独立的单个的键，该程序使用这个键作为参考尺度。

3.4.7.2 使用模板

有两个方法来使用模板，一是指定该文件为模板工具条中的文件，方法是选择 File 菜单中的 Preferences（参数选择），在适当的区域中输入模板文件的路径后单击 OK。如果模板条没有出现，选择 View 菜单中的 Template Tools（模板工具）。另一种方法是将模板文件存在模板文件夹中，通过选择 File 菜单中的 Preferences（参数选择）可以改变模板文件夹的名称和位置。

使用模板画图的方法与基本画图方法中编辑环和键的方法相同，在模板放在画图区域后，正如该程序建立的其他化学结构一样可以被编辑和修改。

3.4.8 图库

图库（Libraries）是一种特殊的 ChemWindow 文件，它拥有几千张图。在图库文件夹中，用户可以找到 4 个文件。StrucLib.cwl 文件和 OtherLib.cwl 文件提供了超过 4500 个有机和药理学化合物结构，LabGlass.cwl 文件提供了实验室用实验设备和装置的图库，CESymbol.cwl 文件提供了绘制一些工艺流程使用的图形。

3.4.8.1 使用图库

选择 File 菜单中的 Open，在目录中找到图库文件（扩展名为.cwl），单击“打开”，如图 3.59 所示。使用图库需要打开两个 ChemWindow 窗口，一个为工作窗口、一个是图库窗口，选定图库中的结构式后复制，在工作窗口的适当位置单击后粘贴即可。图库中的结构式都有相同的大小，有利于与其他结构式进行匹配。选定画好的结构式后还可以进行拖拉改变其大小。

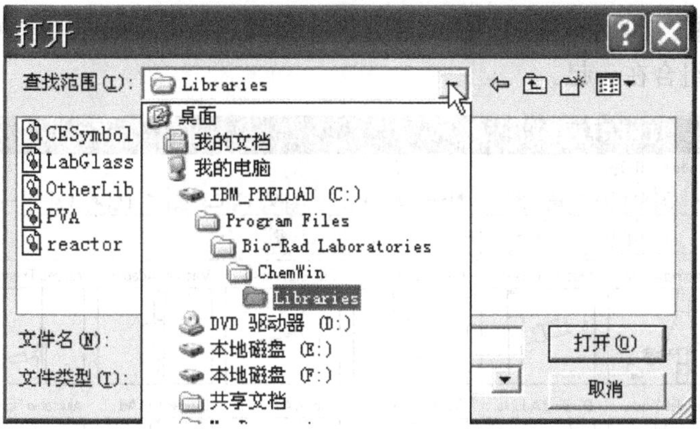

图 3.59　“打开”图库文件

图库文件中的结构式都有一个名称，可用来对其进行检索。选定图库窗口中的 Edit 菜单中的 Find in Library（在图库中查找）命令，如图 3.60 所示。在空白处输入要查找的文本，单击 Find All（查找全部）或者 Find First（查找第一个）按钮，相匹配的结构名称会高亮度显示出来。选择 Edit 菜单中的 Find Next in Library（查找下一个）命令，可以找到与前面词条匹配的更多结构式名称。

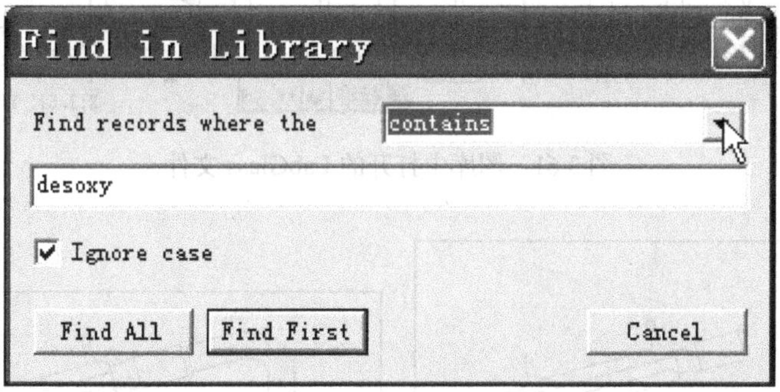

图 3.60　Find in Library 对话框

用户也可以对图库进行扩充，将工作窗口中绘制好的图形复制后在图库窗口上进行粘贴操作，这时会弹出对话框要求用户输入一个标题，按此要求操作后，用户绘制的结构式就进入了图库。

3.4.8.2　组装插图

用玻璃器皿图和化学工程符号建立起来的插图通常是由图库中两个以上的“部件”组成的，如图 3.61 所示。要将其组装起来，首先将需要的“部件”复制后粘贴在工作窗口的绘图区中，最好先从上部或最大的“部件”开始，然后将其连接起来，如图 3.62 和图 3.63 所示。玻璃器皿的连接点会自动吸在一起，但是需要调整它们的前后位置，外部的连接点应该在内部连接点的前面，要改变前后位置，只要选择对象后选择 Arrange（排列）菜单中的 Bring to Front（置前）命令或 Send to Back（置后）命令。

在工艺流程中可以使用键和箭头作为管子、线和电线进行连接。对于结构图中的键和箭头其尺寸有一定的限制，可以通过在拖拉时按住 Shift 键改变键或箭头的尺寸，但要注意的是，先要松开鼠标后松开 Shift 键。可以画出抛物线、单面或双面箭头等。插图完成后可以使用

Caption Tool（标题工具）对该图的全部或部分进行命名。使用 Arrange（排列）菜单中的 Group（组合）命令将其组合在一起。

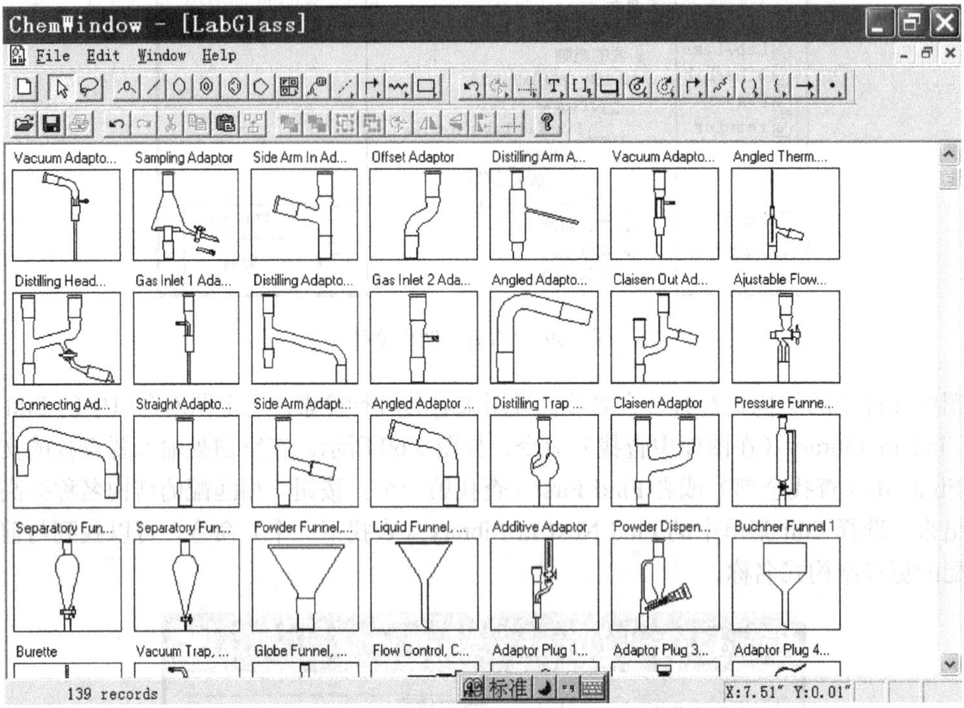

图 3.61 图库中打开的 LabGlass 文件

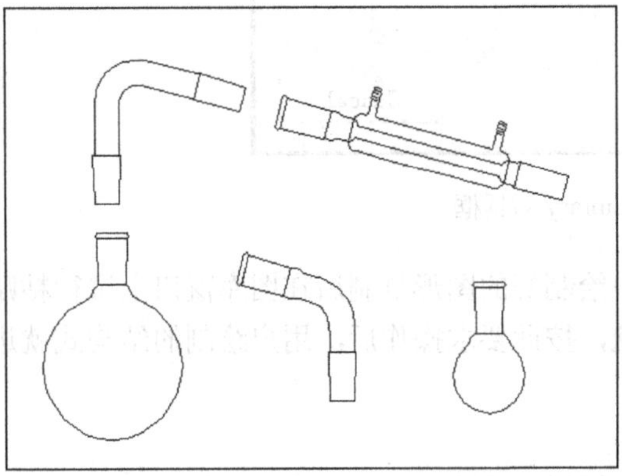

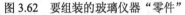

图 3.62 要组装的玻璃仪器“零件”

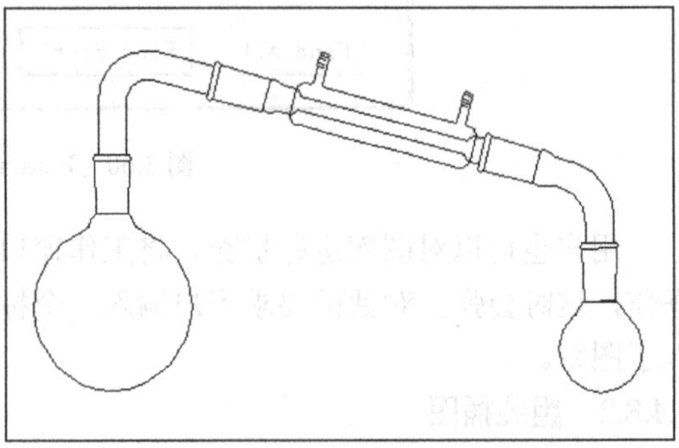

图 3.63 已组装好的玻璃仪器装置

3.4.8.3 外形图的操作

在玻璃器皿和化学工程图库中的外形图是由许多直线和曲线建立的。直线可以组合在一起，所以比较容易操作，有时需要对插图进行编辑。如果改变了部件的尺寸，它可能和其他的部件不再匹配。可以对外形插图进行诸如放大、缩小、压缩、旋转、翻转、组合、拆组等操作，方法与前面介绍的相同。也可以对外形插图改变其颜色、线宽度、填充等，方法是：选定外形插图后在 View 菜单中的 Graphics Style Bar（图样式条）上选择需要的效果。大多数外形插图都以白色为填充色。有时在改变图形前后位置时需要将一个外形图解开，例如如果要看到一个烧瓶中的玻璃管，先选择烧瓶后选择 Ungroup（解组），选择玻璃管后单击 Arrange（排列）中的 Send to Back（置后）命令，选择接头后选择 Bring to Front（置前）命令，玻璃管就会正常显示，如图 3.64 所示。

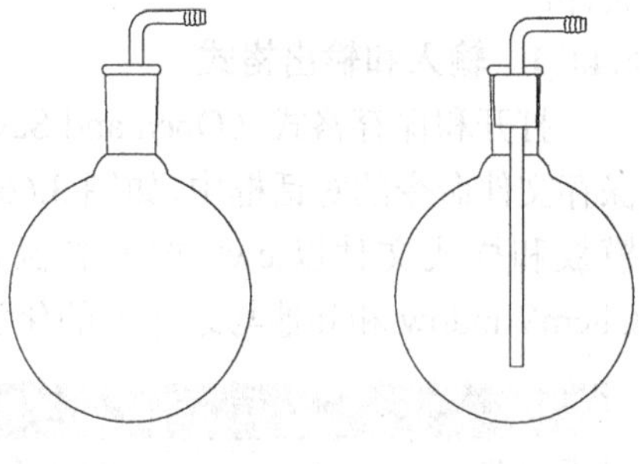

图 3.64　外形图的编辑效果

3.4.8.4　编辑形状图

形状图由线、定位点和方向点组成，使用 Shape Editor（形状编辑器）来编辑这些点。移动定位点时，连接线随之变化。方向点是指那些指示曲线形状的点，移动方向点时，取消的形状发生变化。当使用形状编辑器时所有的形状都是透明的，它不必将组合图分开。编辑形状图时，使用 View 菜单中的 Zoom Bar 使之放大而容易察看。

移动一个点时，选择 Shape Editor 工具，在形状图的内部单击。所有的点将会显示出来，在其中一个定位点或方向点上拖拉就会移动它。也可用形状编辑器工具选择定位点，在定位点上单击就会选择它。用户可以使用键盘上的方向键向任何方向移动这些定位点，而方向点仅可用拖拉的方式移动。

一次移动多个点时，首先要用形状编辑工具选择多个点。方法是在要选择的点上拖拉。拖拉时将会出现一个选择方框，松开鼠标时在选择方框内的所有点都会被选择。也可以在一个点上单击，按住 Shift 键后在希望的其他点上单击进行选择。还可以按住 Shift 键后通过在其他点上拖拉选择更多的点。

3.4.8.5　建立新图库

建立新图库时，选择 File 菜单中的 New Library（新图库）后打开一个空图库文件，在另外的一个单独文件中画好图形后复制，再到打开的图库文件中粘贴，在出现的对话框中输入该图的名称，即可将其存入新的图库文件中。在新的图库文件中双击该图形可以修改图的名称（如图 3.65 所示）。图库文件以.cwl 的扩展名保存，可以将图库文件的图形从一个图库文件复制后粘贴到另一个图库文件中。

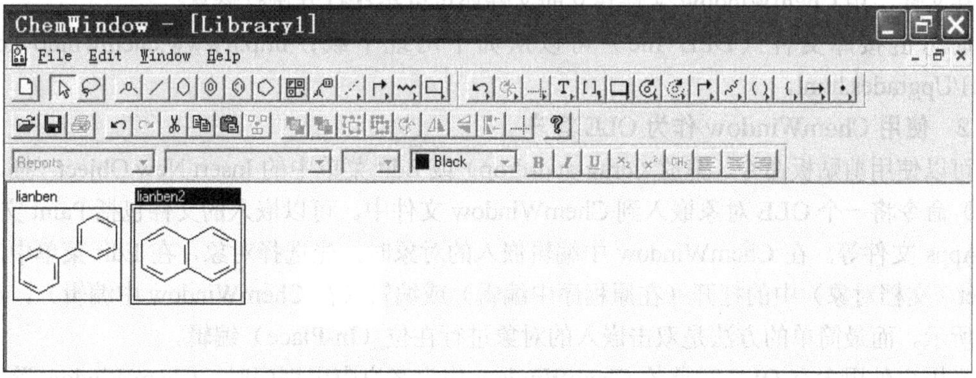

图 3.65　建立新图库文件

3.4.9　文件与 OLE 2.0 的兼容性

ChemWindow 是一个对象链接和嵌入（OLE）的客户（Client）和服务程序（Server）。它支持在位编辑（in-place editing）、拖放（drag-and-drop）、嵌套 OLE 对象和 OLE 自动控

制。ChemWindow 同样支持许多重要的文件格式，可使用户容易地与其他化学绘图程序交换文件。

3.4.9.1 输入和输出格式

打开和保存格式（Open and Save Formats）：ChemWindow 支持的文件格式列于打开和保存文件命令的对话框中，如图 3.66 和图 3.67 所示。ChemWindow 保存的文件扩展名为.cwg，模板和样式文件以.cwt 扩展名保存，图库文件以.cwl 扩展名保存，这些文件都可以被 ChemWindow 和其他与之兼容的化学软件打开。

图 3.66 "打开"模板文件

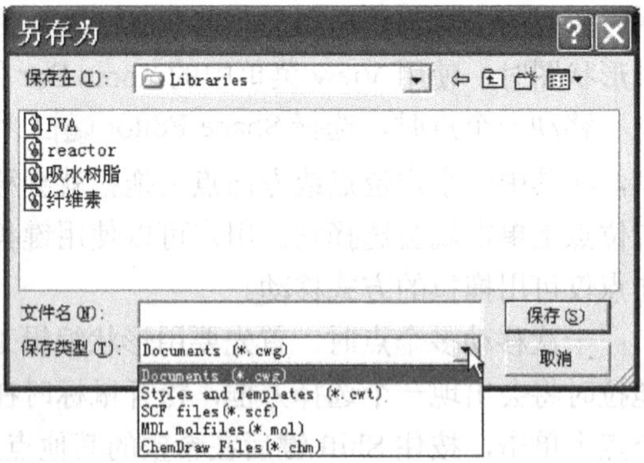

图 3.67 保存图库文件

剪贴板格式：对与 OLE 相容的应用程序，如 Microsoft Word 或 ChemWindow，使用剪贴板是嵌入一个 OLE 对象到客户文件中去的简单的方法。如果接收的程序与 OLE 不兼容（但支持 Windows 的图元文件），图元文件就会被粘贴到应用程序中。

ChemWindow 同样可以将一个 MDL molfile 文件复制到与其他化学软件兼容的应用程序的剪贴板上。如果安装了适当的动态链接库文件（DLL file），ChemWindow 可以以 GIF 格式保存文件。用 ChemWindow 文件建立的文件还可以再次打开进行修复。

动态链接库文件（DLL file）可以从如下网址下载：http://www.chemwindow.com/TECH/Upgrades.html。

3.4.9.2 使用 ChemWindow 作为 OLE 客户

可以使用剪贴板命令、拖放（drag-and-drop）或 Edit 菜单中的 Insert New Object（插入新对象）命令将一个 OLE 对象嵌入到 ChemWindow 文件中。可以嵌入的文件包括 Paint 文件、SymApps 文件等。在 ChemWindow 中编辑嵌入的对象时，先选择对象，在 Edit 菜单中选择 Object（文档对象）中的打开（在原程序中编辑）或编辑（在 ChemWindow 中编辑），如图 3.68 所示。而最简单的方法是双击嵌入的对象进行在位（In-Place）编辑。

当用户使用含有 OLE 对象的 ChemWindow 作为客户应用程序时，ChemWindow 除了具有原来的功能外，还在系统中添加了 OLE 服务器的其他特征。

3.4.9.3 使用 ChemWindow 作为 OLE 服务器

在任何与 OLE 兼容的应用程序中都可嵌入或编辑 ChemWindow 制作的对象。在有些应用程序中，如 Microsoft Word，编辑对象很容易，因为当用户将对象放到文件中时，结构对象的框架会自动地放大。当使用 ChemWindow 作为 OLE 服务程序时，就将 ChemWindow 的功能和特征加到了其他的应用程序中。添加 OLE 对象到自己的应用程序中的常规方法是在应用程序中选择 Insert Object 命令，然后在服务列表中选择 ChemWindow 文件。

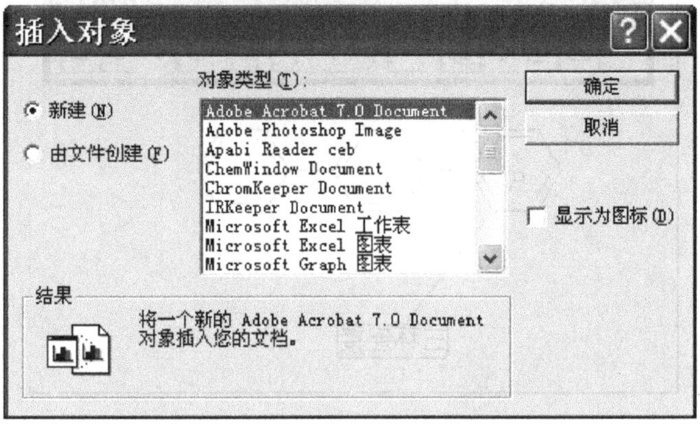

图 3.68　在 ChemWindow 程序中插入对象

当将 ChemWindow OLE 对象插入到 Microsoft Word 和其他应用程序中时，图周围的边界的宽度将会发生改变，要在在线编辑（in-place editing）时改变这种边界宽度，选择 Edit 菜单中的 Change Border Width（改变边界宽度）。改变这个边界的默认宽度，首先要运行该单个程序。选择 File 菜单中的 Preferences（参数设置），在“改变嵌入图的边界宽度”值中输入数字即可。

当使用 ChemWindow 作为服务器应用程序时，使用默认的样式。可以为新的对象或文件改变默认的样式。选择 Insert Object（插入对象）命令时按住 Shift 键，直到样式对话框出现，在此也可改变默认样式。

3.4.10　注解工具

注解结构式、反应或图是非常有用的，用户可以很容易地用它来对结构式、反应式或图进行注解。

3.4.10.1　注解工具描述

注解工具位于 Standard Toolbar（标准工具条）上，当用户在注解工具上单击时，就会出现如图 3.69 所示的注解工具条。

图 3.69　注解工具条

注解工具条由三部分组成，从左到右依次为：注解端（Note End）、连接线、对象端（Object End）。注解图形的外观取决于在注解工具条上的选择。当用户将鼠标放在状态条的每个工具上时，它的功能描述就会显示出来。

注解端（Note End）组图（图 3.70）提供了下面的选项：无图形（虚线矩形）、矩形、圆角矩形、椭圆和云彩形。对象和注解之间的连接线可以是无线（虚线）、一条直线、两条线段、三条线段和曲线。对象端图可以是无图形（虚线正方形）、箭头、椭圆和矩形。无图形的注解图在图上以虚线显示，复制和打印时不显示出来。

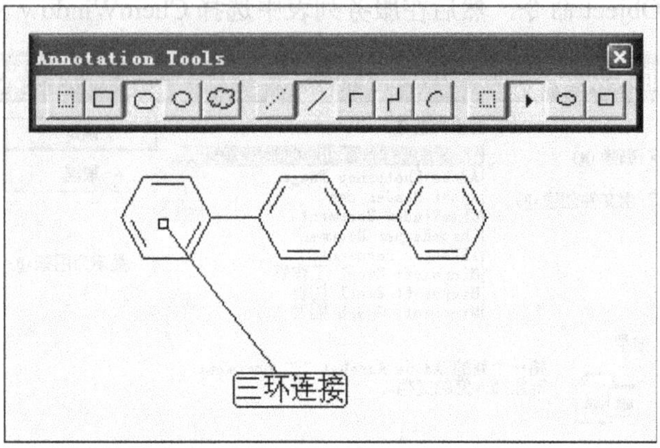

图 3.70 注解示例

3.4.10.2 注解对象

在两个现有对象之间进行注解时，首先选择注解工具，其次选择代表注解端（Note End）、对象端（Object End）和连接线的图形，最后开始从对象端向注解端进行拖拉操作，在注解端输入文本即可。在开始后要取消建立注解时，回到开始拖拉的那一点后松开鼠标。用标准选择工具选择对象时，注解也会被选择。

3.4.10.3 编辑注解

通过拖拉控制点，注解元素可以被编辑。要移动对象端，用注解工具拖拉末端的控制点（矩形和椭圆的中心、箭头的顶端、无形图的线的末端）。用套索工具（Lasso Tool）拖拉任何控制点，对象端将会移动。要编辑曲线连接线，可以拖拉任意两个控制点。要移动有两个或多个线段的连接接头，用注解工具拖拉接头的控制点。要改变对象末端图形的大小，在对象末端图形和连接线交汇点开始拖拉。这种方法可以改变箭头、椭圆和矩形的尺寸。要改变矩形或椭圆的高度或宽度、在矩形或椭圆的任何一边的中点拖拉。要显示已经注解图形的控制点，单击注解图的任何点击盒，点击盒将在控制点上出现。

3.4.11 创建图表

在 ChemWindow 中设计了表格工具（Table Tool），它位于 Graphic Tools（图工具条）上。

3.4.11.1 画表格

单击 Graphic Tools（图工具条）上的表格工具，或者在绘图区域的空白处单击右键，在出现的工具中选择表格工具。在文件的绘图区拖动表格工具就会出现表格。表格中单元格的宽度和高度由系统默认。按下 Shift 键拖动表格工具会改变单元格中水平方向的大小。

3.4.11.2 格式化表格

画出表格后，可以通过拖拉表格线来改变列的宽度和行的高度。选择表格工具后在菜单栏中会出现一个 Table 菜单，当光标在单元格中时，该菜单被激活，用户可以对表格进行拆分、合并、加行加列、删除行和列等操作。选择 Table 菜单中的 Format Table（格式化表格）还可以改变表格的样式，如图 3.71 所示。

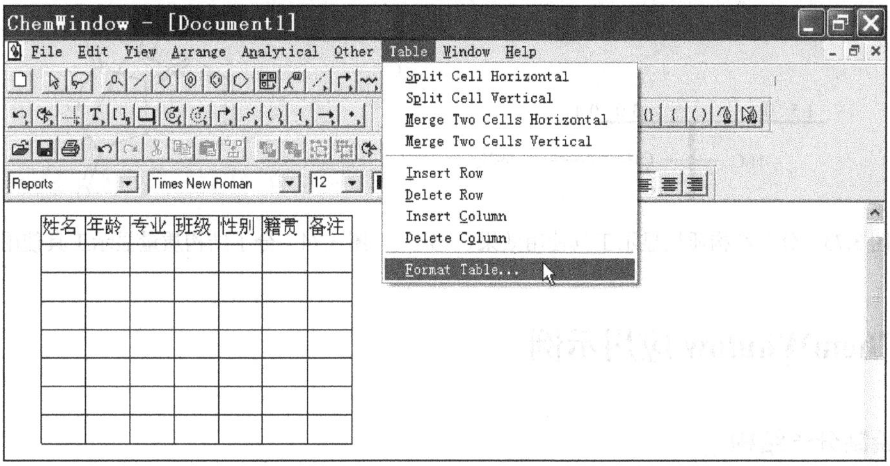

图 3.71　编辑表格

3.4.11.3　输入数据

用鼠标在单元格中单击后就可在所在的单元格中输入文本或数据。按 Tab 键将鼠标移入下一个单元格，在最后一个单元格时，移到下一行第一个单元格。

3.4.12　分子量工具

3.4.12.1　分子碎片工具

分子碎片工具（The MS Fragmentation Tool）位于 Other 菜单工具条上，它使用户很容易在质谱中确定一个分子是如何分成碎片的，因为它允许用户很快地观察到许多不同的碎片方式。当用一条分割线观察分子结构时，将鼠标放在线开始的地方，按下鼠标左键拖动到线终止的地方即可。当持续按下鼠标时，分割线可以向任何方向移动，而起始点不动，每个碎片的分子式和质量显示在分割线的两侧。松开鼠标时结构式裂成碎片，每个碎片的分子式和质量将显示出来，如图 3.72 所示。

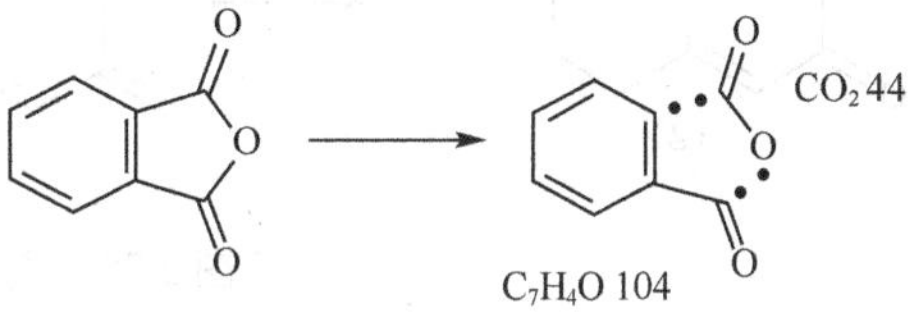

图 3.72　分子碎片工具使用效果

当用多条分割线观察分子结构时，将鼠标拖过分子结构得到第一条分割线，按下鼠标左键，同时按住 Shift 键，拖动鼠标通过分子结构式得到第二条分割线。每次按下 Shift 键，得到一个新的定位点。

3.4.12.2　分子结构质量显示工具

分子结构质量显示工具（MS Documentation Tool）位于 Other 菜单工具条上，它专门用于显示碎片分子的质量，如图 3.73 所示。

在一键的中心单击，分割线显示在该键中心，“左侧”和“右侧”碎片的质量也显示在线的两边，单击一键未松开鼠标时可以改变分割线的方向和角度。单击时按住 Shift 键，可以改变分割线的长度。画出第一条分割线后还可在其他的键上用同法画出第二条分割线，如图 3.74 所示。

分割线与其结构组合在一起，每个分割线的末端和“T”交叉点均有点击盒，第一次在点击盒上单击时，左侧的质量隐藏起来，第二次在点击盒上单击时，右侧的质量隐藏起来，继续单击时，两侧的质量均显示出来。

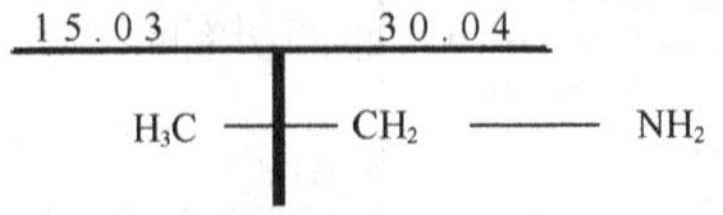

图 3.73 分子结构质量显示工具使用效果(一)

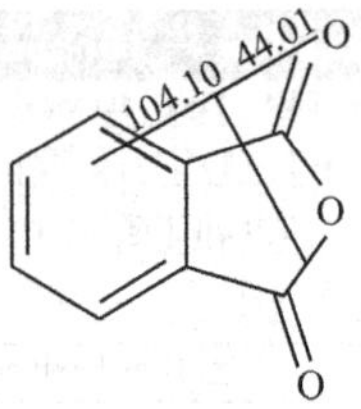

图 3.74 分子结构质量显示工具使用效果(二)

3.5 ChemWindow 应用示例

3.5.1 绘制分子结构

3.5.1.1 皮质酮分子结构的绘制

皮质酮分子结构的绘制过程如图 3.75 所示，具体说明如下。

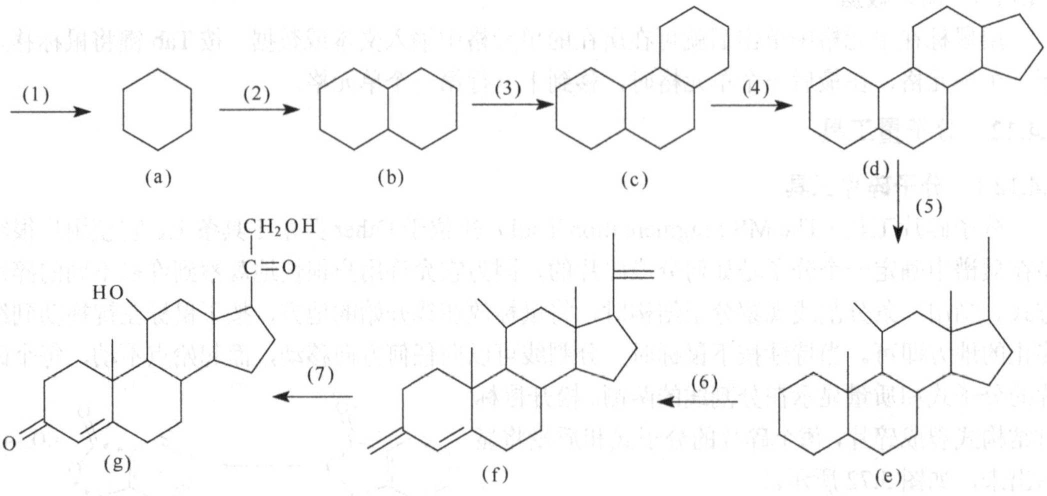

图 3.75 皮质酮分子结构的绘制过程

(1) 在标准工具条上选择环已烷工具并在绘图窗口的适当位置单击，形成一个单六元环，如图 3.75 (a) 所示。

(2) 在单六元环的右侧键中心继续单击，形成一个并接的双六元环，如图 3.75 (b) 所示。

(3) 在双六元环的适当键的中心位置继续单击，形成三个六元环并接的菲型结构，如图 3.75 (c) 所示。

(4) 在标准工具条上选择五元环并在菲型结构的适当键上单击并接形成甾体结构，如图 3.75 (d) 所示。

(5) 在标准工具条上选择标记工具 (Label) 在甾体结构上需要增加侧链的位置上单击，形成带侧链和单键的甾体结构，如图 3.75 (e) 所示。

(6) 在甾体结构上需要增加双键的位置单击形成双键，在环上增加双键时，要按住 Alt 键，使之在环的内部形成短小双键，得到如图 3.75 (f) 所示结构。

(7) 在如图 3.75 (f) 所示结构上的适当位置单击，出现点击盒时，用键盘输入原子和功能团，得到皮质酮分子结构，如图 3.75（g）所示。

3.5.1.2 苯乙醇立体分子结构的绘制

苯乙醇立体分子结构的绘制过程如图 3.76 所示，并说明如下。

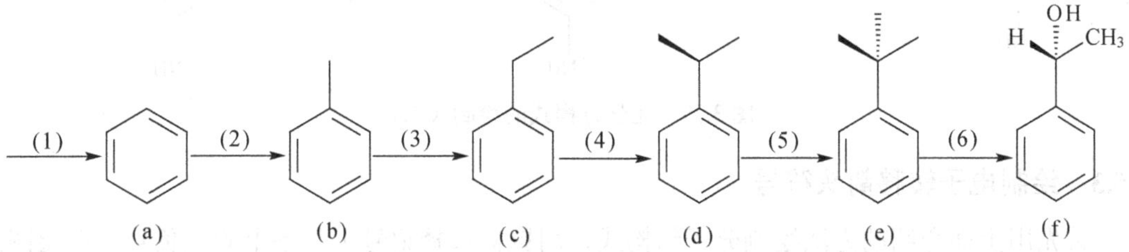

图 3.76 苯乙醇立体分子结构的绘制过程

（1）在标准工具条上选择苯环工具并在绘图窗口的适当位置单击，形成苯环，如图 3.76（a）所示。

（2）在苯环的顶部用单键工具单击，形成一个带有单键的苯环结构，如图 3.76（b）所示。

（3）在如图 3.76（b）所示结构的单键端部向右上方适当角度拖拉，得到如图 3.76（c）所示结构。

（4）选择键工具条上的楔形键工具（Wedge Bond Tool）在如图 3.76（c）所示结构上的单键交会点上单击，画出楔形键，得到如图 3.76（d）所示结构。

（5）选择键工具条上的虚线楔形键工具（Hashed Wedge Bong Tool）在如图 3.76（c）所示结构上的单键交会点上单击，画出虚线楔形键，得到如图 3.76（e）所示结构。

（6）用标记工具分别在如图 3.76（e）所示结构的三个单键端点单击，用键盘上输入原子或基团，得到苯乙醇立体分子结构，如图 3.76（f）所示。

3.5.1.3 杂环分子结构的绘制

首先绘制不带杂环的分子结构，然后用标记工具在需要换成杂原子的位置单击，输入相应的杂原子即可，如图 3.77 所示。

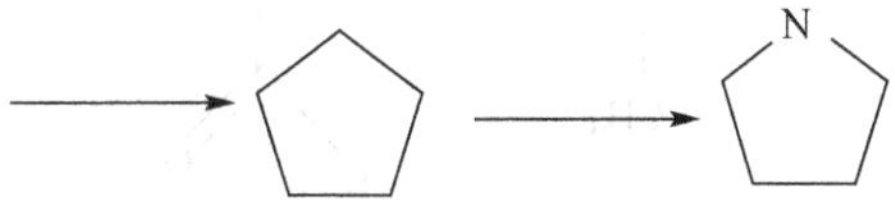

图 3.77 杂环分子结构的绘制过程

3.5.2 绘制化学反应式

首先用上述绘制分子结构的方法绘出反应物和产物的结构式，包括连接符号（加号）和平衡符号（箭头），然后用选择工具将这些结构式和符号放在适当位置即可。有时不易将它们摆放整齐，可以选择 Arrange（排列）菜单中的 Align Objects（水平对齐命令）或按 F11 键将其中部对齐。如图 3.78 和图 3.79 所示化学方程式的绘制。

注意：在图 3.79 中应先将三个结构式绘制好后，在按下 Shift 键的同时，画出长箭头，将其放在适当位置后进行水平对齐操作，再用标记工具画出反应条件中的分子式，用标题工具画出反应条件中的文字说明，将其移至适当的位置，最后将其组合即可。

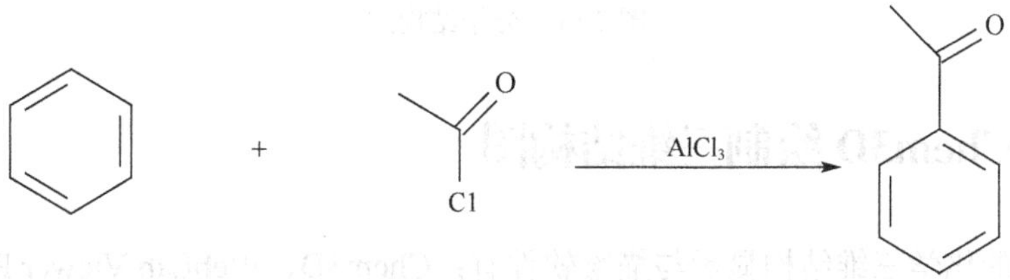

图 3.78 化学方程式的绘制（一）

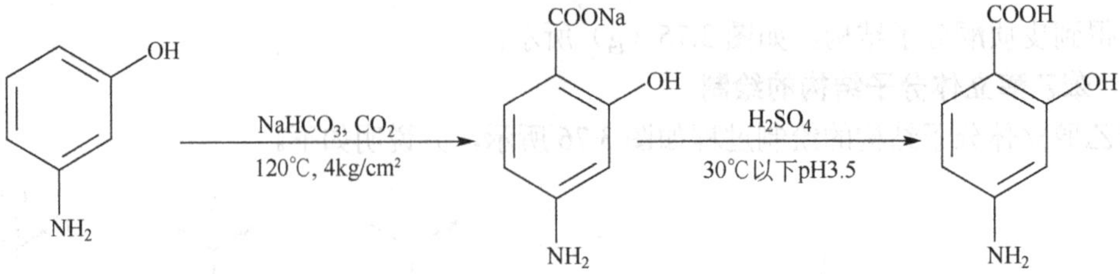

图 3.79　化学方程式的绘制（二）

3.5.3　绘制电子转移箭头符号

首先用上面介绍的方法绘制分子结构式，用鼠标选择记号工具条上的正负号，在绘图区空白处单击，出现正负号后，将其分别移至 N 原子和 O 原子上并进行组合，得到对甲基苯酚和带电荷的对硝基苯酚结构式，并分别将其组合起来（选择后使用常用工具栏中的 Group）；按住 Ctrl 键后用鼠标将其移到前面绘制的结构式的右面（复制），然后进行绘制电子转移操作。具体方法是：按住 Shift 键时使用圆弧工具画出一个椭圆（其中有一段应与要画的电子转移形状相似），松开 Shift 键后继续用圆弧工具在其中要画电子转移形状相似部分上移动，得到带箭头的圆弧。用该工具可以使圆弧开始端和终止端的位置发生变化，也可以使箭头消失（在箭头上单击三次），还可以使开始端带上箭头（在开始端单击一次）。将这些带箭头的圆弧复制后移至适当的位置即可，如图 3.80 所示。

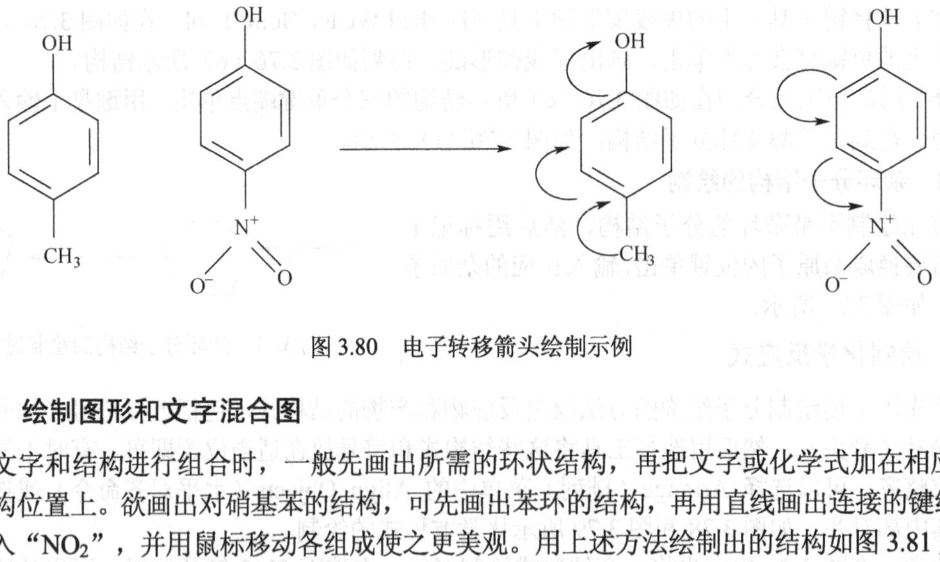

图 3.80　电子转移箭头绘制示例

3.5.4　绘制图形和文字混合图

文字和结构进行组合时，一般先画出所需的环状结构，再把文字或化学式加在相应的环状结构位置上。欲画出对硝基苯的结构，可先画出苯环的结构，再用直线画出连接的键线，最后输入“NO_2”，并用鼠标移动各组成使之更美观。用上述方法绘制出的结构如图 3.81 所示。

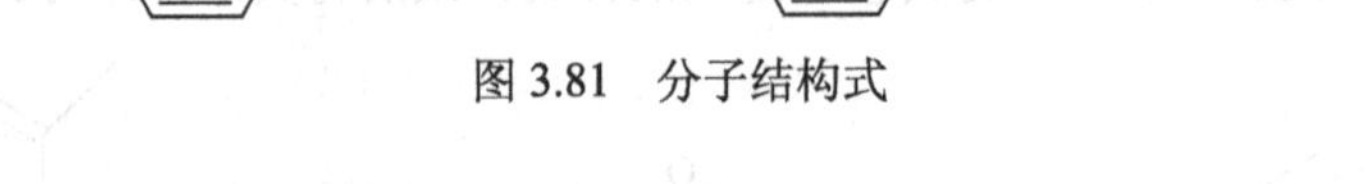

图 3.81　分子结构式

3.6　使用 Chem3D 绘制三维结构图

比较有名的化学三维结构显示与描绘软件有：Chem3D、WebLab Viewer Pro、RasWin、ChemBuilder 3D、ChemSite 等，它们都能够以线图（Wire Frame）、球棍（Ball and Stick）、

CPK 及带状（Ribbon）等模式显示化合物的三维结构。

3.6.1　Chem3D 简介

Chem3D 同 ChemDraw 一样，是 ChemOffice 的组成部分，它能很好地同 ChemDraw 一起协同工作，ChemDraw 上画出的二维结构式可以正确地自动转换为三维结构。Chem3D 的主界面如图 3.82 所示。

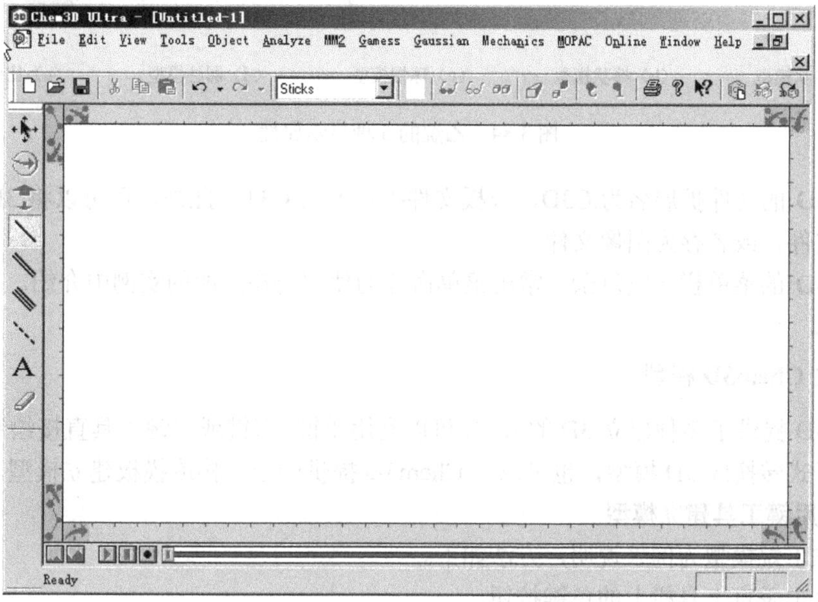

图 3.82　Chem3D 的主界面

常用工具都放在左侧的垂直工具栏中，从上到下依次有选取工具、轨迹球、缩放工具、单键工具、双键工具、三键工具、虚键工具、文本工具和橡皮工具。中间为模型绘制窗口。其水平工具栏中有显示属性设置选项，单击其右侧的下拉三角按钮可以选择用什么样的模型表现三维分子结构，如图 3.83 所示。

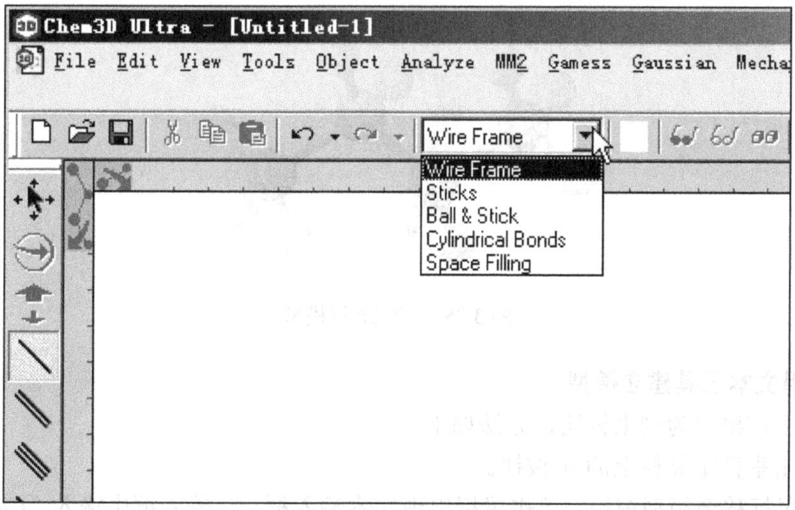

图 3.83　Chem3D 显示属性

简单的结构可以采用比例模型、圆柱键模型或球棍模型，复杂一些的结构可以采用棒状模型或线状模型。如图 3.84 所示是 5 种模型的乙烷分子 3D 图形。

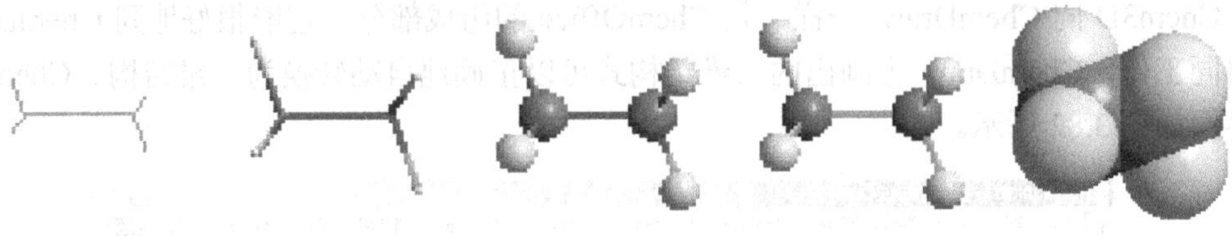

(a) 线状模型　(b) 棒状模型　(c) 球棍模型　(d) 圆柱模型　(e) 比例模型

图 3.84　乙烷的 5 种显示属性

Chem3D 的文件扩展名为.C3D，模板文件扩展名为.C3T。此外，还可以将 3D 模型存为其他格式文件，或者存为图像文件。

Chem3D 的菜单栏比较复杂，常用菜单命令的使用将在后面的实例中介绍。下面首先建立 3D 模型。

3.6.2 建立 Chem3D 模型

Chem3D 提供了多种建立 3D 的方法，可以利用单键、双键或三键工具直接绘制 3D 模型，可以将分子式转换成 3D 模型，也可以用 Chem3D 提供的子结构或模板建立模型。

3.6.2.1 利用键工具建立模型

以建立丁烷模型为例来说明，方法如下。

（1）单击垂直工具栏上的单键按钮。

（2）将鼠标移至模型窗口，按住鼠标左键拉出一条直线，放开鼠标左键即出现乙烷（C_2H_6）立体模型。

（3）将鼠标移至 C（1）原子上，向外拖出一条直线，放开鼠标左键即出现丙烷（C_3H_8）立体模型。

（4）将鼠标移至 C（2）原子上，向外拖出一条直线，放开鼠标左键即出现丁烷（C_4H_{10}）立体模型，如图 3.85 所示。

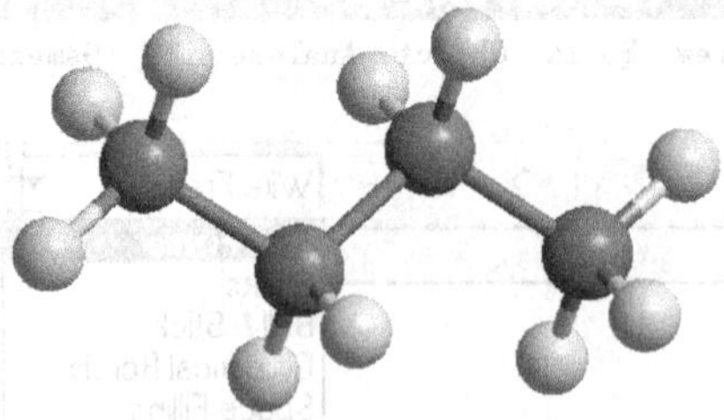

图 3.85　丁烷球棍模型

3.6.2.2 利用文本工具建立模型

以建立丁烷模型为例来说明，方法如下。

（1）单击垂直工具栏上的 A 按钮。

（2）将鼠标移至模型窗口，单击鼠标出现文本输入框，在输入框中输入“C4H10”，如图 3.86 所示。

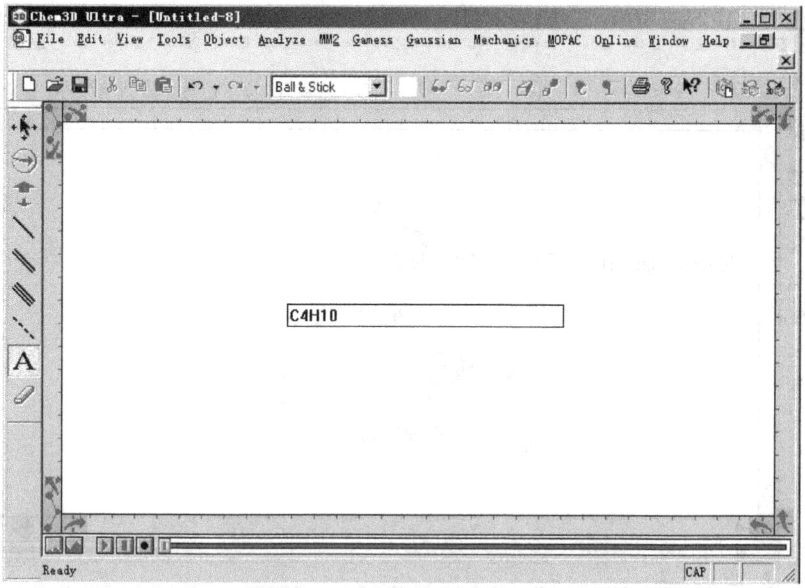

图 3.86　利用文本工具建立模型

（3）按 Enter 键，Chem3D 自动将输入的分子式变成丁烷 3D 模型。

若化合物带有支链，可以将支链用括号括起来。如建立异丁烷模型可输入“CH3CH（CH3）CH3”，如图 3.87 所示。

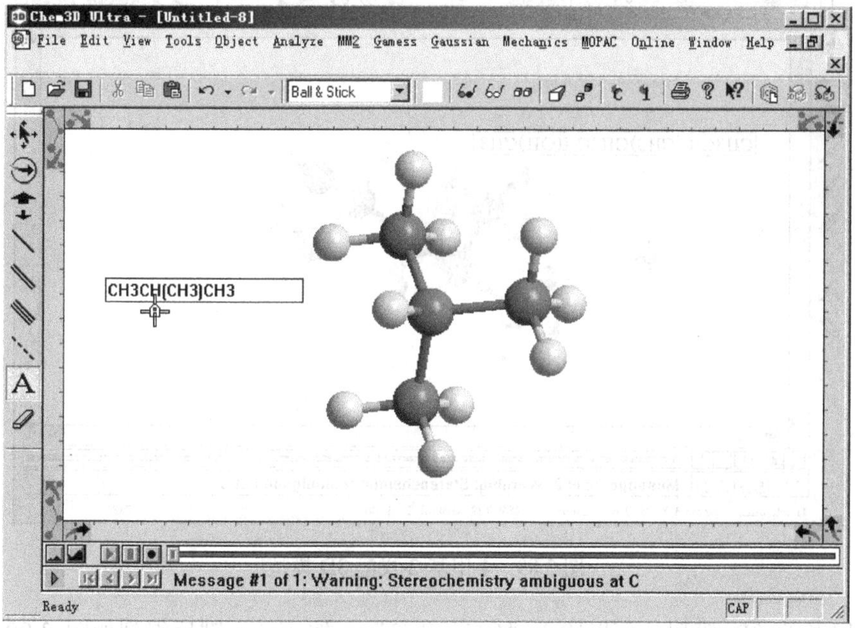

图 3.87　异丁烷 3D 模型

如建立异戊二烯 3D 模型可输入“CH2C（CH3）CHCH2”，如图 3.88 所示。

如建立 4-甲基-2-戊醇 3D 模型，可输入“CH3CH(CH3)CH2CH(OH)CH3”，如图 3.89 所示。

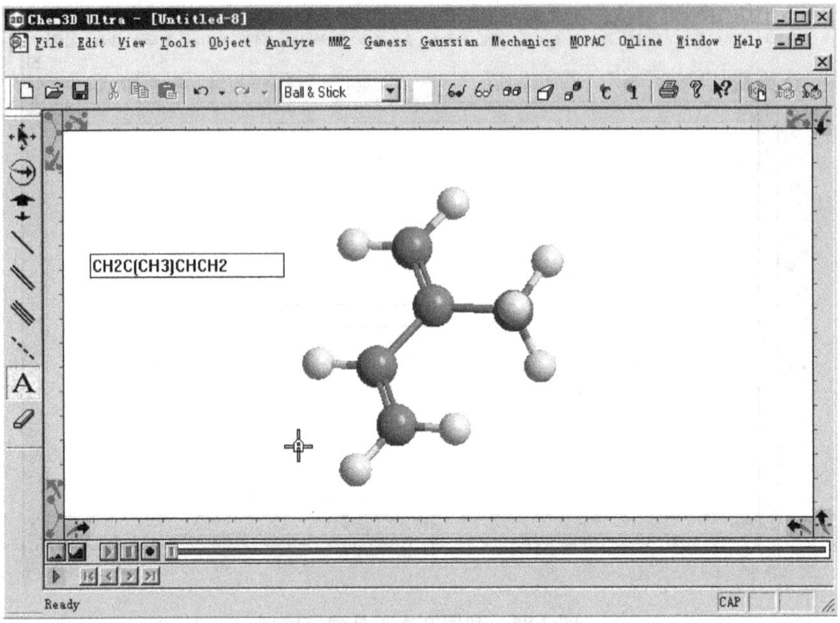

图 3.88 异戊二烯 3D 模型

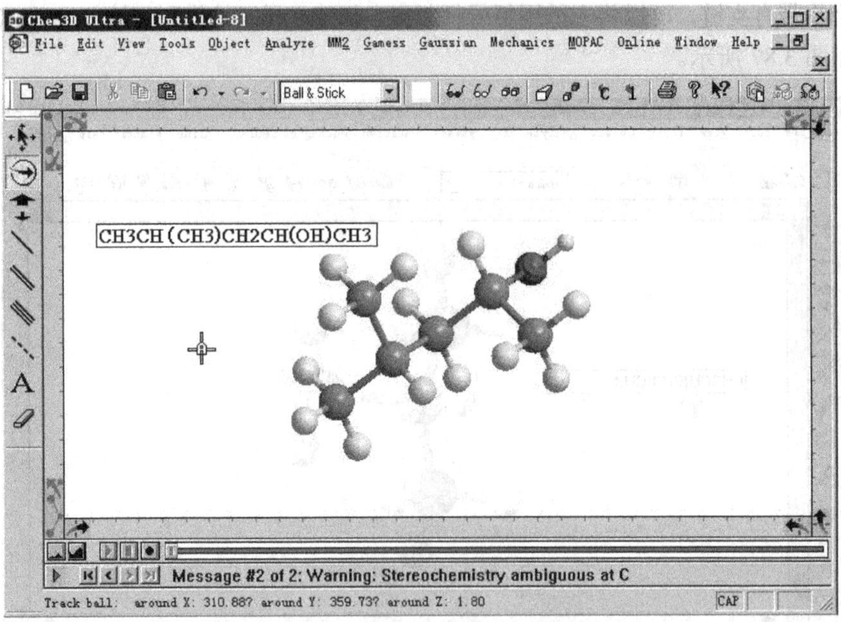

图 3.89 4-甲基-2-戊醇 3D 模型

建立甲苯的 3D 模型，可以输入“C6H5CH3”，按 Enter 键后得到如图 3.90 所示的模型图。

若模型很复杂，可以考虑改用线状模型显示。在显示螺旋模型时也可以使用带状模型。

3.6.2.3 使用子结构建立 3D 模型

Chem3D 提供了子结构库，用户可以选择其中的子结构，然后将它们拼装起来，形成复杂结构。例如：

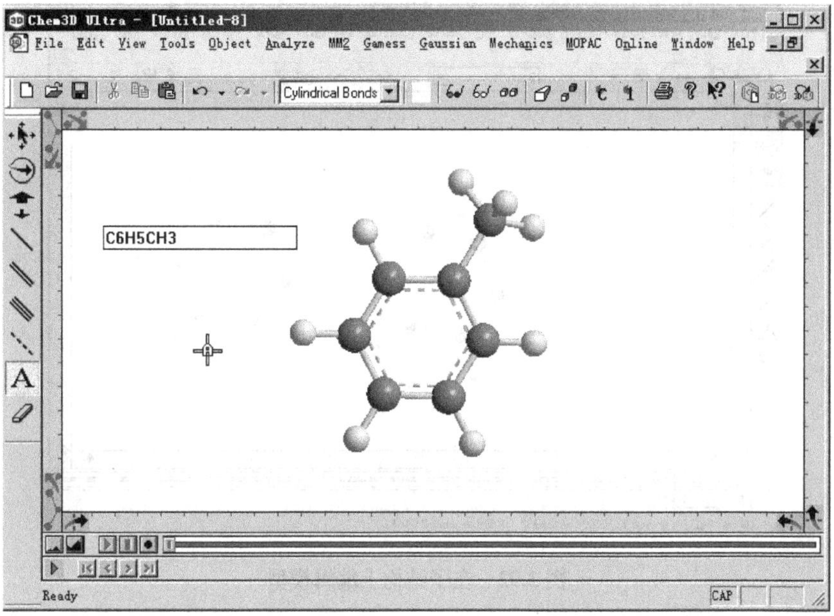

图 3.90　甲苯的 3D 模型

（1）执行 View→Substructures.TBL 菜单命令，弹出 Table Editor-[Substructures]窗口，单击 Phenyl（苯基）的 Model 选中之，如图 3.91 所示。

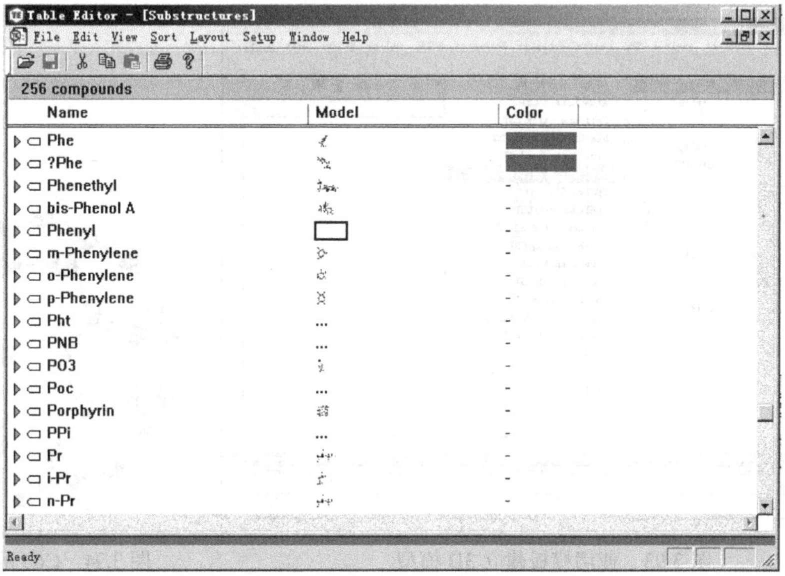

图 3.91　子结构模型图

（2）单击工具栏上的“复制”按钮复制子结构。

（3）回到 3D 模型窗口，单击水平工具栏上的“粘贴”按钮，将子结构粘贴至窗口。

（4）再次单击“粘贴”按钮，窗口中就有了两个苯环（图形自动变小）。

（5）单击垂直工具栏上的单键按钮将两个苯环连接起来，按 F7 键使之放大，得到如图 3.92 所示的模型。

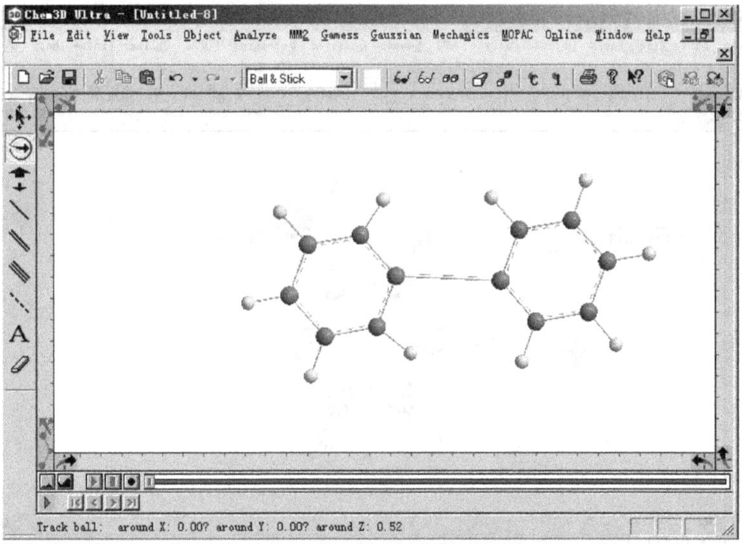

图 3.92 在子结构上编辑模型

3.6.2.4 使用模板建立 3D 模型

执行 File→Templates→Buckminsterfullerene.C3T 菜单命令，如图 3.93 所示。出现 C60 的 3D 模型，如图 3.94 所示。研究富勒烯的用户可以在这个基础上修改模型，例如接上一些官能团。

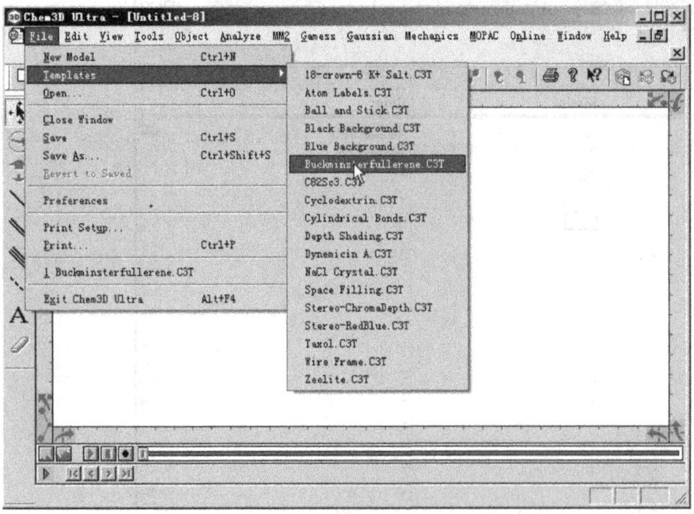

图 3.93 使用模板建立 3D 模型

图 3.94 C60 的 3D 模型

3.6.3 整理结构与简单优化

利用键工具建立的 3D 结构，键长及键角可能不正常，应首先对其进行整理操作，然后做简单优化，以便得到能量最低的构象。

整理结构与简单优化的操作步骤如下。

（1）在画出模型结构后执行 Edit→Select All 菜单命令（或按 Ctrl+A）将模型全部选中。

（2）执行 Tools→Clean Up Structure 菜单命令，整理结构。

（3）执行 MM2→Minimize 菜单命令，弹出 Minimize Energy 对话框，如图 3.95 所示。

（4）单击 Run 按钮开始对模型进行优化，每迭代一次模型都会发生改变，最终给出能量最低状态。

图 3.95 中由于选择了 Display Every Iteration，迭代过程中，Chem3D 窗口最下方的状态栏会显示迭代过程中各种参数的变化。

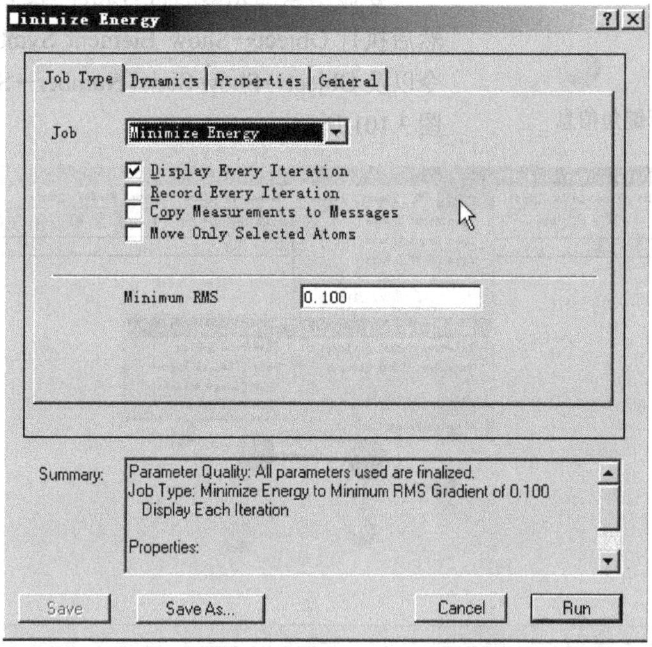

图 3.95　对模型结构的简单优化

3.6.4　显示 3D 模型信息

将鼠标移至 3D 模型的原子上，会弹出一个窗口显示该原子的相关信息，如图 3.96 所示。

将鼠标移至 3D 模型的化学键上，会弹出一个窗口显示该化学键的相关信息，包括键长、键角等，如图 3.97 所示。

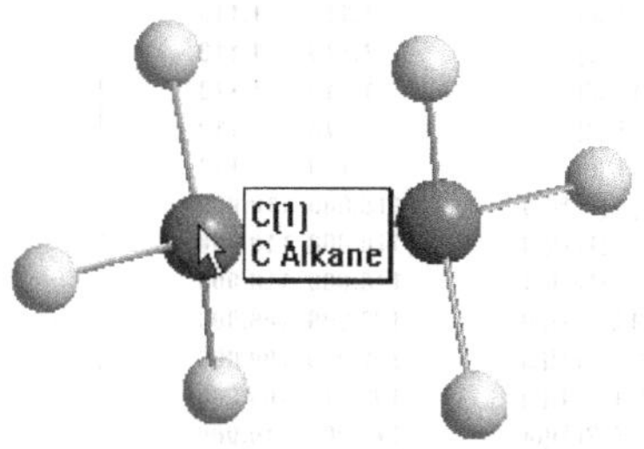

图 3.96　显示原子信息

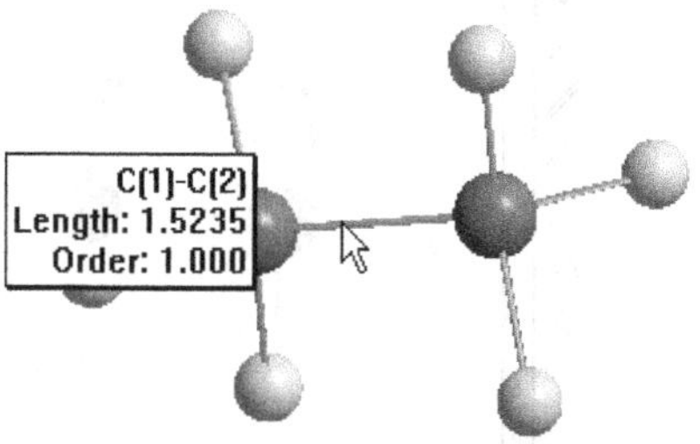

图 3.97　显示键的信息

按住 Shift 键，用鼠标顺序选中连续的三个 3D 原子，然后将鼠标停留在任一原子上，即可显示这三个原子形成的键角，如图 3.98 所示。

要更详细地显示信息，可以执行 Analyze→Show Measurements→Show Bond Lengths 菜单命令，如图 3.99 所示。

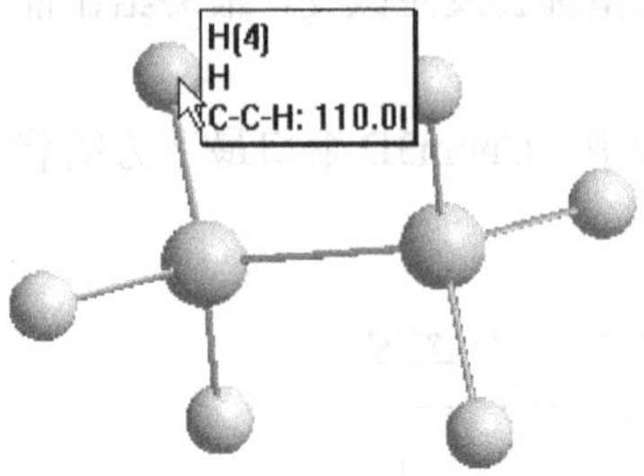

图 3.98 显示键角信息

模型的全部键长数据会出现在右侧新出现的窗口中，执行 Analyze→Show Measurements→Show Bond Angles 菜单命令可以显示全部键长和键角数据，如图 3.100 所示。

要显示全部元素的符号和序号，可以选中全部模型，然后执行 Object→Show Element Symbols→Show 菜单命令以及 Object→Show Serial Number→Show 菜单命令，如图 3.101 所示。

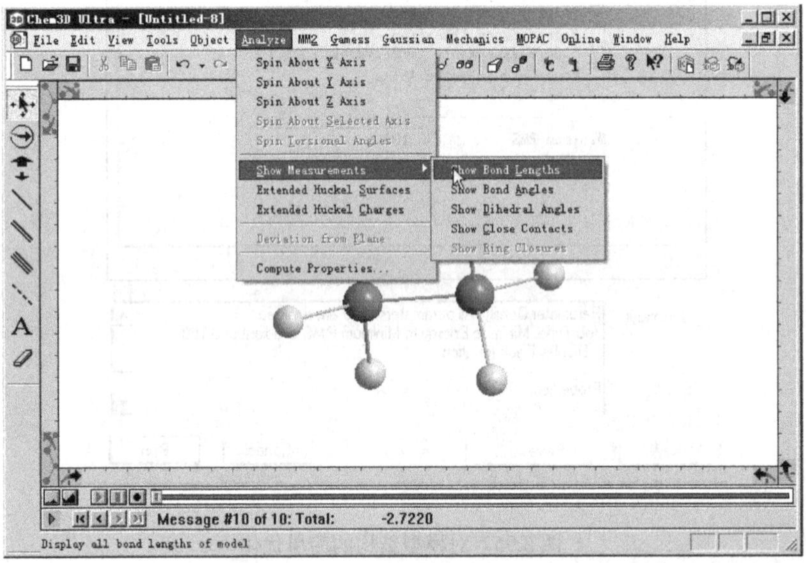

图 3.99 模型的进一步信息

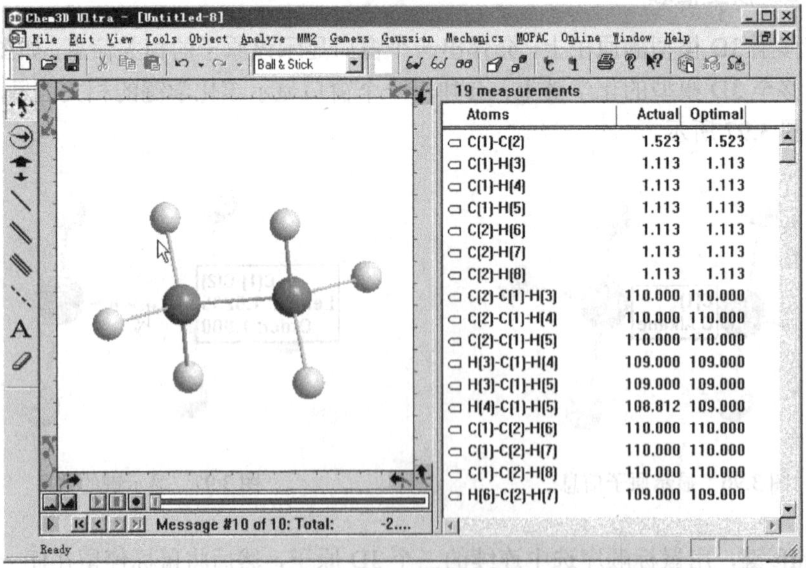

图 3.100 模型的键长和键角数据

3.6.5　改变元素序号与替换元素

以化学键工具建立起来的 3D 模型，元素编号可能不符合用户的要求，因此需要加以修改，另外用户有时需要修饰模型，引入一些杂原子，这就需要将模型中的碳原子替换为其他元素。

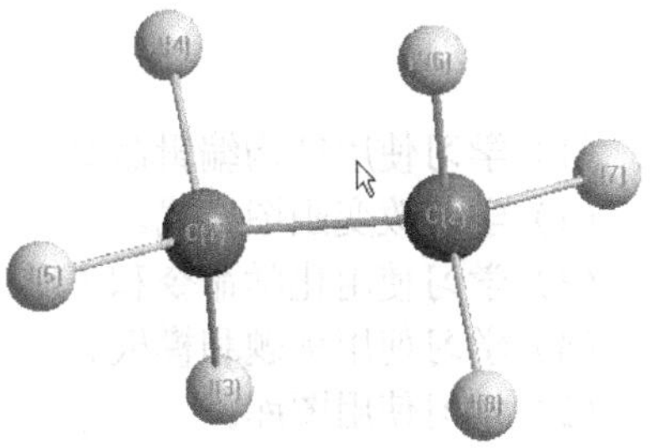

图 3.101　模型的元素符号和序号

3.6.5.1　改变元素序号

改变元素序号的方法如下：① 使用单键按钮，绘出正丁烷模型；② 按 Ctrl+A 键选中模型；③ 执行 Tools→Clean Up Structure 菜单命令整理模型；④ 使用垂直工具栏上的选取工具，双击需要改变序号的碳原子，弹出对话框，如图 3.102 所示；⑤ 在输入对话框中输入原子序号，按 Enter 键完成元素序号的修改。

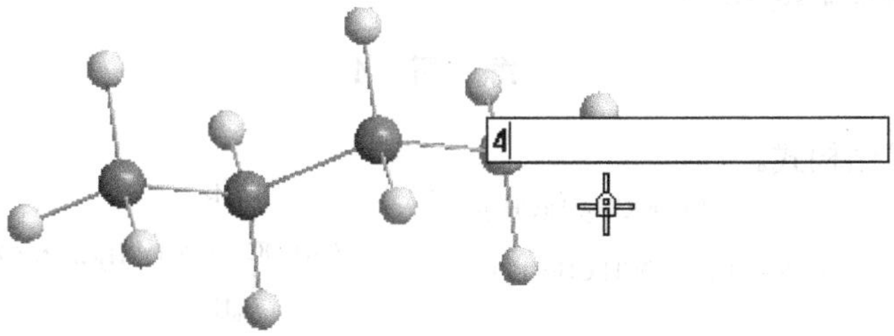

图 3.102　改变原子序号

3.6.5.2　替换元素

将丁烷中碳原子替换，变为乙二醇，方法如下：① 双击上述正丁烷模型中的 C（1）原子，弹出对话框，如图 3.103 所示；② 在输入框中输入大写字母“O”，即氧原子，按 Enter 键；③ 按同法修改 C（4）原子，最终得到乙二醇的 3D 模型，如图 3.104 所示。在乙二醇的 3D 模型中氧原子显示为与碳原子不同的颜色。

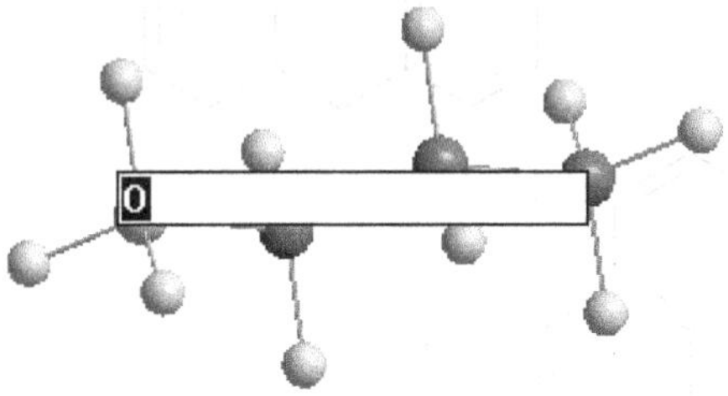

图 3.103　替换元素

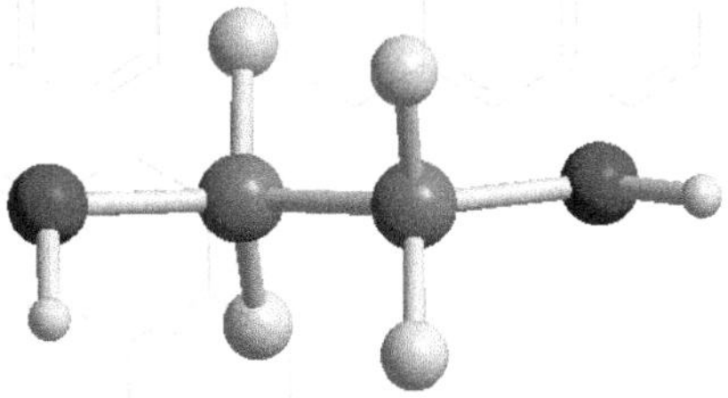

图 3.104　乙二醇的 3D 模型

3.7　ChemWindow 练习

练　习　1

（1）安装 ChemWindow。

（2）认识 ChemWindow 的界面。

（3）练习基本画图和编辑方法。

练　习　2

（1）学习使用结构编辑命令。
（2）学习改变画图样式。
（3）学习使用化学命令和工具。
（4）学习使用标题和模板。
（5）学习使用图库。

练　习　3

（1）学习文件的保存和输出。
（2）学习使用注解工具。
（3）学习创建图表。
（4）学习使用分子量工具。

练　习　4

画出如下分子结构式。

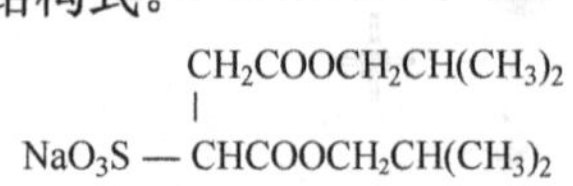

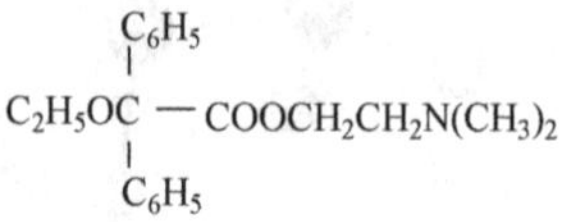

$CH_3CH_2OCH(CH_3)COCH(OH)_2$

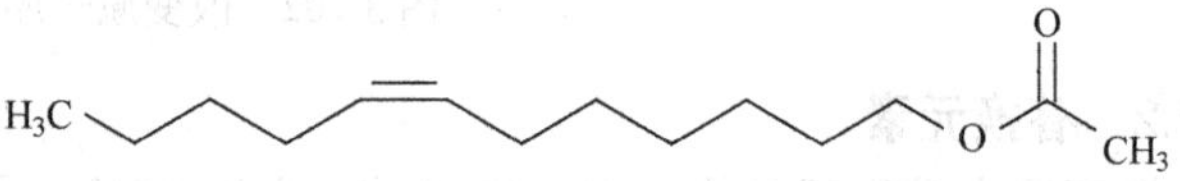

$HOOCCH_2CH(COOH)NHCH_2CH(COOH)NHCH_2CONH_2$

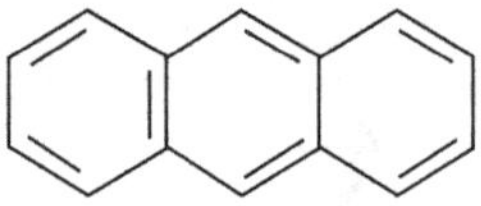

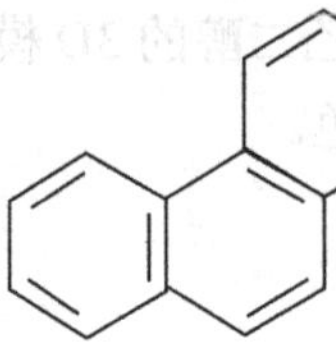

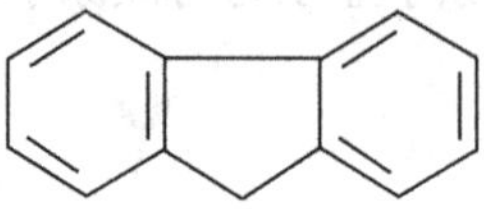

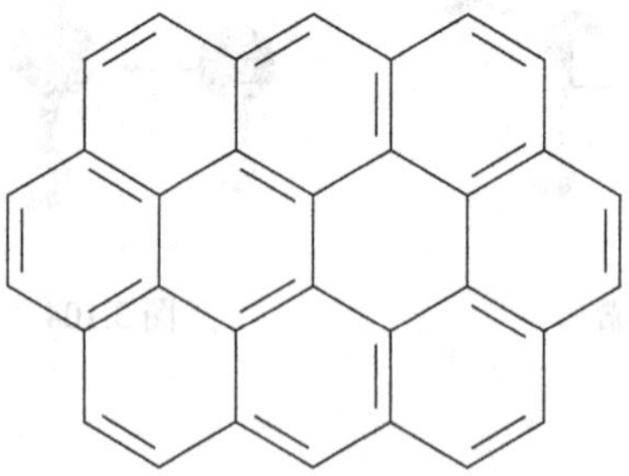

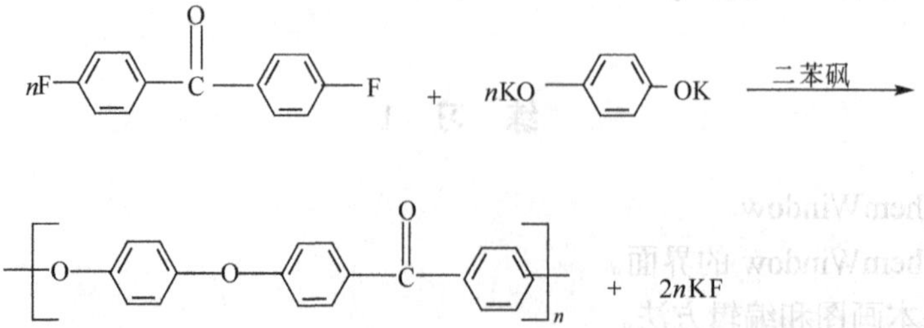

练　习　5

画出如下的工艺流程。

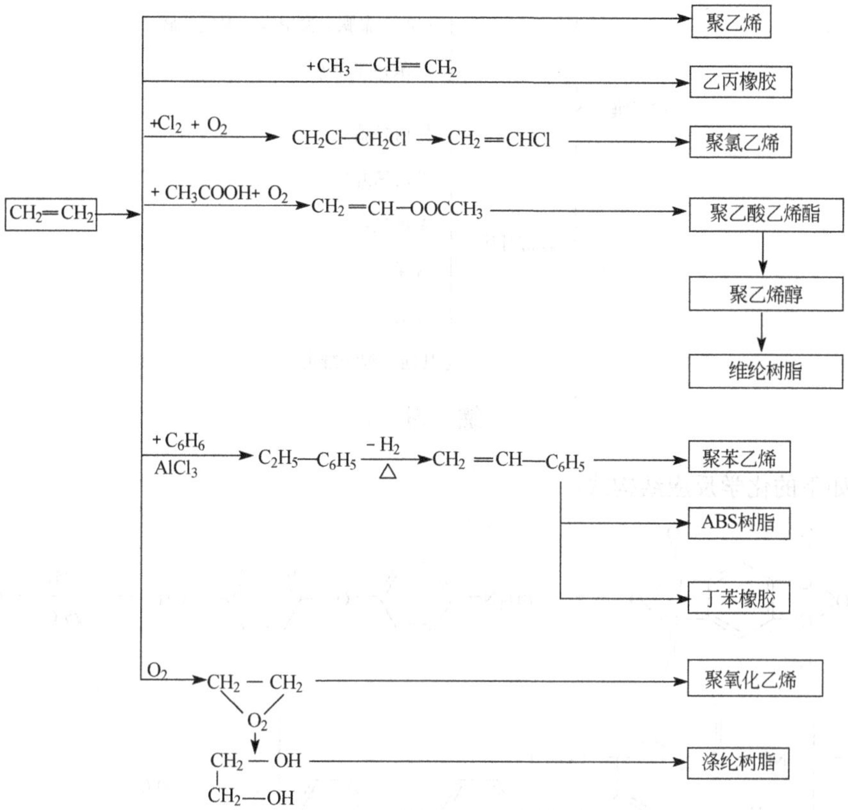

练　习　6

画出如下的工艺流程图。

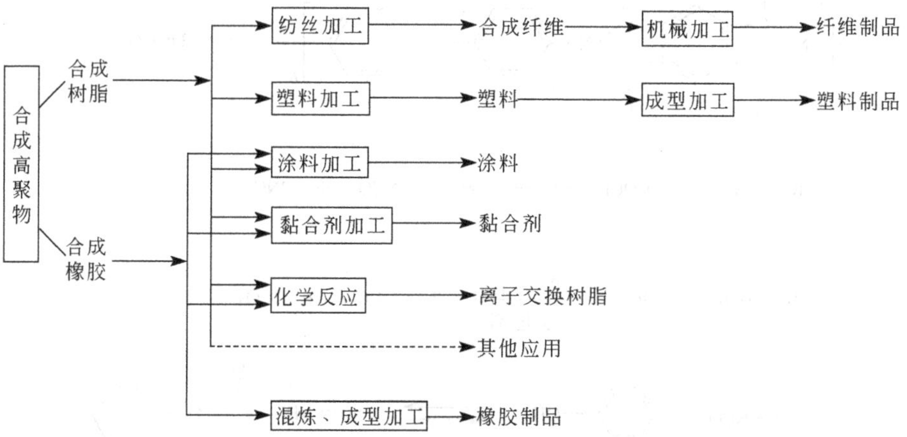

- 合成纤维
  - 杂链纤维
    - 聚酯类
    - 聚酰胺类
    - 聚氨酯弹性纤维
    - 其他：聚脲、聚甲醛、聚酰亚胺
    - 聚苯并咪唑等
  - 碳链纤维
    - 聚丙烯腈类
    - 聚乙烯醇类
    - 聚烯烃类
    - 含氯类
    - 含氟类
    - 其他：碳纤维类

练　习　7

画出如下的化学反应结构式。

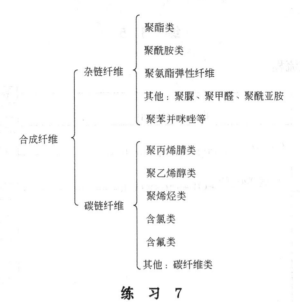

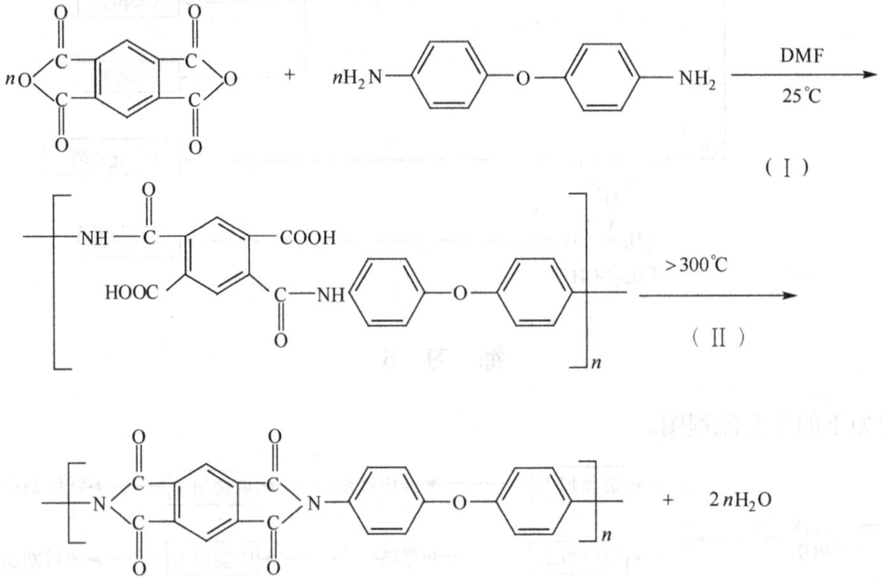

$$R-NH_2 + COCl_2 \longrightarrow R-NCO + 2NCl$$

$$R-NO_2 + 3CO \xrightarrow[\text{催化剂}]{\text{Pt等贵金属}} R-NCO + 2CO_2$$

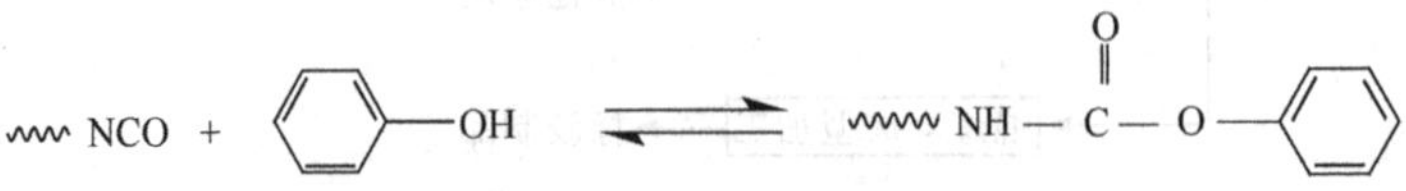

练　习　8

画出如下的化学反应结构式。

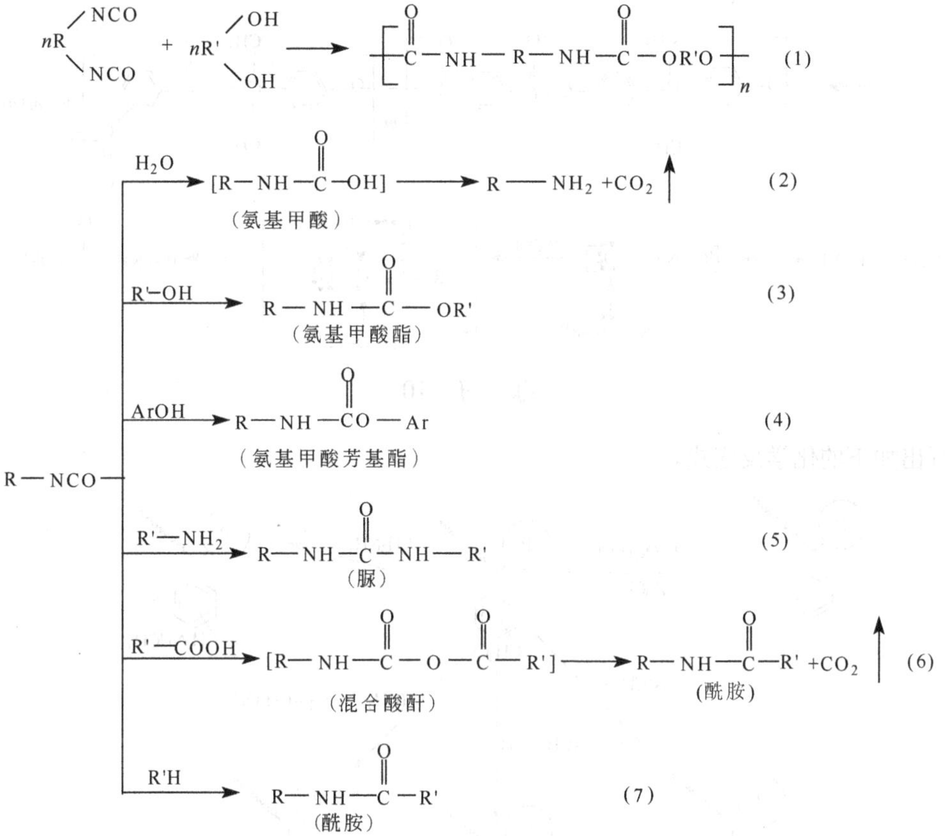

练　习　9

画出如下的化学反应式。

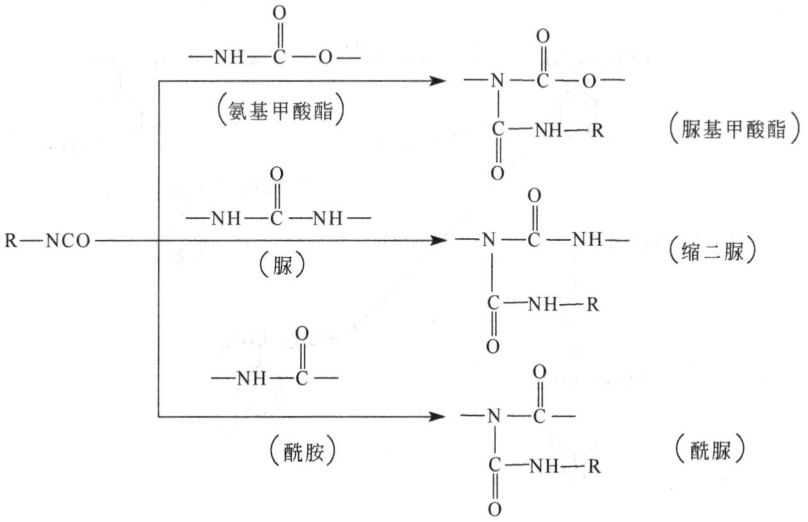

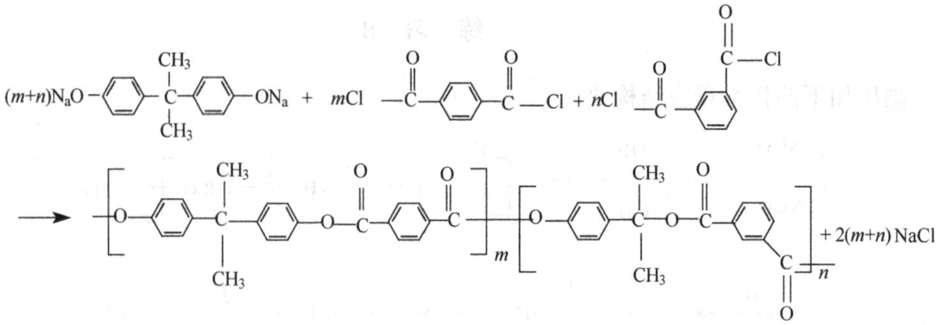

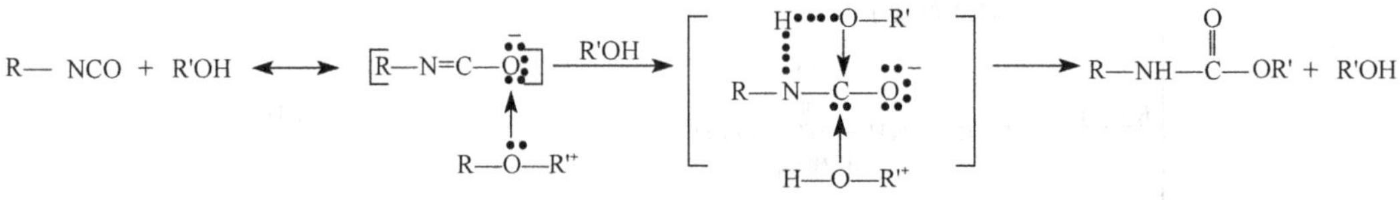

练 习 10

画出如下的化学反应式。.

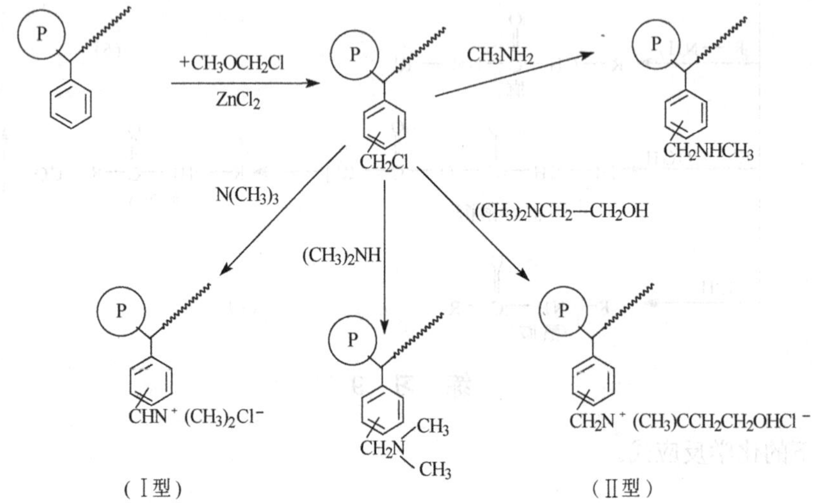

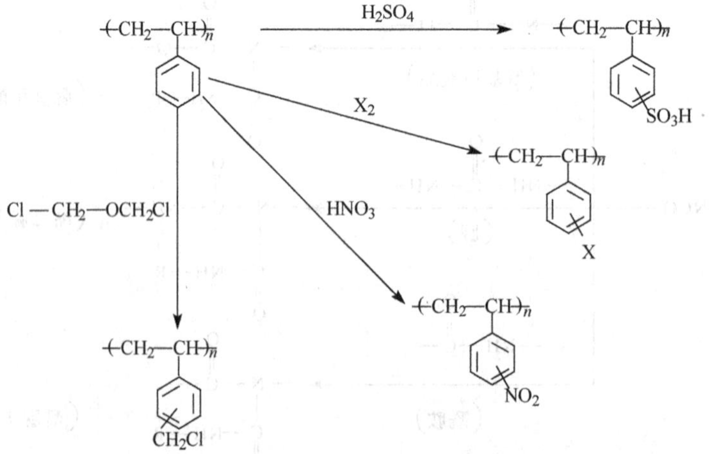

练　习　11

画出如下的化学反应式。

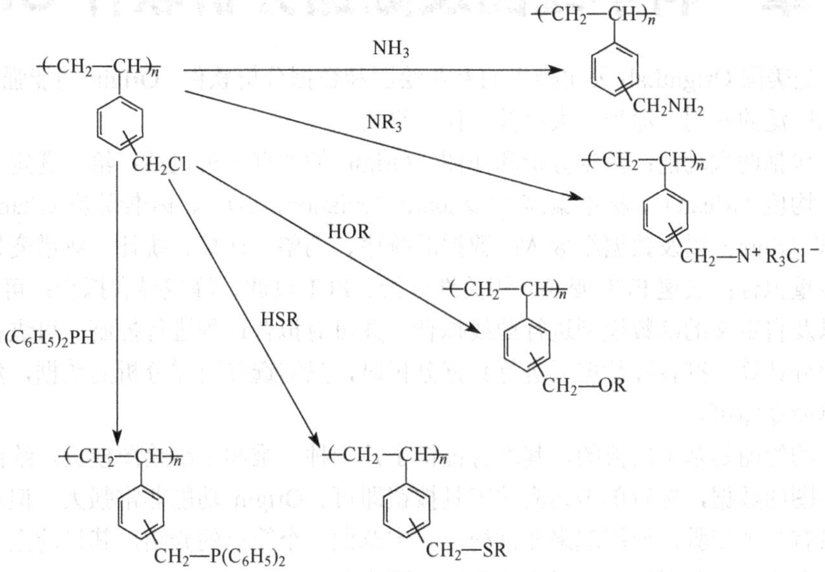

练　习　12

画出如下的工艺流程和反应装置。

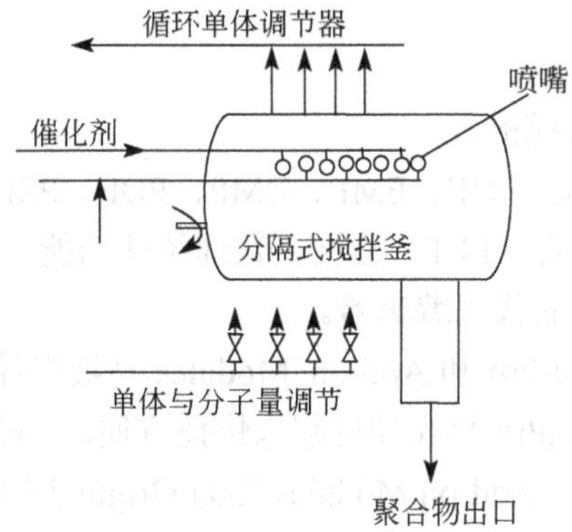

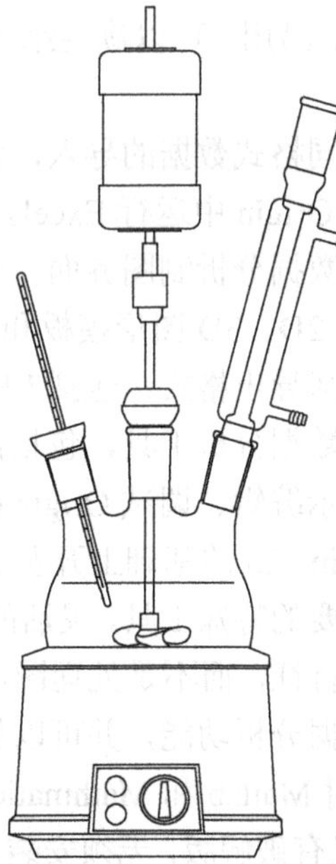

参考文献

[1]　http://www.chemwindow.net/

第 4 章　科学绘图及数据分析软件 Origin

Origin 是美国 OriginLab 公司推出的专业绘图和数据分析软件。Origin 功能强大，在科学技术界得到广泛的应用，深受广大科技工作者喜爱。

Origin 包括两大功能：数据分析和作图。Origin 的数据分析包括：给出选定数据的各项统计参数平均值（Mean）、标准偏差（Standard Deviation，SD）、标准误差（Standard Error，SE）、总和（Sum）以及数据组数 N；数据的排序、调整、计算、统计、频谱变换；线性、多项式和多重拟合；快速 FFT 变换、相关性分析、FFT 过滤、峰找寻和拟合；可利用约 200 个内建的以及自定义的函数模型进行曲线拟合，并可对拟合过程进行控制；可进行统计、数学以及微积分计算。准备好数据后进行数据分析时，只需选择所需分析的数据，然后再选择相应的菜单命令即可。

Origin 的绘图是基于模板的，其本身提供了几十种二维和三维绘图模板。绘图时，只需选择所要绘图的数据，然后单击相应的工具按钮即可。Origin 功能非常强大，但对于用户来说常用的只有几个步骤，使用起来非常简单。本章做一个简单的介绍，其目的主要是为从事研究工作的师生进行数据处理时提供必要的作图服务。

4.1　Origin 基础知识

Origin 简单、易用，可以满足绝大多数情况下的图形及数据处理需要。Origin 7.5 的主要特征如下。

（1）支持不同格式数据的导入，包括 ASCII、dBase、pClamp、Lotus、LabTech 等。

（2）直接在 Origin 中运行 Excel。

（3）直观的数据分析制图界面。

（4）50 多个 2D、3D 图形模板和自定义模板。

（5）多种图形导出格式，包括 EPS、JPG、TIF、EMF、BMP、PDF、PSD 等。

（6）强大的数据分析工具，包括曲线拟合、FFT、滤波、数理统计功能。

（7）彩色显示编辑、调试 Origin C 程序的代码编辑器。

（8）在 Origin 7.5 的基础上开发了 OriginPro 和 Add-on Modules 高级组件，用户可以在这里建立自己需要的特殊工具，灵活的 OriginPro 界面使用起来快捷方便，这样用户就可以集中精力分析数据特征，而不是处理图形本身。Add-on Modules 还为 Origin 7.5 和 OriginPro 添加了特殊高级数据分析功能，并可以从外部 DLL（Dynamic Link Library）访问，这些可以弥补 Origin 7.5 相对 Matlab 和 Mathmatica 的不足。

Origin 7.5 已有破解版，无须安装，解压后即可正常使用，无须输入序列号，进入 Program 目录运行 Origin 75.exe 即可打开主程序。

Origin 目录下包括几个子目录，还有大量的模板文件和配置文件等，尤其要注意的是三个子目录：Sample Data、Sample Project 和 Tutorial，其中包括许多作为示例的数据文件和项目文件。

4.1.1　工作环境综述

Origin 像 Microsoft Word、Excel 等一样，是一个多文档界面（Multiple Document Interface，MDI）应用程序。Origin 的工作环境如图 4.1 所示。从图 4.1 中可以看出，Origin 的工作环境主要包括以下几个部分。

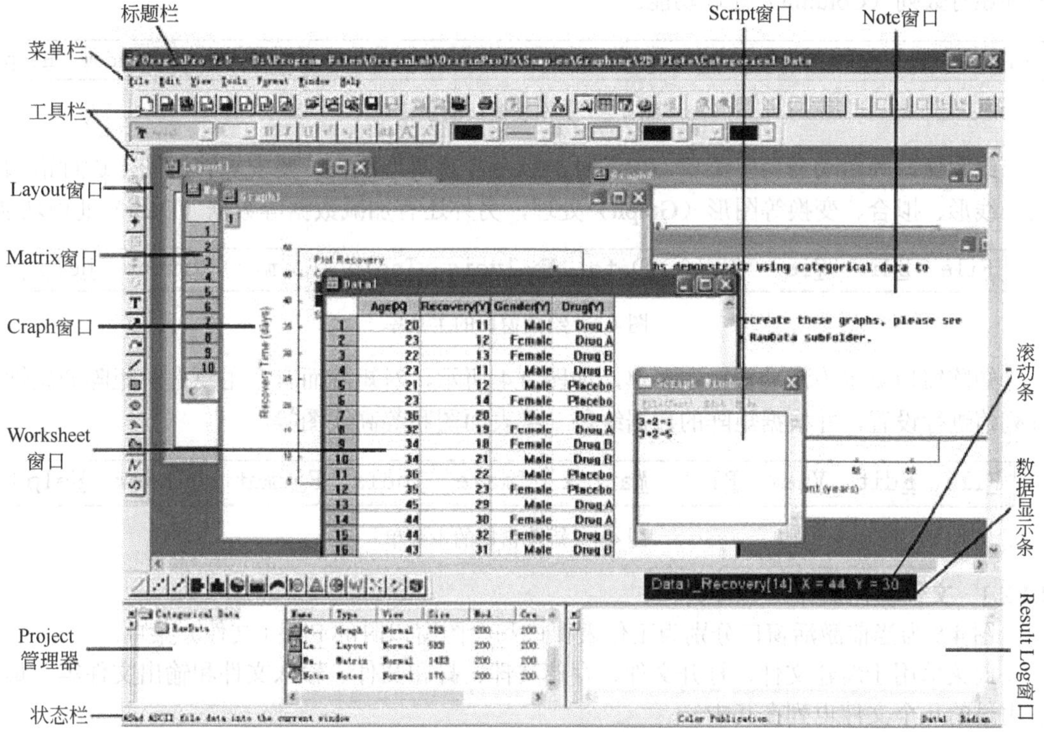

图 4.1　Origin 7.5 的工作环境

4.1.1.1　菜单栏

菜单栏位于窗口的顶部，菜单栏中的每个菜单项还包括许多子项，通过它们一般可以实现大部分功能。Origin 的所有系统设置都是在其菜单栏中进行的，因而了解菜单中各菜单选项的功能是掌握 Origin 的重要步骤。

4.1.1.2　工具栏

工具栏位于菜单栏下面，一般最常用的功能都可以通过此工具栏实现。这些工具也是 Origin 中最直观、最常用功能的总汇。

4.1.1.3　绘图区

绘图区位于窗口中部，所有工作表、绘图等子窗口都在此区域完成。

4.1.1.4　项目管理器

项目管理器位于窗口的下部，类似 Windows 下的资源管理器，能够以直观的形式给出用户的项目文件及其组成部分的列表。

4.1.1.5　状态栏

状态栏位于窗口的底部，主要用途是标出当前的工作内容以及鼠标指到某些菜单按钮时的说明。

4.1.2 菜单栏

菜单结构取决于当前窗口的类别。当前窗口为工作表窗口、绘图窗口或矩阵窗口时，主菜单及其各子菜单的内容并不完全相同，而是与当前窗口的操作对象有关。

工作表窗口为活动窗口主菜单，如图 4.2 所示，对工作表而言，要对数据进行绘图（Plot），另外还有数列（Column）处理功能。

File Edit View Plot Column Analysis Statistics Tools Format Window Help

图 4.2 工作表窗口的主菜单

绘图窗口为活动窗口主菜单，如图 4.3 所示，对图形而言，要求能够对图形进行诸如缩放、线形、拟合、变换等图形（Graph）处理，另外还有加减数据等数据（Data）处理功能。

File Edit View Graph Data Analysis Tools Format Window Help

图 4.3 绘图窗口的主菜单

矩阵窗口菜单为活动窗口主菜单，如图 4.4 所示，对矩阵而言，主要是对矩阵的属性和行列值进行设置，并根据矩阵的数据绘制三维表面图和等高线图等。

File Edit View Plot Matrix Image Tools Format Window Help

图 4.4 矩阵窗口的主菜单

4.1.2.1 文件功能操作

图 4.5 为当前激活窗口分别为工作表窗口和绘图窗口时的 File（文件）菜单。

此菜单用于新建文件、打开文件、存储文件、打印文件、输入文件和输出文件等。最近使用过的几个文件也列在其中。

另外，在工作表窗口中，可以把数据导出为 ASCII 文件，相应菜单命令为 Export ASCII；在绘图窗口中，可以把绘制的图形导出为图形文件，相应菜单命令为 Export Page。

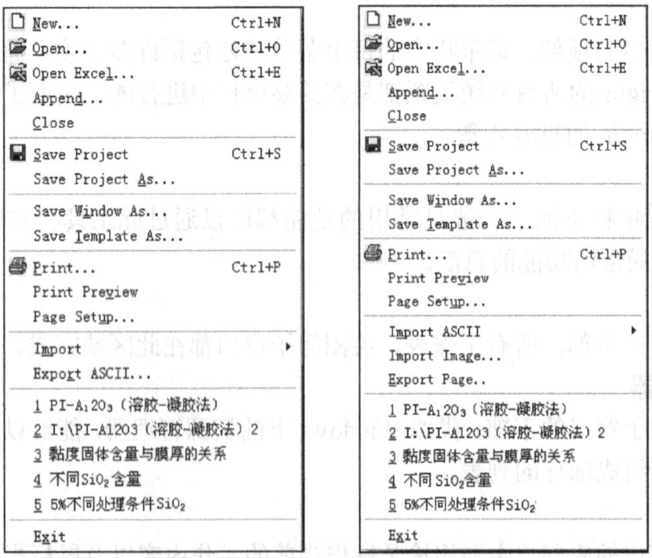

（a）工作表窗口　（b）绘图窗口

图 4.5 File 菜单

4.1.2.2　编辑功能操作

图 4.6 为当前工作窗口分别为工作表窗口和绘图窗口时的 Edit（编辑）菜单。

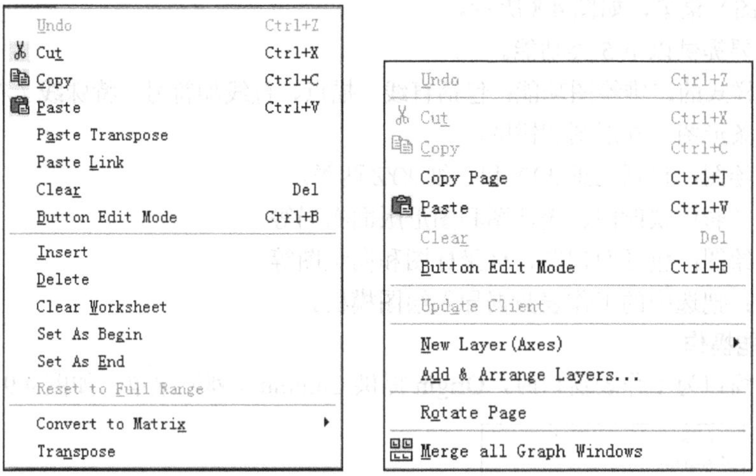

（a）工作表窗口　　（b）绘图窗口

图 4.6　Edit 菜单

此菜单包括数据和图像的编辑等，比如复制、粘贴、清除等，注意 undo（取消操作）功能。

另外，对工作表窗口来说，此菜单还能提供对工作表元素插入、清除、排列、转换等功能；对绘图窗口来说，此菜单还能提供旋转页面、合并所有图表窗口等功能。

4.1.2.3　查看功能操作

图 4.7 为当前工作窗口分别为工作表窗口和绘图窗口时的 View（查看）菜单。

此菜单负责控制屏幕显示，控制 Origin 界面上各种对象的显示、隐藏状态，以及当前窗口的显示细节。

另外，对工作表窗口来说，此菜单还提供一些行列操作命令；对绘图窗口来说，此菜单能提供视图、缩放、全屏等图形功能。

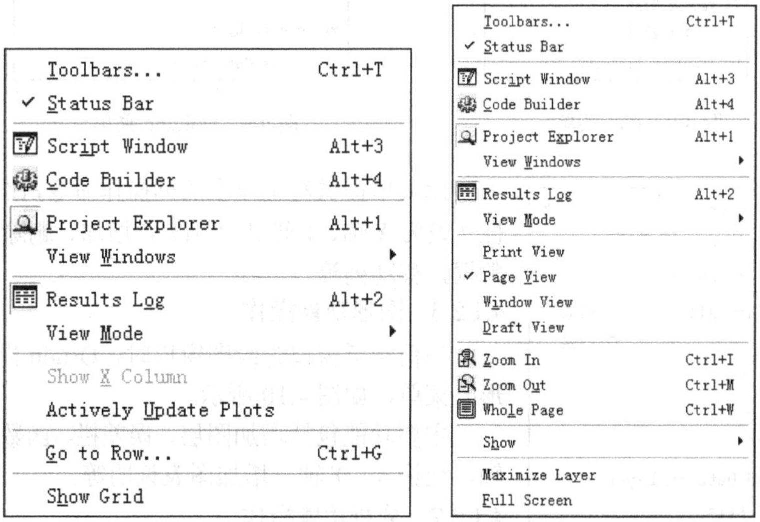

（a）工作表窗口　　（b）绘图窗口

图 4.7　View 菜单

4.1.2.4 绘图功能操作

绘图功能是 Origin 的核心，具有方便强大的特点。当前激活窗口为工作表窗口时，Origin 提供 Plot（绘图）菜单，如图 4.8 所示。

此菜单主要提供以下 5 类功能。

（1）几种样式的二维绘图功能：包括直线、描点、直线加符号、特殊线 / 符号、条形图、柱形图、特殊条形图 / 柱形图和饼图。

（2）三维绘图：包括三维 *XYY* 和三维 *XYZ* 两类。

（3）气泡 / 彩色映射图、统计图和图形版面布局等。

（4）特种绘图：包括面积图、极坐标图和向量图等。

（5）模板：把选中的工作表数据导入绘图模板。

4.1.2.5 列功能操作

当前激活窗口为工作表窗口时，Origin 提供 Column（列）菜单，如图 4.9 所示。

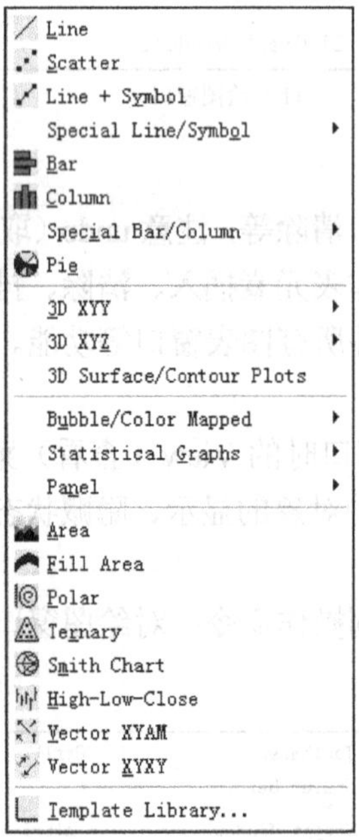

图 4.8 Plot 菜单

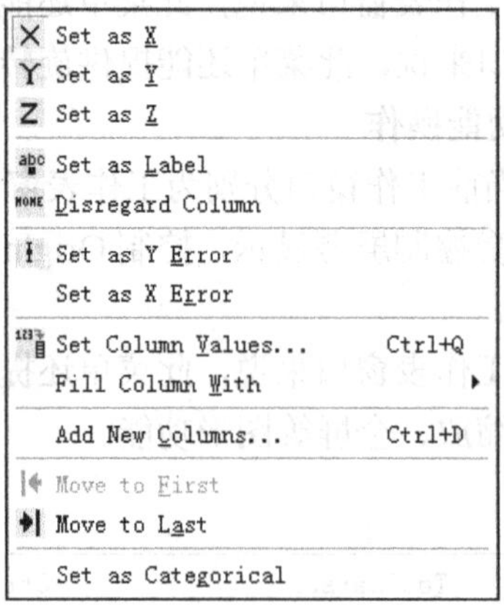

图 4.9 Column 菜单

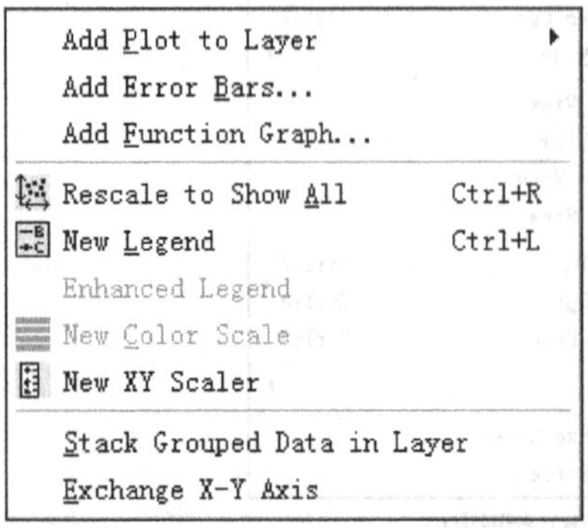

图 4.10 Graph 菜单

此菜单提供对工作表的列操作命令，比如设置列的属性（设为 *X* 轴、*Y* 轴和 *Z* 轴），增加、删除列，给列填充数据，移动列等。

4.1.2.6 图形功能操作

当前激活窗口为绘图窗口时，Origin 提供 Graph（图形）菜单，如图 4.10 所示。

主要功能包括增加图层、误差栏、函数图，缩放坐标轴，交换 *X*、*Y* 轴，增加图表说明等。

4.1.2.7 分析功能操作

图 4.11 为当前激活窗口分别是工作表窗口和绘图窗口时的 Analysis（分析）菜单。该菜单提供了大量的数学

分析工具。

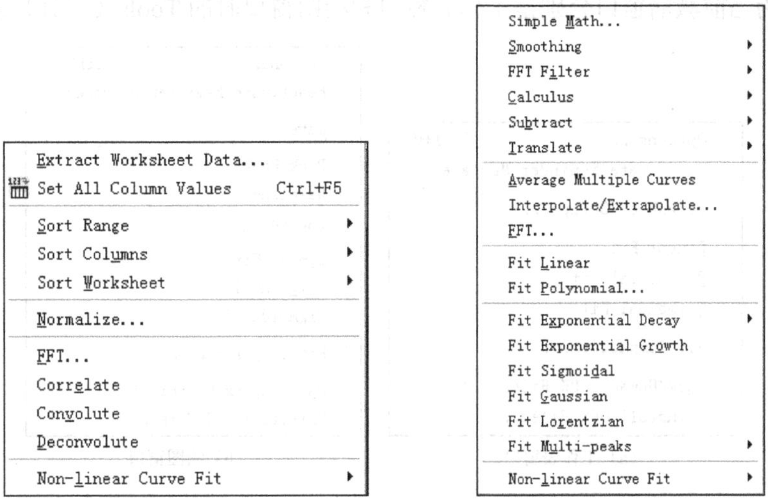

(a) 工作表窗口　　(b) 绘图窗口

图 4.11　Analysis 菜单

对工作表窗口，其主要功能包括：提取工作表数据，行列统计，排序，数字信号处理[如快速傅里叶变换（FFT）、相关（Correlate）、卷积（Convolute）、解卷（Deconvolute）等]，统计功能[如 T 检验（T-Test）、方差分析（ANOAV）、多元回归（Multiple Regression）等]，非线性曲线拟合等。对绘图窗口，其主要功能包括：数学运算，平滑滤波，图形变换、FFT，线性、多项式、非线性曲线等各种拟合方法。

4.1.2.8　三维绘图功能操作

当前激活窗口为矩阵窗口时，Origin 提供 Plot 3D（三维绘图）菜单，如图 4.12 所示。其功能主要是根据矩阵绘制各种三维条状图、表面图、等高线图等。相对于其他数学工具软件来说，Origin 的三维绘图功能直观、使用简单，是一大特色。

4.1.2.9　矩阵功能操作

当前激活窗口为矩阵窗口时，Origin 提供 Matrix（矩阵）菜单，如图 4.13 所示。该菜单提供了对矩阵的操作功能，包括矩阵属性、维数和数值设置，矩阵转置和取反，矩阵扩展和收缩，矩阵平滑和积分等。

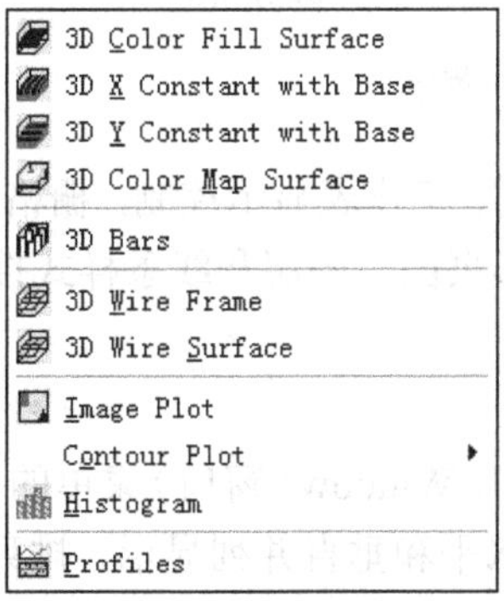

图 4.12　Plot 3D 菜单

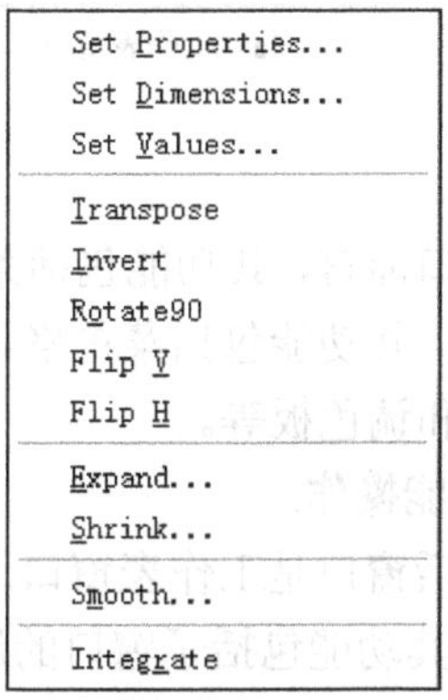

图 4.13　Matrix 菜单

4.1.2.10 工具功能操作

图 4.14 为当前激活窗口分别是工作表窗口和绘图窗口时的 Tools（工具）菜单。

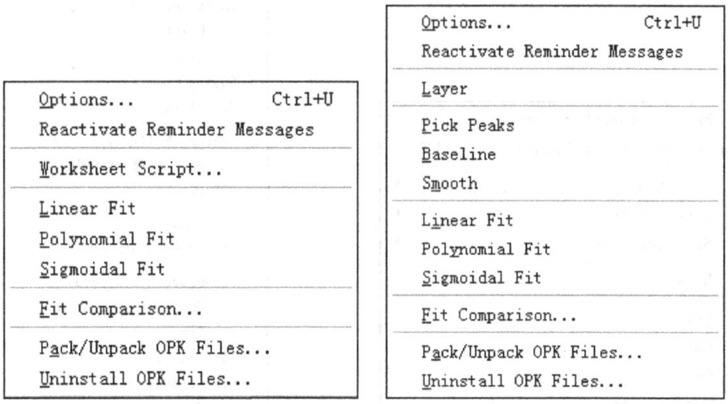

（a）工作表窗口　（b）绘图窗口

图 4.14 Tools 菜单

对工作表窗口而言，其功能包括选项控制，工作表脚本，线性、多项式和 S 曲线拟合。对绘图窗口而言，其功能包括选项控制，层控制，提取峰值，基线和平滑，线性、多项式和 S 曲线拟合等。

4.1.2.11 格式功能操作

图 4.15 为当前工作窗口是工作表窗口和绘图窗口时的 Format（格式）菜单。

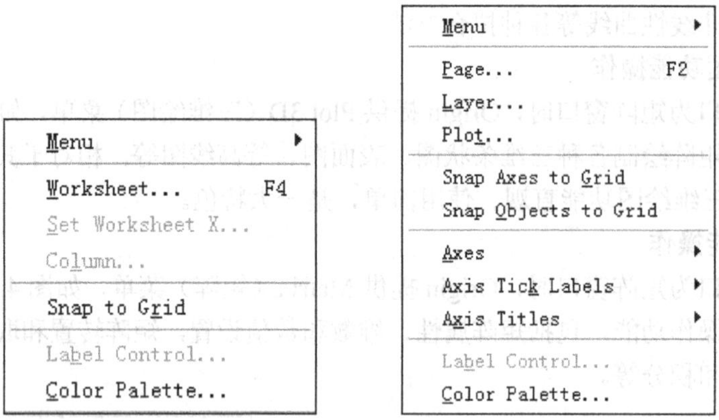

（a）工作表窗口　（b）绘图窗口

图 4.15 Format 菜单

对工作表窗口而言，其功能包括菜单格式控制、工作表显示控制，栅格捕捉、调色板等。对绘图窗口而言，其功能包括菜单格式控制，图形页面、图层和线条样式控制，栅格捕捉，坐标轴样式控制和调色板等。

4.1.2.12 窗口功能操作

无论当前激活窗口是工作表窗口还是绘图窗口，Window（窗口）菜单的内容都是相同的，如图 4.16 所示。其功能包括子窗口的层叠显示、水平和垂直并列显示，排列图标，窗口和图形显示刷新，当前窗口的重命名和复制，显示/隐藏脚本窗口，当前文件夹，项目文件列表等。

4.1.2.13　帮助功能操作

无论当前激活窗口是工作表窗口还是绘图窗口，Help（帮助）菜单的内容都是相同的，如图 4.17 所示。

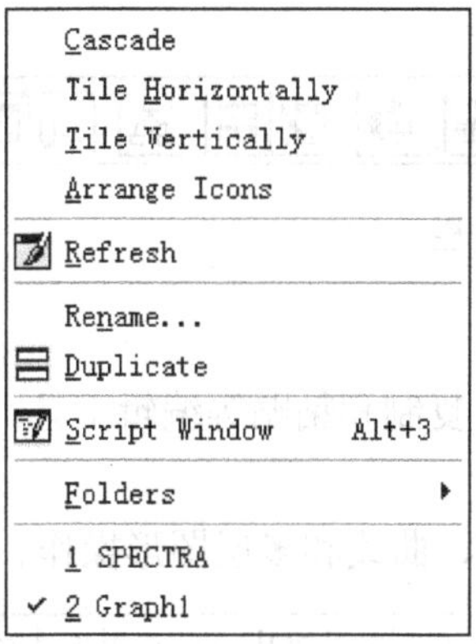

图 4.16　Window 菜单

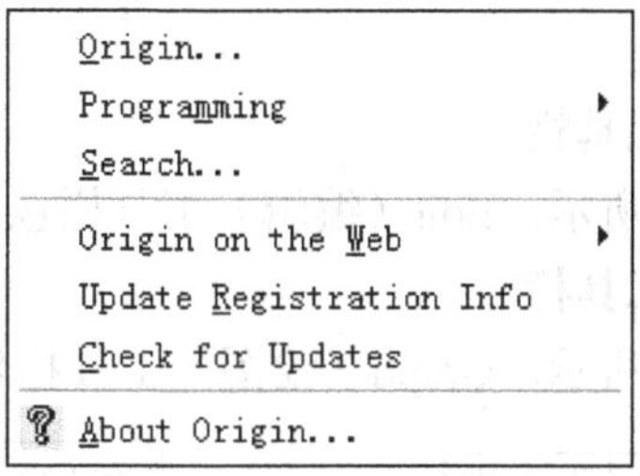

图 4.17　Help 菜单

应该指出，Origin 的帮助系统还是很全面和细致的。其内容包括：Origin 使用介绍、编程语言 LabTalk 帮助、在线检索、每日提示，以及 Origin 的产品信息等。

4.1.3　工具栏

Origin 提供了大量的工具栏。这些工具栏是浮动显示的，可以放置在屏幕的任何位置，当然，为了使用方便和整齐起见，人们一般习惯于把工具栏放在工作空间的四周。

如图 4.18 所示，工具栏包含经常使用的菜单命令的快捷命令按钮，给用户带来了很大的方便。控制工具栏的显示与隐藏，可选择菜单 View→Toolbars，通过工具栏名称左侧的复选框控制工具栏在 Origin 工作空间内的显示或隐藏。菜单 View→Button Groups 右侧列出该工具栏所包含指令的命令按钮图标，而且底部的文本框内将显示该命令的功能。

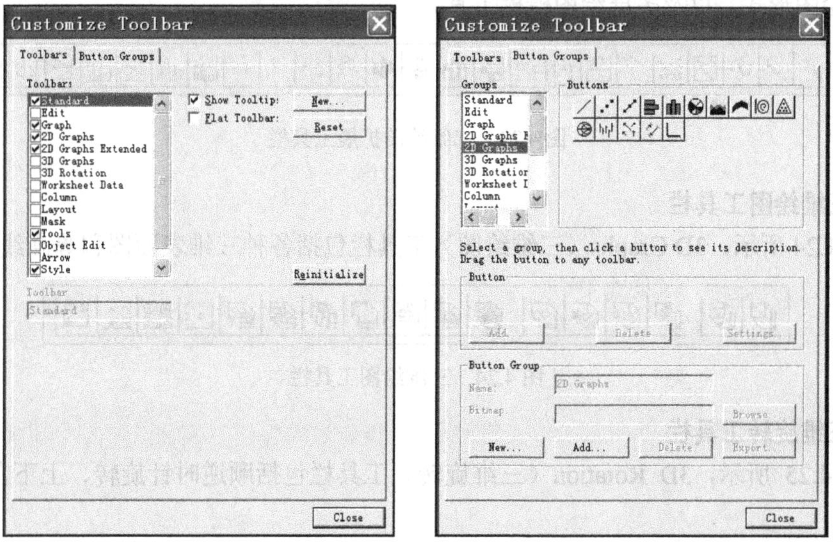

图 4.18　定制工具条

4.1.3.1 标准工具栏

如图 4.19 所示，Standard（标准）工具栏包括新建文件、工作表、Excel 文件、矩阵、图层、功能、注释、模板等，打开文件、图和 Excel 文件，保存文件、模板，导入数据，打印，更新，复制，打开结果窗口等基本工具。

图 4.19 标准工具栏

4.1.3.2 编辑工具栏

如图 4.20 所示，Edit（编辑）工具栏包括剪切、复制和粘贴等编辑工具。

4.1.3.3 绘图工具栏

如图 4.21 所示，Graph（绘图）工具栏包括缩放、曲线和多层图形操作、图例等工具。

图 4.20 编辑工具栏

图 4.21 绘图工具栏

4.1.3.4 二维绘图工具栏

如图 4.22 所示，2D Graphs（二维绘图）工具栏包括各种二维绘图的图形样式，如直线、饼图、极坐标和模板等。

图 4.22 二维绘图工具栏

4.1.3.5 二维绘图扩展工具栏

如图 4.23 所示，2D Graphs Extended（二维绘图扩展）工具栏包括样条连接、条形图、直方图等绘图形式，以及多屏绘图模板工具。

图 4.23 二维绘图扩展工具栏

4.1.3.6 三维绘图工具栏

如图 4.24 所示，3D Graphs（三维绘图）工具栏包括各种三维表面图和等高线图等工具。

图 4.24 三维绘图工具栏

4.1.3.7 三维旋转工具栏

如图 4.25 所示，3D Rotation（三维旋转）工具栏包括顺逆时针旋转、上下左右倾斜等工具。

4.1.3.8 工作表数据工具栏

如图 4.26 所示，Worksheet Data（工作表数据）工具栏包括行列统计、排序等工具。

图 4.25　三维旋转工具栏

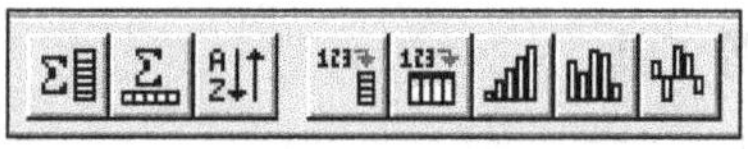

图 4.26　工作表数据工具栏

4.1.3.9　列工具栏

如图 4.27 所示，Column（列）工具栏包括列的 XYZ 属性设置、列的移动等工具。

4.1.3.10　版面工具栏

如图 4.28 所示，Layout（版面）工具栏包括添加图形和添加工作表的工具。

图 4.27　列工具栏

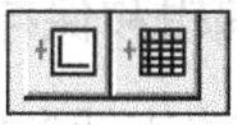

图 4.28　版面工具栏

4.1.3.11　屏蔽工具栏

如图 4.29 所示，Mask（屏蔽）工具栏包括屏蔽数据点、屏蔽数据范围、解除屏蔽等工具。

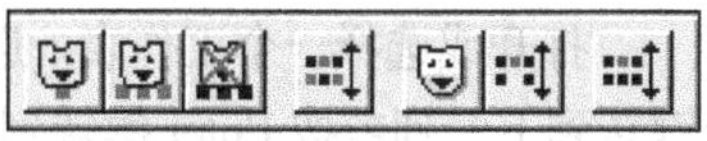

图 4.29　屏蔽工具栏

4.1.3.12　工具工具栏

如图 4.30 所示，Tools（工具）工具栏包括放大、数据读取、添加文本、绘制箭头等工具。

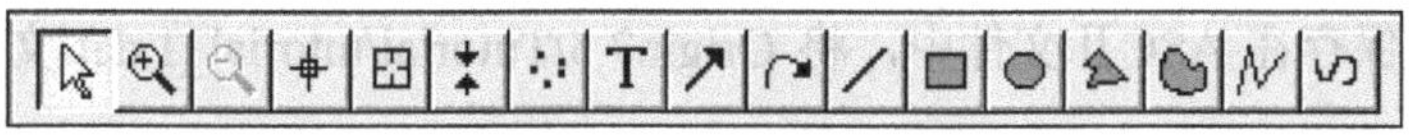

图 4.30　工具工具栏

4.1.3.13　对象编辑工具栏

如图 4.31 所示，Object Edit（对象编辑）工具栏包括上下左右对齐、提前退后、字体放大缩小等工具。

图 4.31　对象编辑工具栏

4.1.3.14　图形风格工具栏

如图 4.32 所示，Style（图形风格）工具栏提供图形的填充颜色和线条格式等。

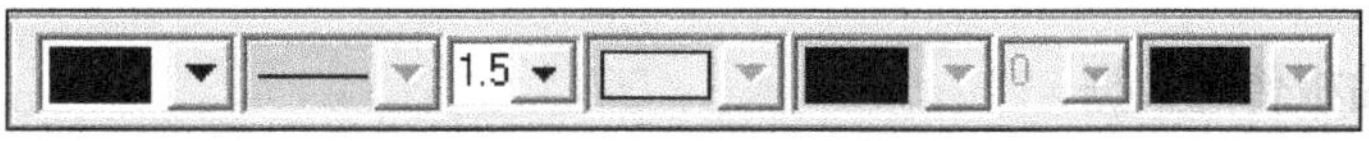

图 4.32　图形风格工具栏

4.1.3.15　字体格式工具栏

如图 4.33 所示，Format（字体格式）工具栏提供不同字体类型、上下标以及不同字体的希腊字母等。

4.1.3.16　箭头工具栏

如图 4.34 所示，Arrow（箭头）工具栏包括使箭头水平垂直、箭头放大减小、箭头伸长缩短等工具。

图 4.33 字体格式工具栏

图 4.34 箭头工具栏

4.2 工作表的使用及数据分析

4.2.1 输入、编辑和保存工作表

Origin 工作表支持多种不同的数据类型，包括数字、文本、时间、日期等，Origin 提供了许多向工作表输入数据的方法。

4.2.1.1 从键盘输入数据

打开或选择一个工作表，选择一个工作表单元格（鼠标单击该处），输入数据，然后按 Tab 键转到下一列或按 Enter 键转到下一行，也可以用鼠标选定任意位置的单元格直接输入数据。

4.2.1.2 从文件中输入数据

数据可以从 ASCII 文件、Excel 文件、dBASE 文件等形式导入，具体步骤为：打开或选择一个工作表；选择 File→Import 命令下相应的文件类型，打开文件对话框，选择文件后单击 OK。

例如，数据保存在 ASCⅡ文件中，将 Origin7.5/Tutorial/tutorial_1.dat 文件导入工作表，如图 4.35 所示。

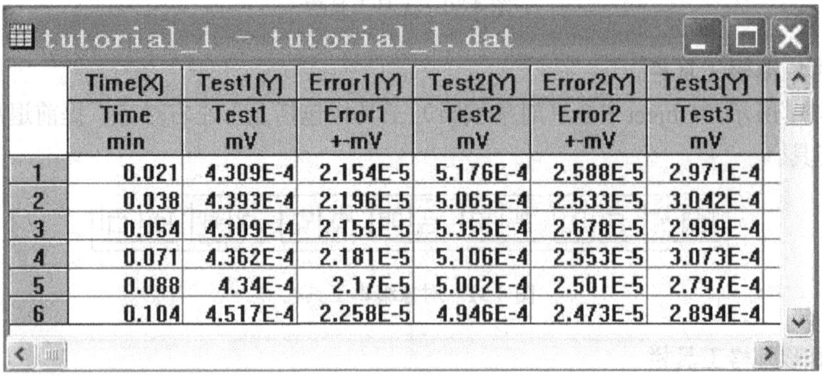

	Time(X) Time min	Test1(Y) Test1 mV	Error1(Y) Error1 +-mV	Test2(Y) Test2 mV	Error2(Y) Error2 +-mV	Test3(Y) Test3 mV
1	0.021	4.309E-4	2.154E-5	5.176E-4	2.588E-5	2.971E-4
2	0.038	4.393E-4	2.196E-5	5.065E-4	2.533E-5	3.042E-4
3	0.054	4.309E-4	2.155E-5	5.355E-4	2.678E-5	2.999E-4
4	0.071	4.362E-4	2.181E-5	5.106E-4	2.553E-5	3.073E-4
5	0.088	4.34E-4	2.17E-5	5.002E-4	2.501E-5	2.797E-4
6	0.104	4.517E-4	2.258E-5	4.946E-4	2.473E-5	2.894E-4

图 4.35 导入 ASCII 文件后的工作表窗口

4.2.1.3 通过剪贴板传递数据

工作表的数据也可以通过剪贴板从别的应用程序（如 Word 等）获得，具体应用方式与一般复制、粘贴一样。同样，数据也可以在同一或不同的工作表中交换。

4.2.1.4 用行号或随机数填充列

选择相应的单元格区域，在工具栏中单击按钮（将列填充为行号），或按钮（将列填充为正随机数），或按钮（将列填充为一般随机数）；或选择 Column→Fill Column With 命令；也可以右击鼠标选择 Fill Column With 命令。（欲显示该按钮，可选择 View→Toolbar →Worksheet Data。）

4.2.1.5　用函数或数学表达式设置列的数值

选择或打开一个工作表，选择一列；选择 Column→Set Column Values 命令或单击按钮，也可右击鼠标选择 Set Column values 命令。例如设置工作表数值产生 x-sinx-cosx 的三栏工作表，如图 4.36 所示。

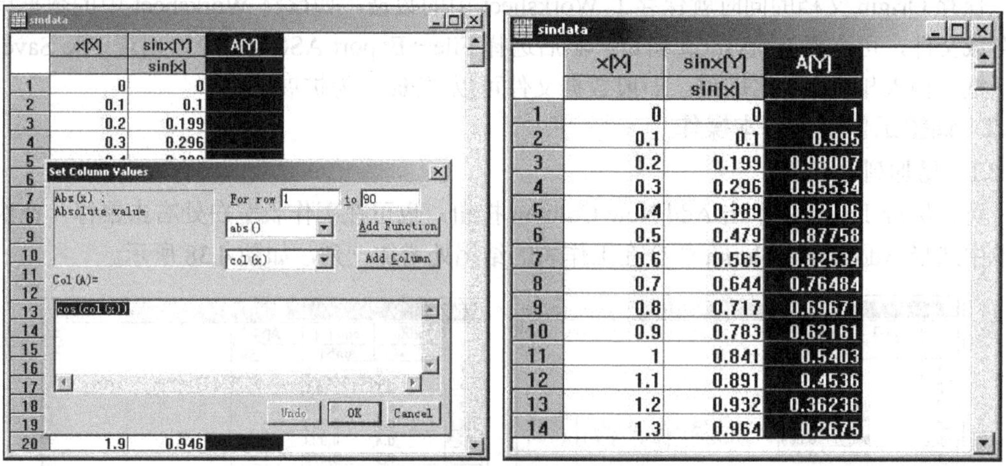

图 4.36　设置列值

注意列号 i 的使用：在设置列值和提取工作表对话框中，列可用 Col()函数或 Worksheet Name Column Name 标记，行值指定用变量 i 表示。如果表达式中没有使用 i，Origin 默认在给定的表达式中使用相同的 i，表达式对指定范围的所有行重复运算，如 Col（C）=Col（A）－Col（B）被视为 Col（C）[i] =Col（A）[i] －Col（B）[i]；Col（C）[i] 表示 Column C 第 i 行的值。如果指定 i，则默认取消。如 Col（C）=Col（B）[i+1] －Col（B）[i] 表示将在 Column B 的行增加值赋值给 Column C。

4.2.1.6　改变工具格中 X 的默认值

步骤为：选择一个工具表；如果已有 X 列，删除或忽略它；选择 Format→Set Worksheet X 命令，出现对话框；输入初始 X 值和增加值；单击 OK。从该工作表绘图将使用默认的 X 值。

当用工作表中的数据绘图而不指定 X 列时，Origin 假定 X 的初始值为 1，且其增加值为 1。

4.2.1.7　选择工作表数据

选择整个工作表，用鼠标单击工作表左上角的空白处，如图 4.37 所示；选择工作表部分数据，单击初始位置并拖动鼠标即可。

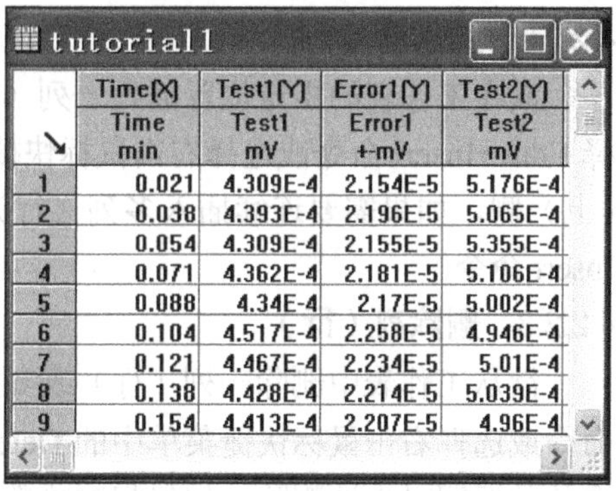

图 4.37　选择整个工作表

4.2.1.8　在一列中插入数据

在一列中插入一个单元格，可选择要插入的位置，选择 Edit→Insert 命令或右击鼠标在快捷菜单中选择 Insert 命令，新的单元格出现在选中单元格的上面；如插入 n 个单元格，可以选择 n 个单元格，然后使用 Insert 命令。

4.2.1.9　删除单元格和数据

选择工作表，选择 Edit→Clear Worksheet 命令，该工作表中所有内容将被删除。如要删除工作表中部分单元格，则可选择要删除部分，然后选择 Edit→Delete 命令即可。如果该数据已被绘图，绘图窗口将重新绘图以除去删除的点。

如仅删除数据而不删除单元格，可选择相应单元格，按 Delete 键。

4.2.1.10　保存数据

保存 Origin 文档的同时就保存了 Worksheet 中的数据。如欲将 Worksheet 中的数据单独保存成文件，可选择 Worksheet 窗口；然后选择 File→Export ASCII 命令，出现 File Save As 对话框，输入相应文件名即可。一般数据文件可以“.dat”为扩展名。

4.2.2　调整工作表的基本操作

4.2.2.1　增加列

可在标准工具栏中单击 Add New Column 按钮，也可在工作表空白处右击鼠标，在快捷菜单中选择 Add New Column 命令在工作表的结尾处增加一列，如图 4.38 所示。

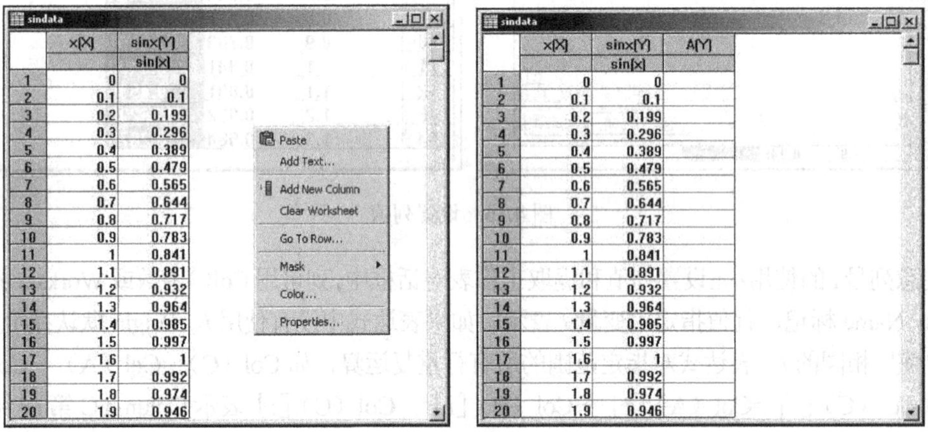

图 4.38　增加数据列

4.2.2.2　插入列（行）

欲在工作表的指定位置插入一列（行），可将其右（下）侧的一列（行）选定，然后选择 Edit→Insert 命令或选择右击鼠标快捷菜单中的 Insert 命令，新列（行）将插在选定列的左（上）侧。如果需要连续插入多列（行），可以重复上述操作多次或选定多列（行），运行 Insert 命令。

4.2.2.3　删除列（行）

欲从工作表中删除一列（行）或多列（行），可先选择这些列（行），选择 Edit→Delete 命令或选择右击鼠标快捷菜单中的 Delete 命令，则所选定的列（行）被删除（注：其中所包含的数据同时也被删除，如仅想删除数据而不删除列或行，可选择 Edit→Clear 命令）。

4.2.2.4　移动列

将所选定的列移动到工作表的最左侧，选择 Column→Move to First 命令，如欲将其移动到最右侧，选择 Column→Move to Last 命令。左右移动列也可以使用工具栏中的按钮。

4.2.2.5　行列互换

选择 Edit→Transpose 命令，可以将行列互换。

4.2.2.6　改变列的格式

双击列标或右击列标，在快捷菜单中选择 Properties 命令，打开 Worksheet Column Format 对话框，如图 4.39 所示。对话框可对列命名（Column Name），加列标（Column Label），将列指定为 *X*、*Y*、*Z*、Error、Label 等，设置数据显示类型和格式，设置列宽（字节）等。

4.2.2.7　工具栏显示控制

鼠标双击工作表边的空位，可以打开 Worksheet Display Control 对话框，通过该对话框可以设置 Worksheet 显示的字体颜色、字型和字号、背景和背景颜色、标题及单元格间隔线等的显示特性。

4.2.3　数据分析

4.2.3.1　数据排序

Origin 可以做到单列、多列甚至整个工作表数据排序，命令为“sort…”。值得注意的是：在用列排序后，与其相关联的列数据不会变换。如前面出现的 cos（x）列数据不随 x（x）列中的排序而变化。

4.2.3.2　频率记数

Frequency Count 统计一个数列或其中一段中数据出现的频率。对准某一列或者选定的一段单击右键选择 Frequency Count 命令，得到如图 4.40 所示对话框，其中：BinCtr 为数据区间的中心值；Count 中是落入该区间的数据个数，即频率计数值；BinEnd 是数据区间右边界值；Sum 是频率计数值的累计和。

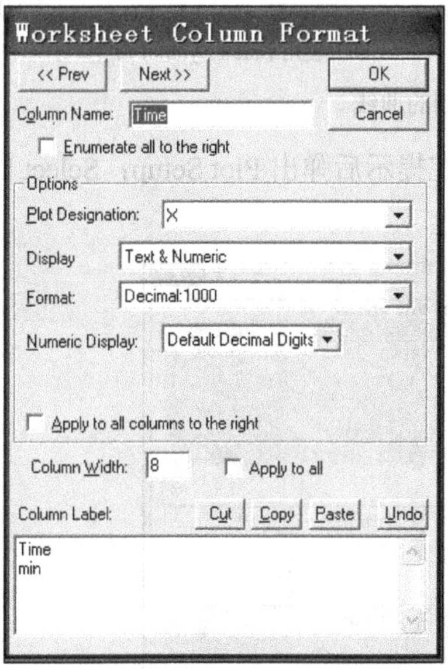

图 4.39　Worksheet Column Format 对话框

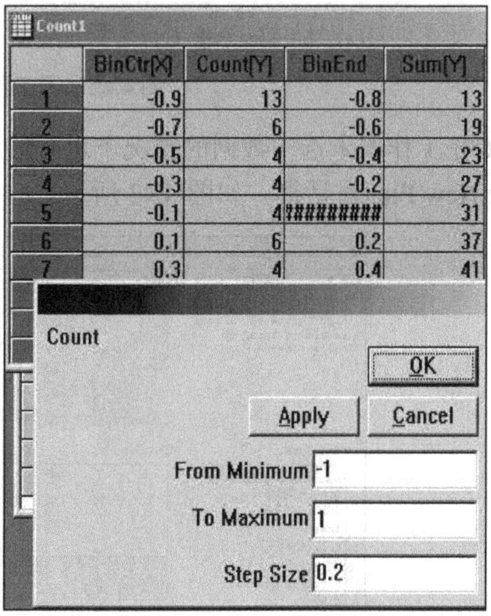

图 4.40　频率计数参数对话框

4.3　数据绘图

4.3.1　简单二维图形绘制

按住鼠标左键拖动选定这两列数据，用图 4.41 最下面一排按钮就可以绘制简单的图形，利用二维线、散点图按钮做出的效果如图 4.42 所示。

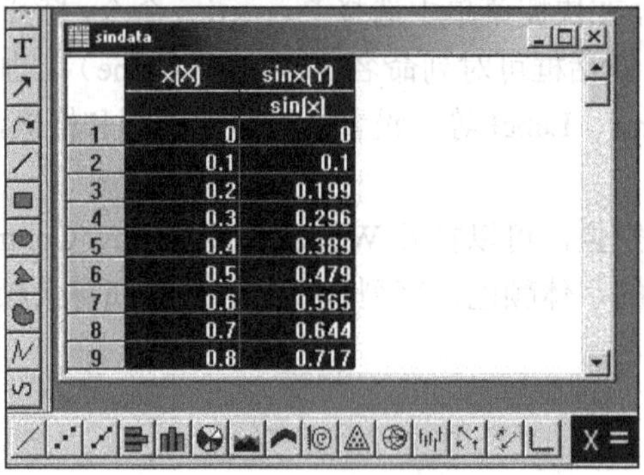

图 4.41　选用工作表中数据进行绘图

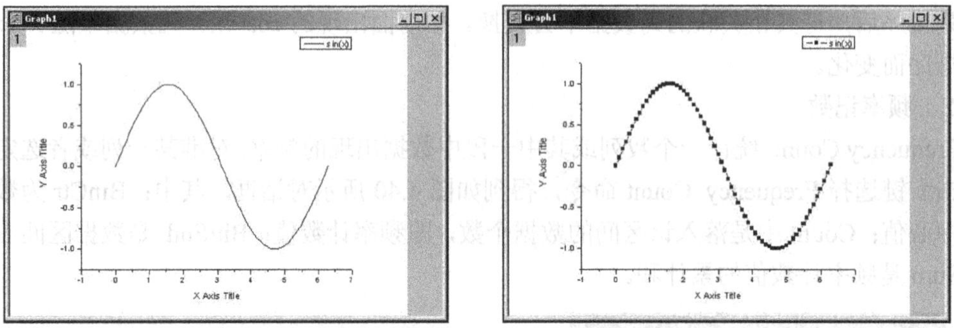

（a）使用 Line 命令　　　　　　　　（b）使用 Line+Symbol 命令

图 4.42　用工作表数据绘制的曲线

如在工作表未选中数据的情况下进行绘图，则会在提示后弹出 Plot Setup：Select Data to Create New Plot 对话框，如图 4.43 所示。

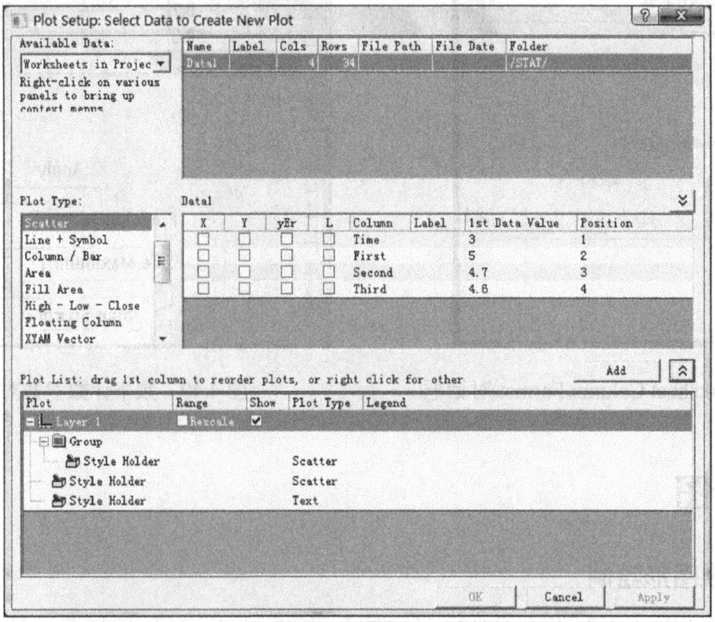

图 4.43　Plot Setup：Select Data to Create New Plot 对话框

4.3.2　选择数据范围作图

Origin 还提供了选用工作表中的部分数据进行绘图方法。高亮度选中该部分数据[如图 4.44（a）所示]，单击绘图工具栏上的 Line + Symbol 按钮，绘制出曲线如图 4.44（b）所示。当前窗口为绘图窗口时，可将 ASCII 等数据文件用拖曳的方法直接绘制曲线。

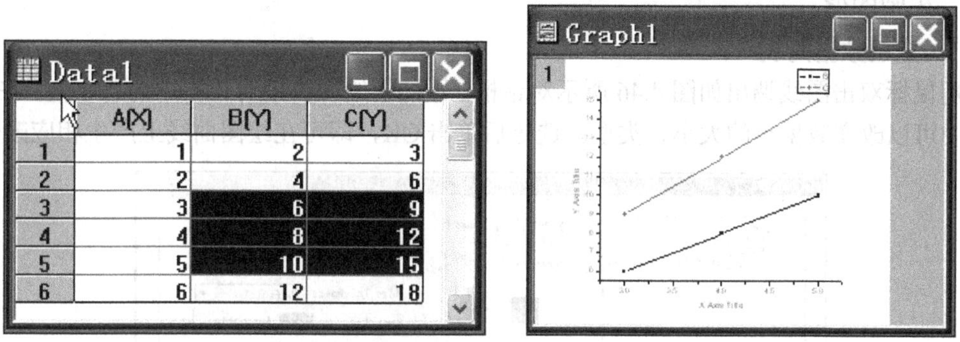

（a）　　（b）

图 4.44　选用工作表中部分数据进行绘图

如果想跳到某一行可以选择 View→Go To Raw 命令（如果发现设定的行之前的数据都没了，这仅仅是没显示出来而不是删除了，想要看到的话，可以先选择列，然后选择 Edit→Reset To Full Range 命令）。找到想要的开始行，单击右键选择 Set As Begin 命令，同理设定结束行，然后作图。

4.3.3　屏蔽曲线中的数据点

在图形中如果个别数据点属于奇点，在分析或拟合过程中想去掉，而又不想完全删除，或是仅分析图形中的部分数据，那么 Mask 工具条可以帮助实现这一功能。被屏蔽的数据可以是单个点，也可以是一个数据范围。屏蔽前后的效果如图 4.45 所示。

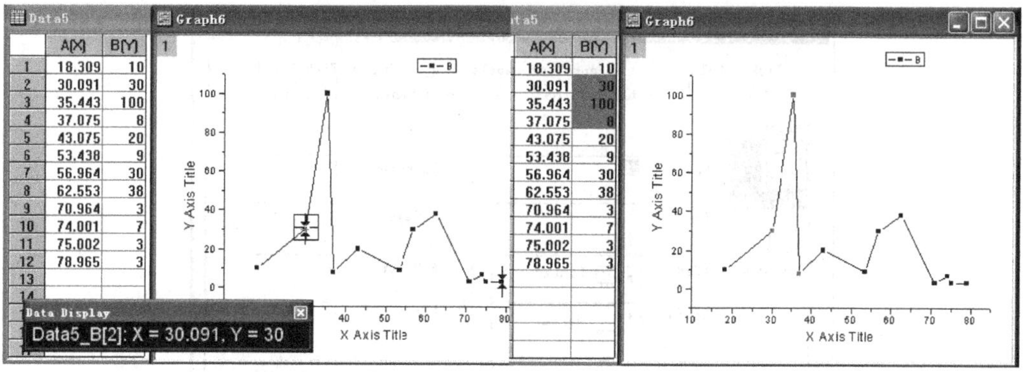

图 4.45　屏蔽前后数据点的比较

在绘图窗口中，可以使用如下工具浏览数据（注意：利用方向键以及与 Ctrl 和 Shift 键的组合）。

：Data Selector，选择一段数据曲线，做出标志。

：Data Reader，读取数据曲线上的选定点的 *X*、*Y* 值。

[+]：Screen Reader，读取绘图窗口内选定点的 *X*、*Y* 值。

[Zoom In]：Zoom In，局部放大数据曲线，做法：单击此按钮，在所选区域附近按下鼠标左键并拖动，选择数据区，画出个矩形框，然后释放鼠标，完成放大操作。

[Zoom Out]：Zoom Out，还原。

4.3.4 定制图形

4.3.4.1 定制数据曲线

用鼠标双击图线调出如图 4.46 所示对话框。不同的绘图类型对话框中内容不同。在此对话框中可以改变数据点的大小、类型。选定后单击 OK，即可在绘图曲线上产生相应改变。

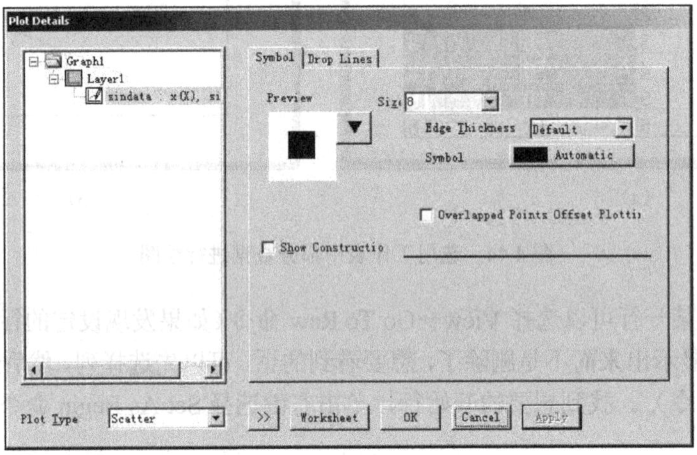

图 4.46 Plot Details 对话框

4.3.4.2 定制坐标轴

双击 *X* 轴或 *Y* 轴，打开 X（Y）Axis-Layer 对话框，如图 4.47 所示。可在左侧的 Selection 框中选择合适的图标，以确定所更改的坐标轴。

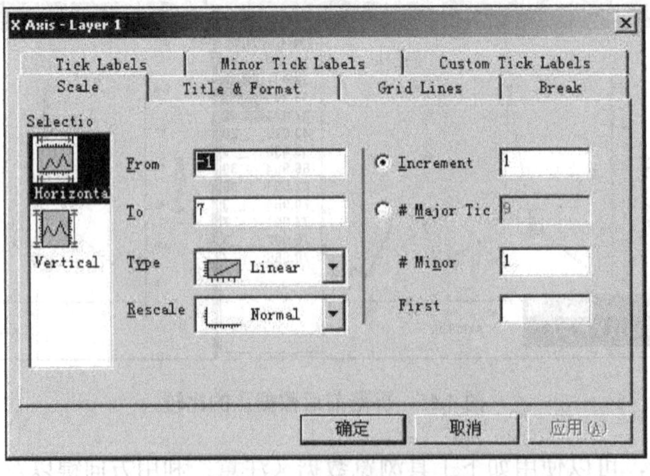

图 4.47 X Axis-Layer 1 对话框

4.3.4.3 添加文本说明

选择要添加文字的页面，在工具栏中单击[T]按钮，在页面欲加文字的位置编辑文本或改变文本格式。

注意：在文本编辑状态下，单击右键，然后选择 Symbol Map 命令（如图 4.48 所示）可以方便地添加特殊字符。

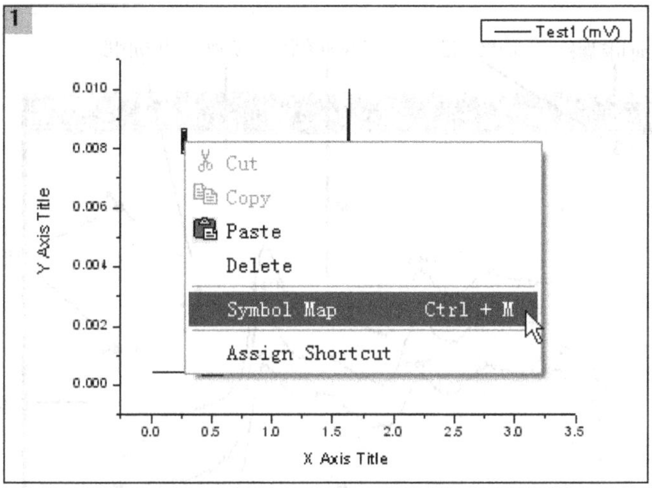

图 4.48　Symbol Map 命令

4.3.4.4　添加日期和时间标记

单击 Graph 工具栏中的按钮就会在图上添加日期和时间。

4.3.4.5　特殊要求的图像

利用如图 4.49 所示的菜单可以作出很多特殊要求的图像，比如两点线段图（如图 4.50 所示）、三点线段图等，以及水平（垂直）阶梯图、样条曲线图、垂线图等。

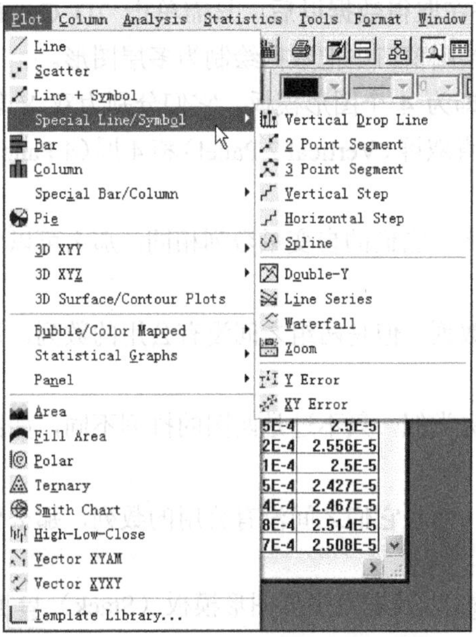

图 4.49　绘制特殊要求图像的菜单

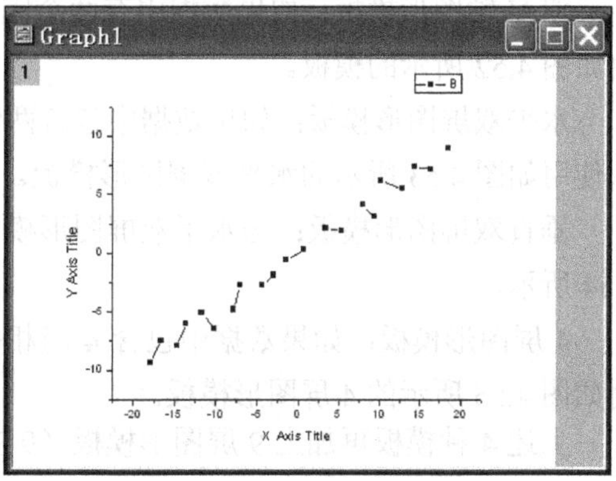

图 4.50　两点线段图

4.3.5 绘制多层图形

图层是 Origin 中一个很重要的概念，一个绘图窗口可以有多个图层，从而可以方便地创建和管理多个曲线或图形对象，如图 4.51 所示。

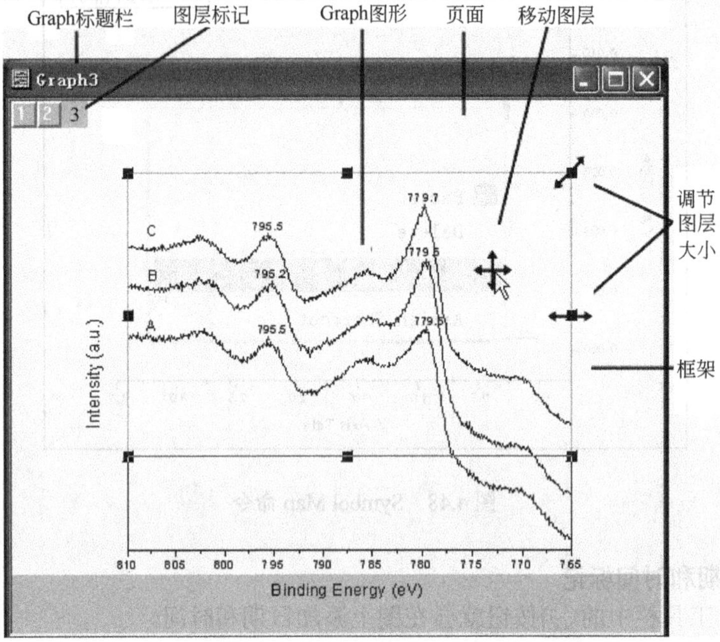

图 4.51 Origin 绘制的多层图形

4.3.5.1 Origin 的多层图形模板

Origin 自带了几个多图层模板，这些模板允许在取得数据以后，只需单击 2D Graphs Extended 工具栏上相应的命令按钮，就可以在一个绘图窗口中把数据绘制为多层图形。

在项目/Tutorial/Tutorial_3.opj 中 4 个绘图窗口即为 4 个图形模板。它们分别为双 Y 轴（Double Y Axis）、水平双屏（Horizontal 2 Panel）、垂直双屏（Vertical 2 Panel）和 4 屏（4 Panel）图形模板。

双 Y 轴图形模板：如果数据中有两个因变量数列，它们的自变量数列相同，那么可以使用如图 4.52 所示的模板。

水平双屏图形模板：如果数据中包含两组相关数列，但是两组之间没有公用的数列，那么使用如图 4.53 所示的水平双屏图形模板。

垂直双屏图形模板：与水平双屏图形模板的前提类似，只不过是两图的排列不同，如图 4.54 所示。

4 屏图形模板：如果数据中包含 4 组相关数列，而且它们之间没有公用的数列，那么使用如图 4.55 所示的 4 屏图形模板。

上述 4 种模板再加上 9 屏图形模板（9 Panel）以及垂直多屏图形模板（Stack）就是 Origin 自带的多图形模板。

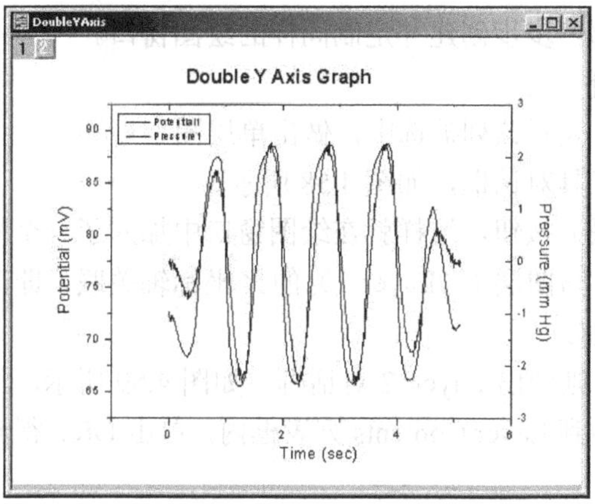

图 4.52　用双 Y 轴图形模板的绘图窗口

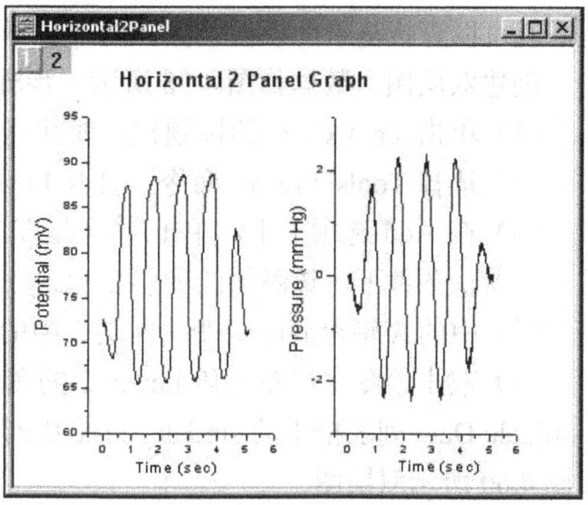

图 4.53　采用水平双屏图形模板的绘图窗口

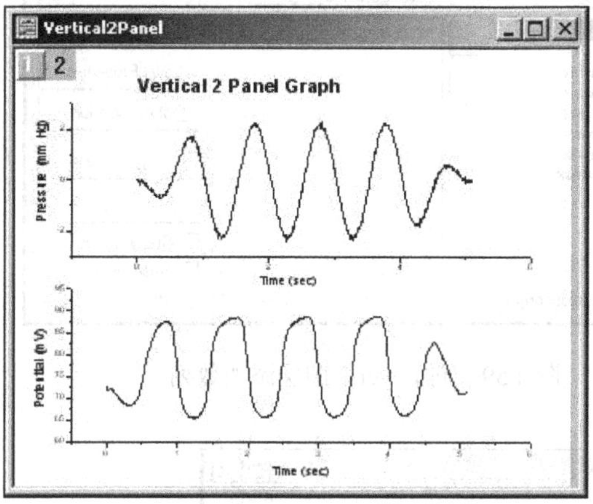

图 4.54　采用垂直双屏图形模板的绘图窗口

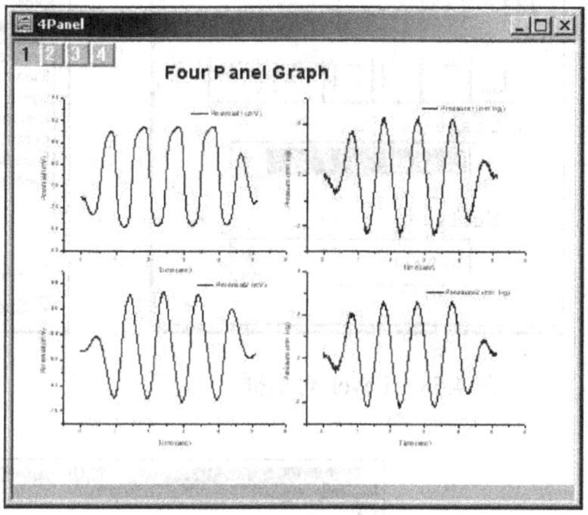

图 4.55　采用 4 屏图形模板的绘图窗口

4.3.5.2　在工作表中指定多个 *X* 列

如图 4.56 所示，选定 *D* 列后，单击右键选择 Set As→X 命令设为 *X* 列，就将 *D* 列设为 *X* 列，得到如图 4.57 所示的工作表。说明：默认 *Y* 与左侧最近的 *X* 轴关联，也就是 B、C 列与 A 列关联，E、F 列与 D 列关联。

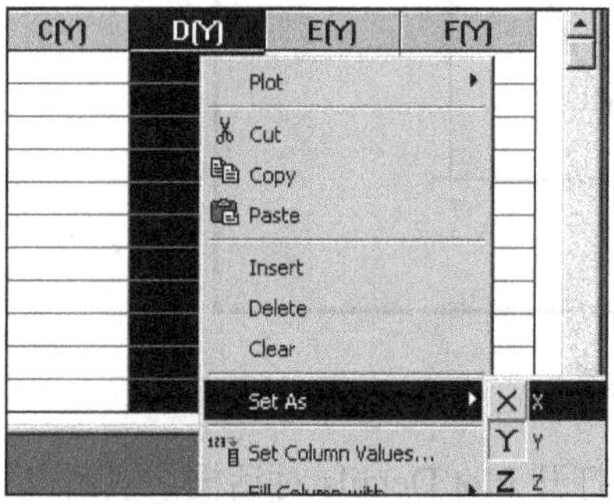

图 4.56　指定第二个 X 列

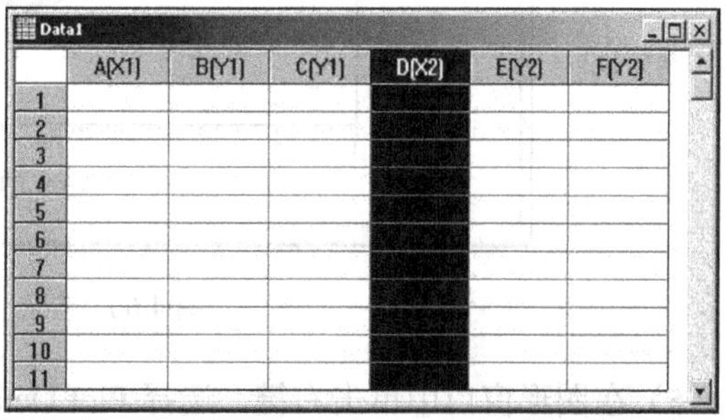

图 4.57　含有两个 X 列的工作表

4.3.5.3　创建双层图

Origin 允许用户自己定制图形模板。如果已经创建了一个绘图窗口，并将它存为模板，以后就可以直接基于此模板绘图，而不必每次都一步步创建并定制同样的绘图窗口。

创建双层图，数据如图 4.38 所示。步骤如下。

（1）单击 sin（x）列的标题栏，使其高亮，表示该列被选中，做出单层图。

（2）选择 Tools→Layer 命令，打开 Layer 工具对话框，如图 4.58 所示。

（3）在 Add 选项卡中，单击 （与 Y 关联）按钮，这样就在绘图窗口中加入了一个图层。在默认条件下，该添加的图层 2（Layer 2）与图层 1（Layer 1）的 *X* 坐标轴关联，即改变图层 1 中的 *X* 轴也同时改变了图层 2 中的 *X* 轴。

（4）双击绘图窗口左上角 Layer 2 的图标，则弹出 Layer 2 对话框，如图 4.59 所示，将 Available Date 列表框中的 sindata_cosx 数列添加到 Layer Contents 列表框内，单击 OK，得到如图 4.60 所示双层图。

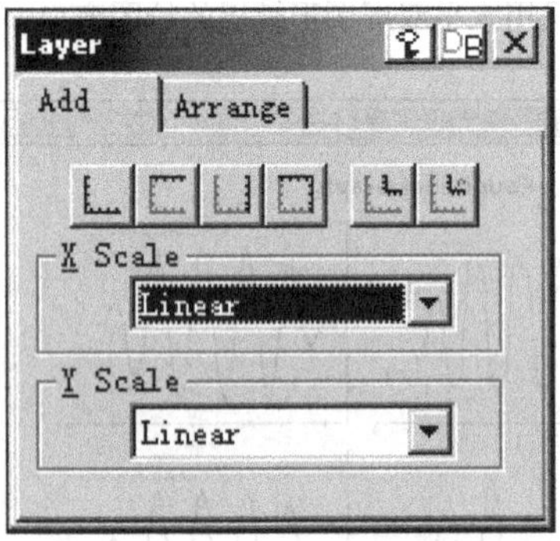

图 4.58　Layer 对话框

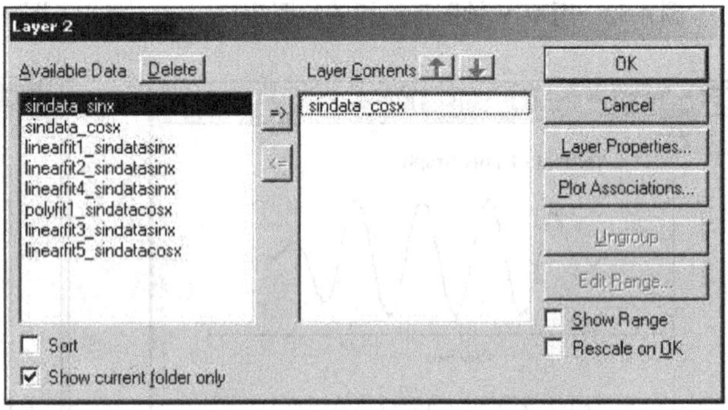

图 4.59　向 Layer 2 图层添加数列

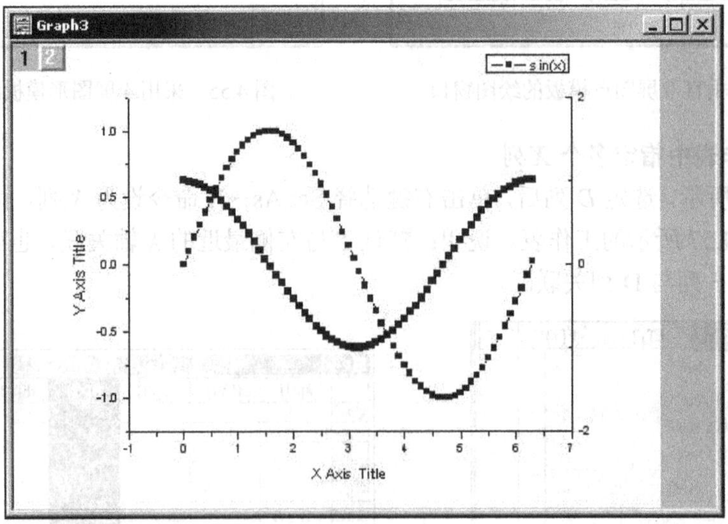

图 4.60　左右 Y 轴双层图

（5）在图形窗口中单击右键，选择 Plot Details…，打开 Plot Details 对话框，双击左边窗口中的 Layer 2，可改变曲线颜色。

也可通过菜单添加图层，即选择菜单命令 Edit→New Layer（Axis）或 Add & Arrange Layers…；或者通过在绘图窗口内图形页面以外的空白区域单击鼠标右键，在弹出的快捷菜单中选择 New Layer（Axis）或 Add & Arrange Layers…等。

4.3.5.4　关联坐标轴

Origin 可以在各图层之间的坐标轴建立关联，如果改变某一图层的坐标轴比例，那么其他图层的比例也相应改变。

双击 Layer 上的 2 图标，在弹出的 Layer 2 对话框中单击 Layer Properties，然后选择 Link Axes Scales，如图 4.61 所示。

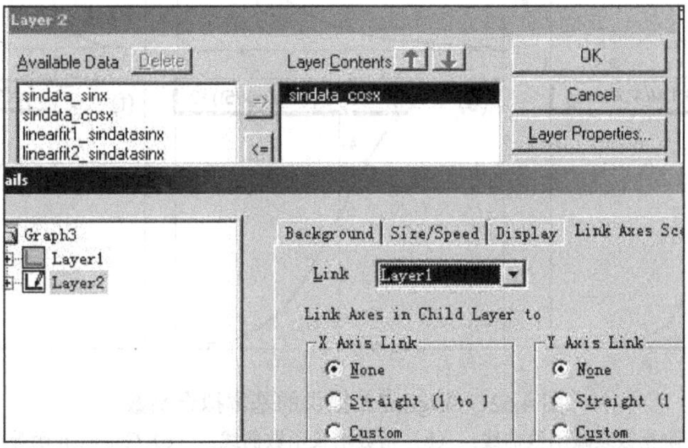

图 4.61　关联坐标轴

4.3.5.5　存为模板

选择菜单命令 File→Save Template As，以后就可以用此模板。

调用模板时使用上的最后一个即可。

4.4　曲线拟合

对于许多实验数据和统计数据来说，为了描述不同变量之间的关系，进一步分析曲线特征，根据已知数据找出相应的函数关系，经常需要对曲线进行拟合。

Origin 提供了多种可以进行数据拟合的函数，除线性回归、多项式回归等常用的拟合形式外，还提供了自定义函数，可以进行非线性拟合的功能，对于 Y=F（A，X）类型（A 为参数）的函数，可以方便地拟合出参数值。并且，由于 Origin 提供了图形窗口，拟合得到的结果可以直观显示，因此如使用得当，还可大大减少实验中拟合的次数，及时获得最佳的拟合结果，对大多数情况，使用 Origin 进行 Y=F（A，X）类型（A 为参数）函数的参数拟合要比利用专有程序方便得多。

当在绘图窗口进行线性或非线性拟合时，需首先将要拟合的数据激活，方法是在 Data 菜单下的数据列表中选中要进行拟合的数据，被激活的数据前有√号。拟合后的结果都保存在 Results Log 窗口中，可以方便的拷贝粘贴到其他应用程序中。

4.4.1　使用菜单命令拟合

首先激活绘图窗口，选择菜单命令 Analysis，则可以看到菜单命令。Origin 提供的基本拟合函数对应的函数曲线如图 4.62 所示。各命令菜单的函数表示的含义及其拟合模拟函数表达式列于表 4.1 中。

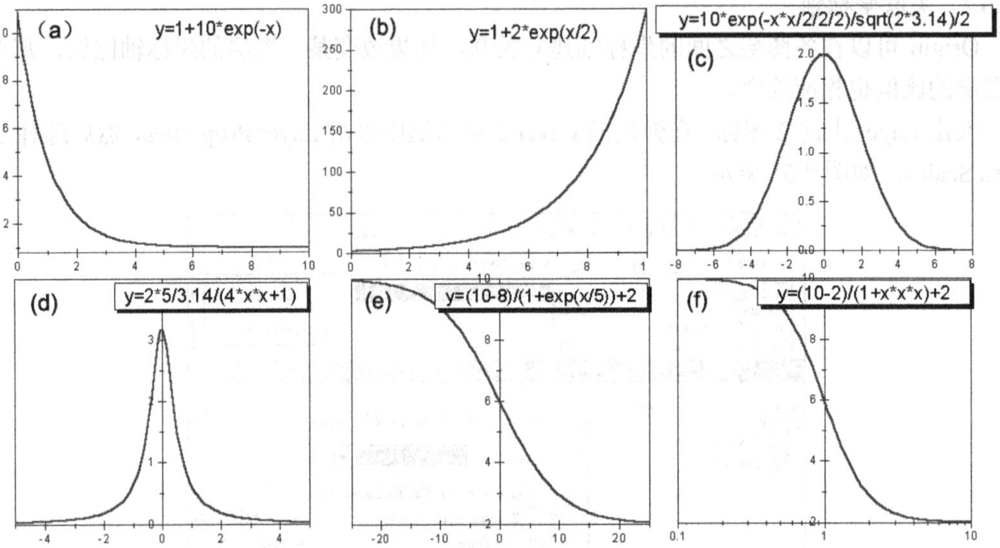

图 4.62　Origin 7.5 提供的基本拟合函数

（a）一阶指数衰减函数曲线；（b）指数增长函数曲线；（c）Gaussian 函数曲线；（d）Lorentzian 函数曲线；（e）Boltzmann 函数曲线；（f）对数函数曲线

表 4.1　菜单拟合的函数

名　称	含　义	拟合模型函数
Fit Linear	线性拟合	$y=A+Bx$
Fit Polynomial	多项式拟合	$y=A+B_1x+B_2x^2$（2 次）
Fit Exponential Decay	指数衰减拟合	$y=y_0+A_1e^{-(x-x_0)/t_1}$
Fit Exponential Growth	指数增长拟合	$y=y_0+A_1e^{(x-x_0)/t_1}$
Fit Sigmoidal	S 拟合	$y=\dfrac{A_1-A_2}{1+e^{(x-x_0)/dx}}+A_2$（Boltzmann，$x$ 轴为线性坐标） $y=\dfrac{A_1-A_2}{1+(x-x_0)^p}+A_2$（Logistical，$x$ 轴为对数坐标）
Fit Gaussion	Gaussion 拟合	$y=y_0+\dfrac{A}{w\sqrt{\pi/2}}e^{-2\frac{x-x_c}{w^2}}$
Fit Lorentzian	Lorentzian 拟合	$y=y_0+\dfrac{2A}{\pi}\times\dfrac{w}{4(x-x_c)^2+w^2}$
Fit Multipeaks	多峰值拟合	按照峰值分段拟合，每一段采用 Gaussion 或 Lorentzian 方法
Nonlinear Curve Fit	非线性曲线拟合	内部提供了相当丰富的拟合函数，还支持用户定制

4.4.2　使用拟合工具拟合

为了给用户提供更大的拟合控制空间，Origin 提供了三种拟合工具，即线性拟合工具（Linear Fit Tool）、多项式拟合工具（Polynomial Fit Tool）和 S 拟合工具（Sigmoidal Fit Tool）。选用拟合工具拟合可以对其中的参数进行选择，使拟合过程按要求进行，达到预期结果，如图 4.63 所示。

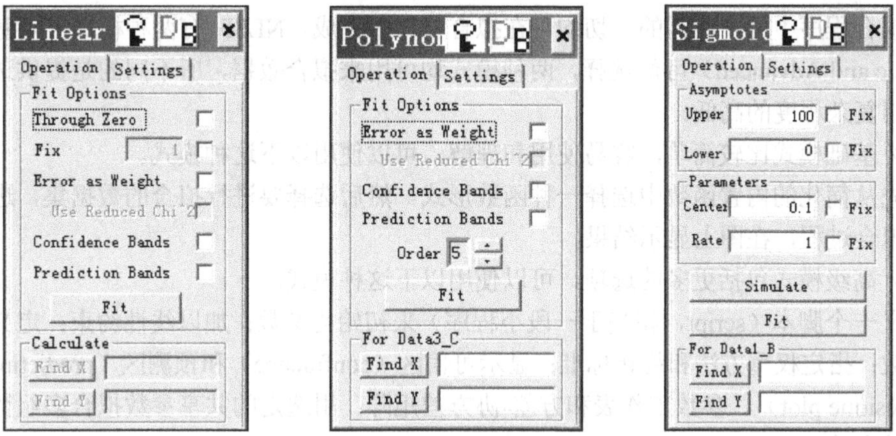

（a）线性拟合对话框　　（b）多项式拟合对话框　　（c）S 曲线拟合对话框

图 4.63　三种拟合工具对话框

使用这些工具进行拟合的步骤如下。

（1）激活工作表窗口或绘图窗口，在工作表窗口中选择数列，或者在绘图窗口中选择曲线。

（2）在 Tools 菜单中选择相应的命令，在弹出的对话框内自定义拟合参数，如果不改动就表示接受 Origin 的默认值。

（3）单击 Fit 命令按钮，完成拟合。

图 4.64 和图 4.65 分别为采用多项式回归拟合及其拟合结果记录。拟合出的多项式为：$Y=A+B_1\times X+B_2\times X^2$，其中，$A$=6.40068，$B_1$=–0.37351，$B_2$=0.00961，R 表示 Correlation coefficient（相关系数）；SD 表示 Standard deviation of the fit（拟合的标准偏差）；N 表示 Number of data points（数据点个数）；P 表示 value-Probability（that R is zero）（R=0 的概率）。

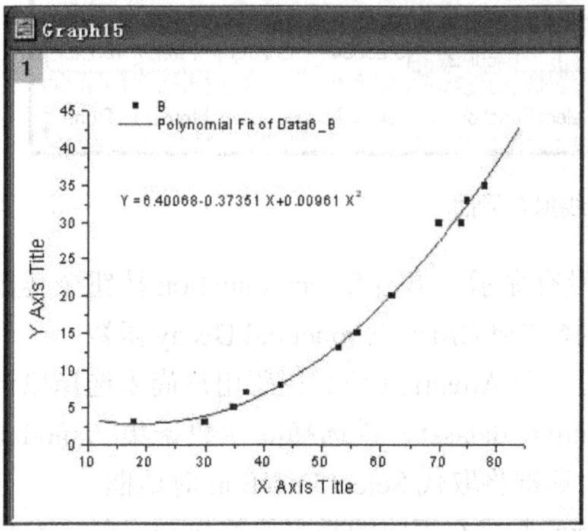

图 4.64　多项式回归拟合曲线

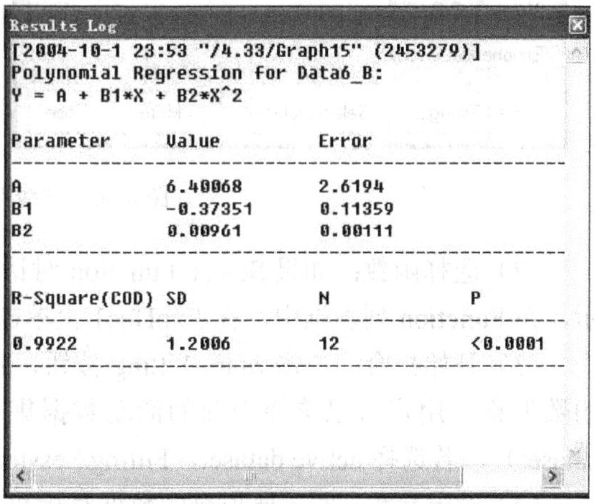

图 4.65　多项式回归拟合结果记录

4.4.3　非线性最小二乘拟合

这是 Origin 提供的功能最强大、使用也最复杂的拟合工具，能使用户完全控制整个拟合过程：Analysis→Non-Linear Curve Fit→Advanced Fitting Tools 或 Fitting Wizard。

在拟合程序中用户所需的一切均可在拟合窗口中完成。NLSF 有两种模式——基础和高级（Basic and Advanced）可供选择，两种模式均可用来拟合数据，所不同的是提供选项的多少和使用复杂程度的高低。

（1）基础模式比较简单，容易使用和理解，可以使用以下这种模式。

首先从简化的内置函数中选择一种函数形式，然后选择要进行拟合的数据集，进行一个迭代的拟合过程，在图上显示结果。

（2）高级模式包括更多的选项，可以使用以下这种模式。

定义一个脚本（script，相当于一段小程序）来初始化参数；加以线性约束；定义自己的拟合函数；指定权重方法和终止标准；显示可信区（confidence）和预测区（prediction）、残差图（residue plot）、参数工作表和方差-协方差矩阵；用选定的共享参数拟合多组数据集；改变参数名称。

下面以使用基础模式拟合一个一级指数衰减函数为例说明。

在标准工具栏中单击 Open 按钮，打开 Open 对话框，在文件类型中选择 Project（*.OPJ），在 Origin/TUTORIAL 文件夹中，双击 FITEXMP1.OPJ 文件，打开该文件并显示一个简单的数据图。具体步骤如下。

（1）在绘图窗口被激活时，选择 Analysis→Non-linear Curve Fit 命令，打开 NLSF 的 Select Function 对话框，如图 4.66 所示（如显示的是高级模式，选择 Options→Basic Mode 命令或单击 Basic Mode 按钮将其变为基础模式。）

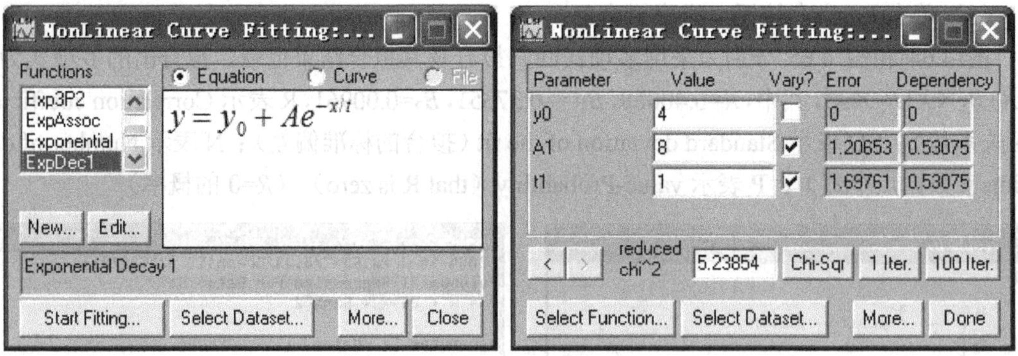

图 4.66　非线性曲线拟合界面

（2）选择函数：如果 Select Function 对话框没有显示，单击 Select Function 按钮令其显示，在 Function 列表框中，在 ExpDec1 上单击选择 First Order Exponential Decay 函数。

（3）开始拟合：单击 Start Fitting 按钮，弹出一个 Attention 信息提醒用户尚未选择拟合的数据集，用户可以选择当前的活动数据集（active dataset）或选择其他数据集（another dataset），若选择 active dataset，Fitting Session 对话框将取代 Select Function 对话框。

（4）设定参数：假定要拟合的数据对指数衰减函数具有固定的垂直偏差 y_0=4，在 y_0 参数的文字框中输入 4，去掉该参数的 Vary 选项；在 A_1 参数的文字框中输入 8，在 t_1 参数的文字框中输入 1，确认 A_1 和 t_1 参数的 Vary 选项均被选中（迭代中这两个参数会变化）。

（5）开始迭代：单击 1 Iter.执行一次迭代，A_1 和 t_1 的新值以及 chi-square 都显示新数值，注意前面设置为固定参数的 y_0 保持不变，对应于当前参数的理论曲线显示在 Graph1 窗口中。单击 100 Iter.执行 100 次迭代，拟合结果明显改善。执行 1 次和 100 次迭代的结果如图 4.67

所示。

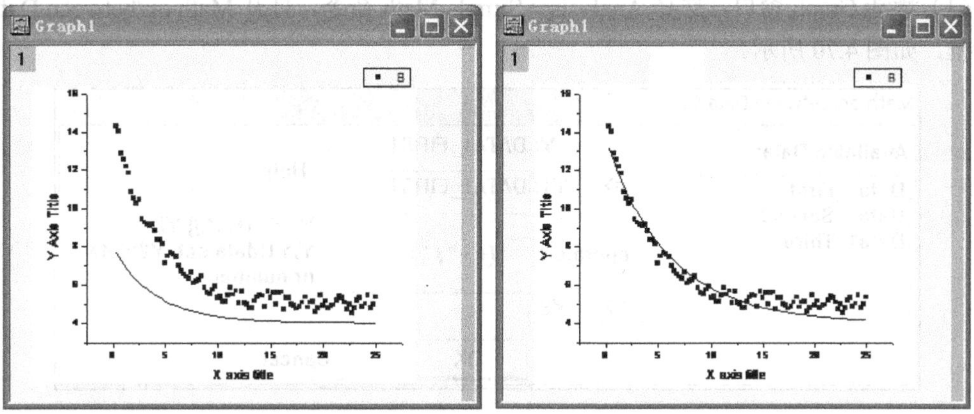

图 4.67 非线性曲线拟合 1 次迭代和 100 次迭代图形

（6）结束拟合：单击 Done 按钮，对话框关闭，参数值显示在 Results Log 窗口和图上，如图 4.68 所示。

在基础模式中单击 More 按钮进入高级模式，如图 4.69 所示。

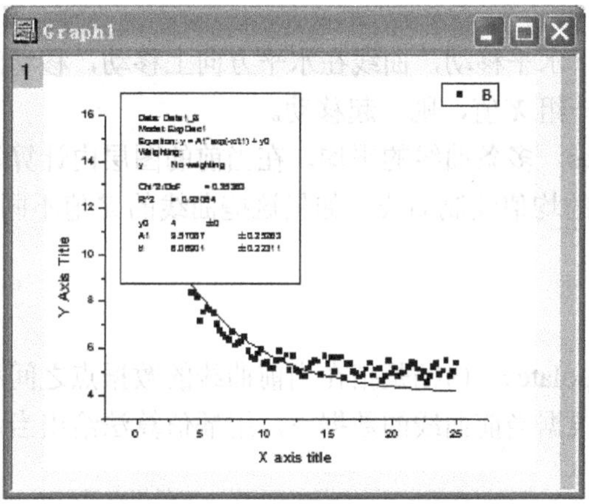

图 4.68 非线性曲线拟合图形

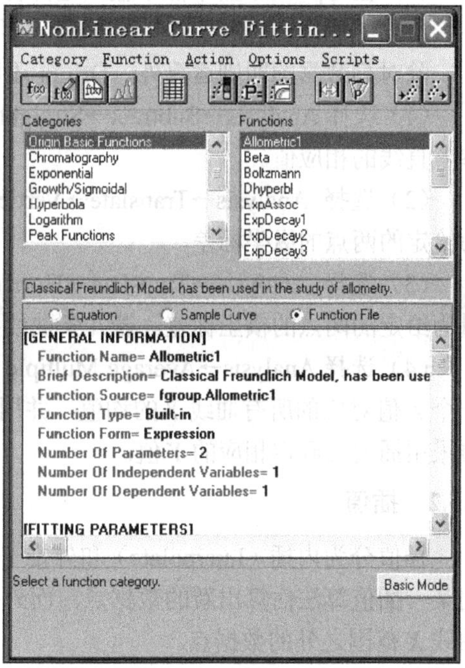

图 4.69 NLSF 高级模式界面

4.5 Origin 的应用

4.5.1 数据的算术运算

算术运算（Math Operation）就是对数据做简单的四则运算，使用 Origin 做四则运算的操作步骤如下。

（1）激活 Graph 窗口，选择 Analysis→Simple Math 命令，打开 Math on/between Data Set 对话框，如图 4.70 所示。

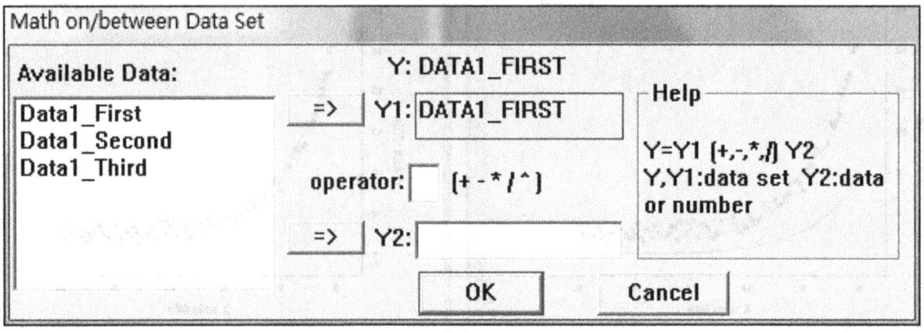

图 4.70　Math on/between Data Set 对话框

（2）在 Available Data 列表中选择要运算的数据表，单击上面的 => 按钮，将其设置为 Y_1，默认的设置为 Graph 窗口中当前的数据表。

（3）在 Y_2 文本框中输入数字或使用 => 按钮输入列。

（4）在 Operator 文本框中输入运算符号，单击 OK 按钮。

如果 Y_2 和 Y_1 对应的 X 点不对应，采用内插法或外插法来确定 Y_2 值。

除对列数据的四则运算外，Origin 还可以做如下运算。

（1）选择 Analysis→Subtract→Straight Line，减去参考直线，即曲线上的点坐标减去一条参考直线的相应值。

（2）选择 Analysis→Translate→Vertical，垂直移动，将选定的曲线竖直移动，移动的量为给定的两点的纵坐标差。

（3）选择 Analysis→Translate→Horizontal，水平移动，曲线在水平方向上移动，移动的量为给定的两点的横坐标差。若几条曲线共有一组 X 值，则一起移动。

（4）选择 Analysis→Average Multiple Curves，多条曲线的平均，在当前的图层内计算每一个 X 值对应的所有曲线 Y 的均值，并用得到的均值绘制曲线。如果这些曲线的 X 值不同，将采用插值法确定相应的 Y 值。

4.5.2　插值

插值分为内插（Interpolate）和外推（Extrapolate）。内插是指在当前曲线的数据点之间利用某一插值算法估算出新的数据点，而外推是根据当前曲线的数据点，用插值算法给出当前曲线 X 范围之外的数据点。

激活 Graph 窗口，选择 Analysis→Interpolate/Extrapolate，打开 Make Interpolated Curve from Data1_B 对话框，如图 4.71 所示。

分别在 Make Curve Xmin 和 Make Curve Xmax 文本框中输入插值运算时 X 的最小值和最大值。默认的值为当前曲线的最小值和最大值。如果选择的 X 值超出了曲线的数据点的取值范围，Origin 将进行外推运算。

在 Make Curve # pts 文本框中输入插值曲线的点数，可在 Interpolate Curve Color 下拉列表中选择插值曲线的颜色。

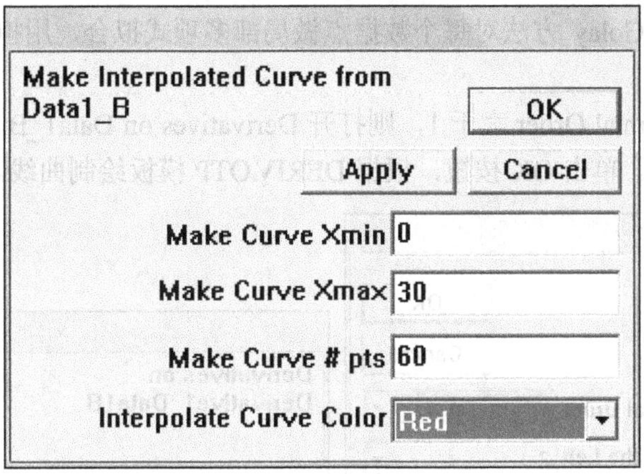

图 4.71 插值选项对话框

4.5.3 微分

选中 Graph 窗口中的一条曲线，选择 Analysis→Calculus→Differentiate 命令，Origin 会计算出曲线各点的一阶导数。

$$\frac{\mathrm{d}y}{\mathrm{d}x}=\frac{1}{2}\left(\frac{y_{i+1}-y_i}{x_{i+1}-x_i}+\frac{y_i-y_{i-1}}{x_i-x_{i-1}}\right)$$

将导数值保存在名称为 Derivative1-Derivative of Datan 的 Worksheet 中，并在一个名为 DerivPlot1-Derivative of Datan_Column 的新 Graph 窗口中，根据 DERIV.OTP 模板，绘制出微分曲线。

图 4.72 所示为 $y=0.5x^2$ 曲线的求导结果。理论上，求导后的曲线应为 $y=x$。由于计算一个导数要用到该数据点及其前后各一个点，在曲线两端会出现计算偏差。

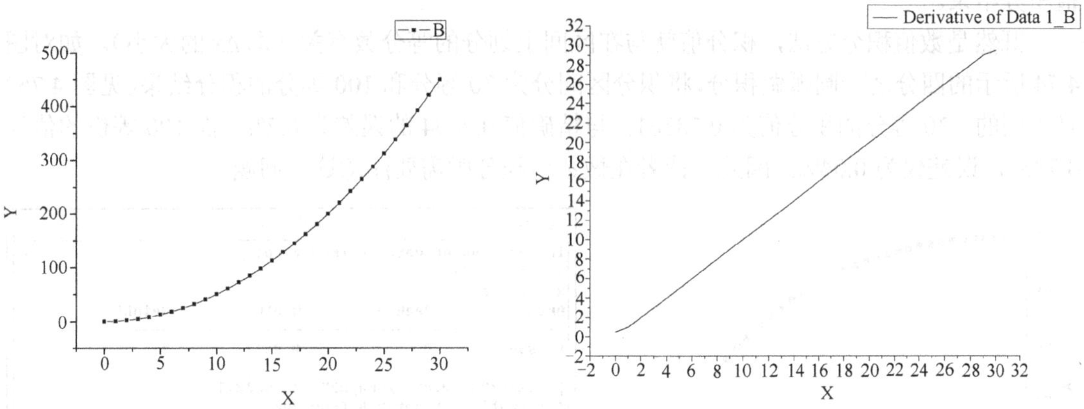

（a）$y=0.5x^2$ 曲线　　（b）$y=0.5x^2$ 曲线的一阶导数

图 4.72 曲线的一阶导数

要计算二阶导数，可以激活一阶导数窗口，重复上面的步骤，再进行一次微分，也可以直接对曲线求二阶导数。激活 Graph 窗口的曲线，选择 Analysis→Calculus→Diff/Smooth 命令，打开 Smoothing 对话框，如图 4.73 所示，在 Polynomial Order 文本框中指定多项式的阶数（1～9），在 Points to the Left 和 Points to the Right 文本框中选择在数据点两侧光滑的点数。

Origin 采用 Savitzky-Golay 方法对每个数据点做局部多项式拟合，用拟合的结果计算曲线的导数。

如果指定 Polynomial Order 大于 1，则打开 Derivatives on Data1_B 对话框，如图 4.73 所示，指定求导的阶数。单击 OK 按钮，根据 DERIV.OTP 模板绘制曲线。

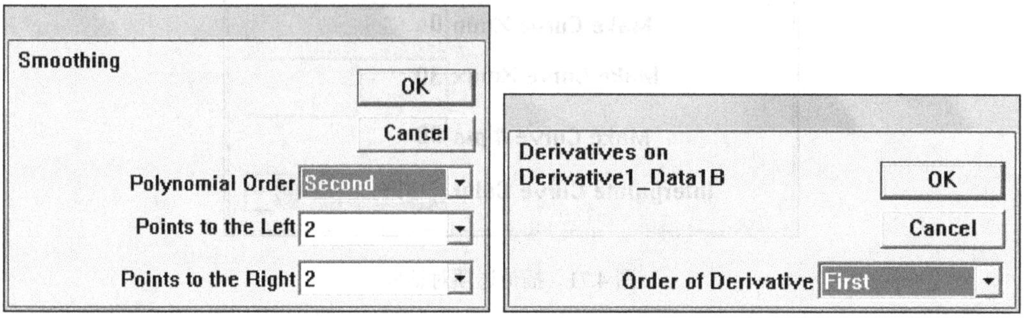

图 4.73　Smoothing 和 Derivatives on Data1B 对话框

4.5.4　积分

激活 Graph 窗口中的曲线，选择 Analysis→Calculus→Integrate 命令，Origin 用最简单的梯形法计算曲线到 X 轴的积分值，并在 Results Log 窗口中给出积分结果。

梯形法求积分的原理为：

$$\int_{x_0}^{x_1} f(x)\mathrm{d}x = \sum_{x=x_0}^{x_1} \frac{1}{2}\Delta x\left[f(x)+f(x+\Delta x)\right]$$

将积分区间分为若干等份，每一等份的大小为 Δx。计算曲线与 X 轴围成的梯形面积，并将各个小区间上求得的面积相加，得到函数曲线与 X 轴围成的面积，即函数在该区间的数值积分结果。

既然是数值积分方法，积分值就与在区间上划分的等分数有关（即 Δx 的大小）。如对图 4.74 所示的四分之一圆弧做积分，将积分区间分为 30 等分和 100 等分的积分结果(见图 4.75)是不同的。30 等分的积分值为 0.78361，与精确值 0.7854 的误差为 0.2%，而 100 等份的值为 0.7851，误差仅为 0.04%。因此，读者在做数值积分时需要注意这一问题。

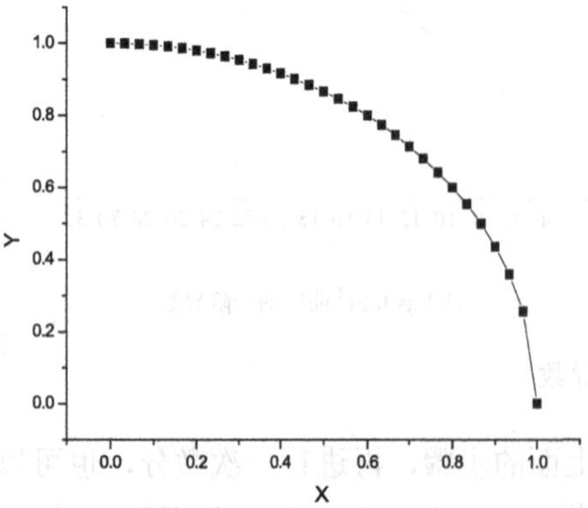

图 4.74　四分之一圆弧曲线

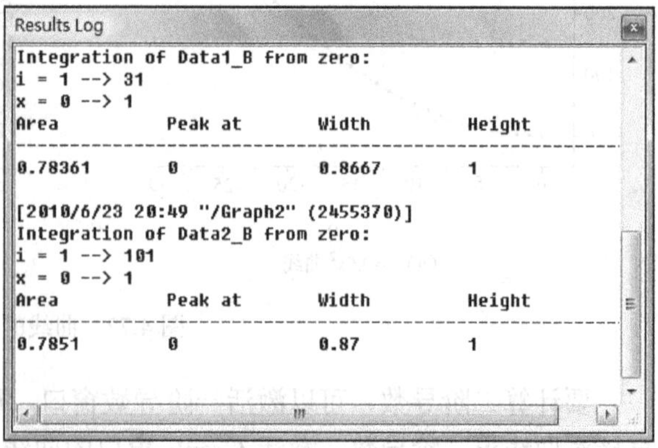

图 4.75　积分结果

在 Results Log 窗口中，显示积分区间、积分区间的等分数目、积分值、曲线的峰值及所对应的 *X* 值等信息。例如，其中“i=1→31”表示曲线的数据点是从第 1 点到第 31 点；“x=0→1”表示曲线的 *x* 值是从 0 到 1；Area=0.78361 表示曲线和 *X* 轴之间区域的积分面积；Peak at=0 表示曲线的峰值出现的位置；Width=0.8667 表示曲线峰值的宽度；Height=1 表示曲线峰值。

4.5.5 基线工具

如果对数据曲线定义了基线（Baseline），用基线分析工具对曲线的峰值和面积进行分析显得十分方便。选择 Tools→Baseline 命令，打开 Baseline 对话框。Baseline 对话框由 Baseline 选项卡、Peaks 选项卡和 Area 选项卡三部分组成，如图 4.76 所示。

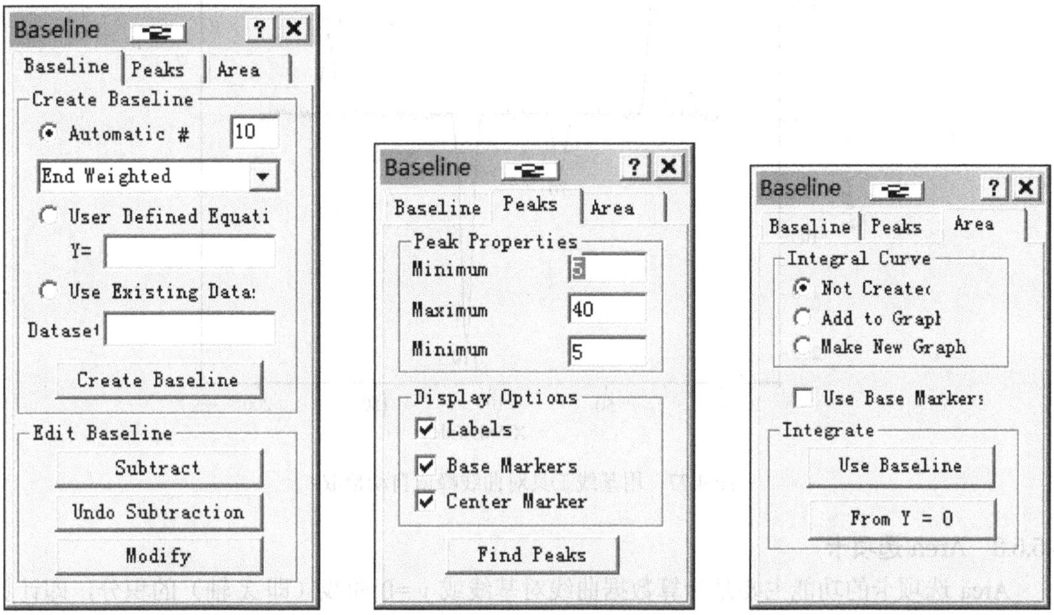

（a）Baseline 选项卡　（b）Peak 选项卡　（c）Area 选项卡

图 4.76　Baseline 对话框中的三个选项卡

4.5.5.1　Baseline 选项卡

Baseline 选项卡中的 Create Baseline 组中创建基线有以下三种方法。

（1）自动（Automatic）创建。Origin 根据数据曲线的特征自动创建基线，并把基线的各点数据存入新建的工作表窗口中，其默认数据点为 10。

（2）自定义的方程创建。根据自定义的方程创建基线，并把基线的各点数据存入新建的工作表窗口中。

（3）用已有的数列创建。输入已有的数列名称，则 Origin 将根据该数列绘制曲线，并以之作为基线。

在 Baseline 选项卡中，Edit Baseline 组中编辑基线也有以下三种方法。

（1）相减基线。单击 Subtract 命令按钮，则用数据曲线减去基线。

（2）取消相减操作。单击 Undo Subtract 命令按钮，取消相减操作。

（3）修改操作。单击 Modify 命令按钮，则启动读取数据工具（Data Reader），拖动基线上的数据点，就实现了对基线的修改，同时对应的工作表数列也相应修改。

4.5.5.2 Peak 选项卡

Peak 选项卡的功能是基于基线的拾取峰值工具，它与拾取峰值工具（Pick Peak）类似，区别仅在于它是以基线为依据进行峰值拾取。另外，在显示选项中多了标记峰值边缘的选项。

如以 Positive & Negative Peaks.dat 数据文件为例，在导入数据并作图的基础上，先在 Baseline 选项卡中自动创建基线，再在 Peak 选项卡中单击 Find Peaks 按钮，则 Origin 自动拾取峰值并标注，如图 4.77 所示。

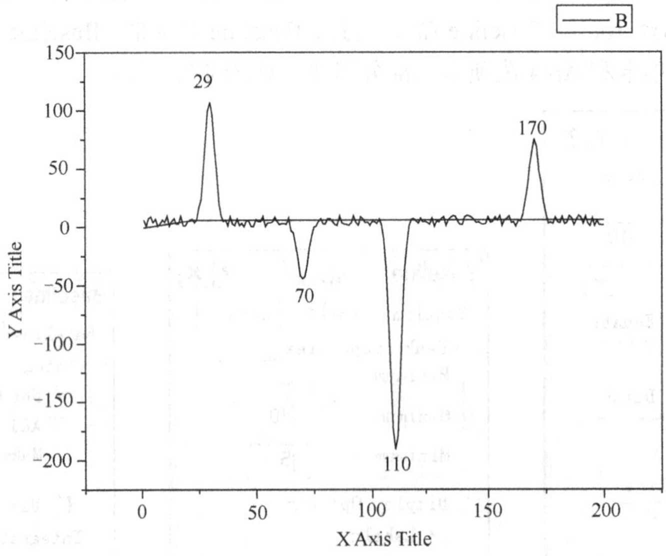

图 4.77　用基线工具对曲线峰值自动拾取

4.5.5.3 Area 选项卡

Area 选项卡的功能主要是计算数据曲线对基线或 $y=0$ 曲线（即 X 轴）的积分，即计算曲线下的面积。Area 选项卡由 Integral Curve 组和 Integrate 组组成。Integral Curve 组有不显示、在当前绘图窗口显示以及新建绘图窗口显示积分曲线三种选择；Integrate 组是确定选择对基线积分还是选取对 $y=0$ 进行积分。

4.5.6 绘制红外光谱图

红外光谱是最为常用的物质结构测试手段。现在的红外光谱仪多为傅里叶变换红外光谱仪（FTIR）。这种仪器不仅能够打印红外光谱图，还能为用户提供红外光谱的数据文件，即一组波数与吸光度（或透过率）数据。有了数据文件并在 Origin 中绘制出来，就可以将读者最关心的吸收区域呈现出来，以便于谱图之间进行比较和最终形成 Word 文档。下面介绍用 Origin 绘制红外光谱的过程。

（1）启动 Origin 或单击按钮新建一个项目。

（2）单击按钮，弹出 Import ASCII 对话框，找到数据文件夹，双击 IR.dat 数据文件，将数据导入工作表中。

数据文件 IR.dat 中有两列数据，分别是波数和透过率。导入工作表后，A（X）列中是波数，B（Y）列中是吸光度。

（3）单击 B（Y）列名称，选中此列。

（4）单击 2D Graph 工具栏上的按钮，绘制线图，如图 4.78 所示。

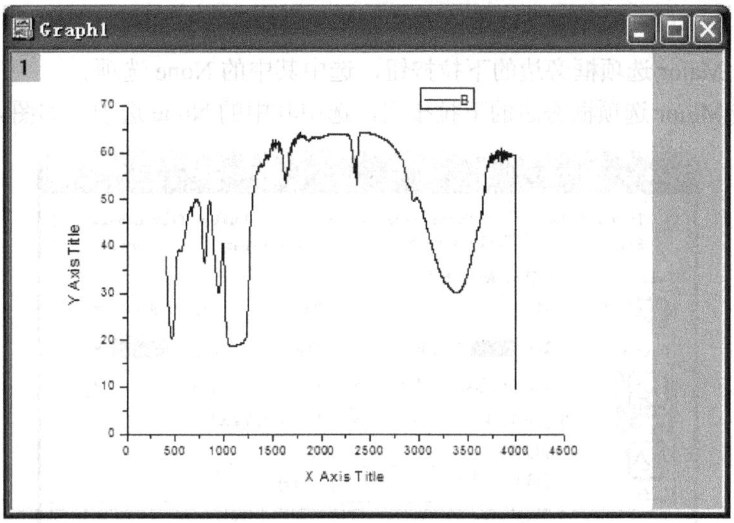

图 4.78　红外光谱

现在这张红外光谱看起来有点奇怪，问题出在横坐标上。因为习惯上红外光谱高波数在横坐标左侧，低波数在右侧，即波数由大到小。而 Origin 默认的横坐标是由小到大的，首先要将坐标方向调过来。

（5）双击横坐标，弹出 X Axis-Layer 1 对话框。

（6）单击 Scale 选项卡，在 Selection 选项框中选中 Horizontal 轴。

（7）在 From 输入框中输入“4000”，在 To 输入框中输入“400”，在 Increment 输入框中输入–500，如图 4.79 所示。

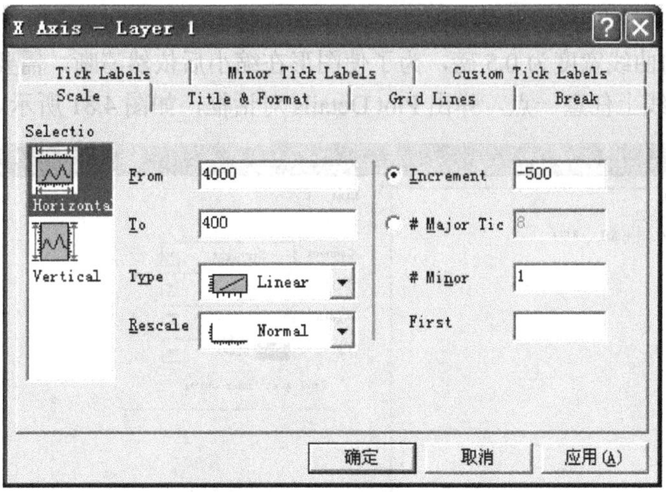

图 4.79　X Axis-Layer 1 对话框

（8）单击 应用(A) 按钮，图谱横轴变成红外光谱通常的形状。

（9）用同样的方法可以调整 Y 轴的格式。

下面给图形添加上边框和右边框。

（10）单击 Title & Format 标签，在 Selection 选项框中选中 Top 轴。选中 Show Axis &

Tick 复选框。

（11）单击 Major 选项框旁边的下拉按钮，选中其中的 None 选项。

（12）单击 Minor 选项框旁边的下拉按钮，选中其中的 None 选项，如图 4.80 所示。

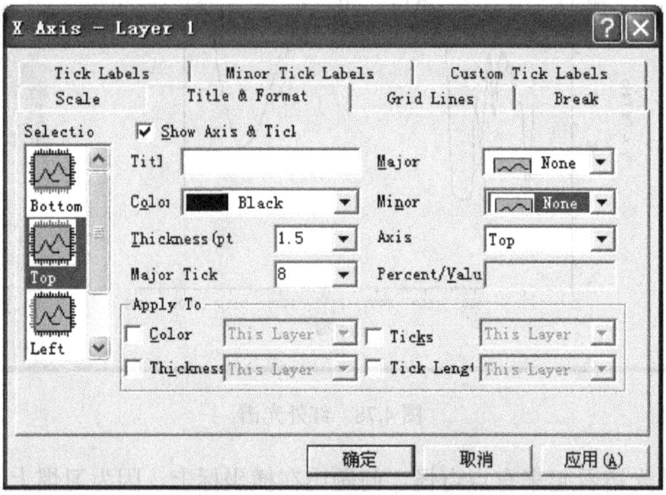

图 4.80 Title & Format 选项卡

（13）单击 应用(A) 按钮，完成上边框的设置。

（14）用同样的方法在 Selection 选项框中选中 Right 轴，设置右边框。

（15）单击 确定 按钮，完成坐标轴的设置。

下面设置 *X* 轴和 *Y* 轴的标题。

（16）单击 X Axis Title，出现编辑框，将 *X* 轴标题改为“波数/cm^{-1}”。

（17）单击 Y Axis Title，出现编辑框，将 *Y* 轴标题改为“透过率”。

Origin 默认的曲线宽度为 0.5 磅，为了使图形在缩小后依然清晰，需要增加线宽。

（18）双击曲线上任意一点，弹出 Plot Details 对话框，如图 4.81 所示。

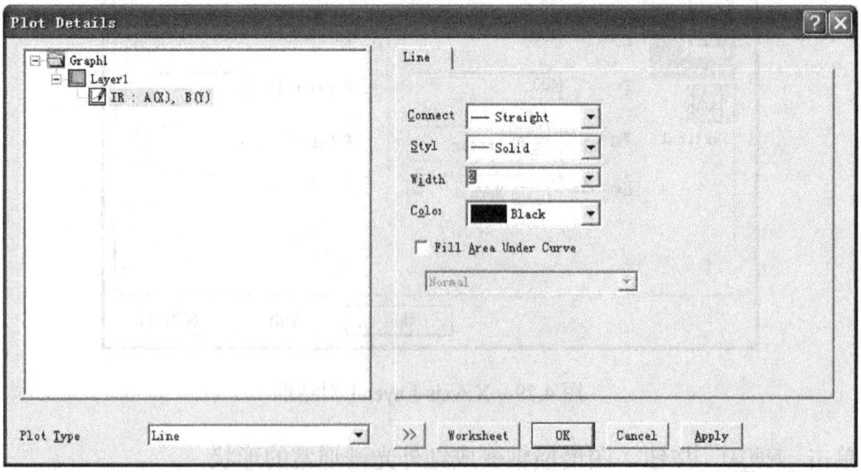

图 4.81 Plot Details 对话框

（19）将 Width 项改为“2”，单击 OK 按钮。

（20）最终的红外光谱如图 4.82 所示。

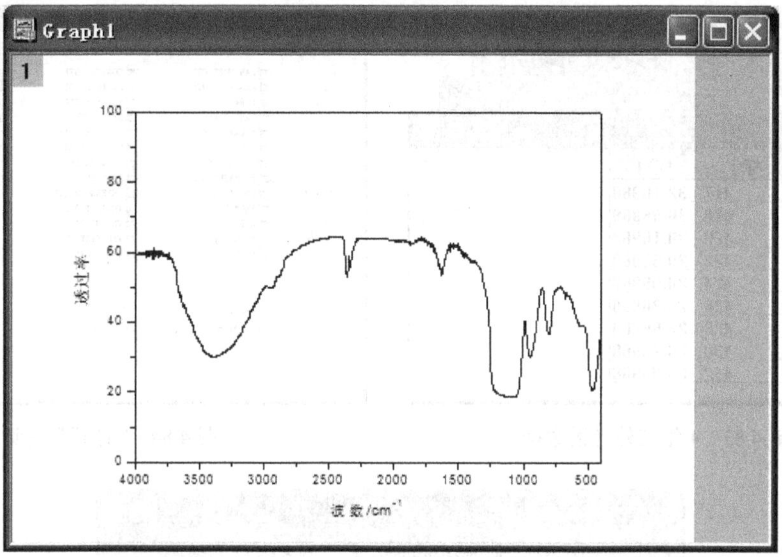

图 4.82　最终的红外光谱

把精心设置过的图形存为模板，下次再绘制红外光谱时只需套用模板即可。

4.5.7　多条曲线叠加对比图

很多情况下需要比较多条实验曲线的出峰位置，如比较红外光谱、拉曼光谱或 X 射线衍射等。此时需要将各实验曲线层叠起来，共用一个 *X* 轴，不用 *Y* 轴。Origin 为人们提供了绘制这种曲线的模板，名为 WATERFAL.OTP。

下面将几种物质的 FT-IR 光谱叠加起来，比较它们的差异。

绘制 FT-IR 光谱叠加曲线的操作步骤如下。

（1）新建一个 Origin 项目。

（2）单击按钮，导入第一条红外光谱数据 Data1.DAT。

（3）单击按钮，增加一个新工作表。

（4）单击按钮，导入第二条红外光谱数据 Data2.DAT。

（5）如此这般增加新工作表，并将 Data3.DAT 和 Data4.DAT 分别导入新增的工作表。4 组红外光谱数据如图 4.83 所示。

（6）单击标准工具栏上的按钮，弹出“打开”对话框，选中其中的“WATERFAL.OTP”模板，如图 4.84 所示。

（7）打开 WATERFALL（瀑布）模板，如图 4.85 所示。

这个模板带有三个按钮，分别介绍如下。

Offset Amount... 按钮：用来设置各条曲线在 *X* 轴和 *Y* 轴上的偏移百分数。默认的 *X* 轴偏移百分数为 20%，默认的 *Y* 轴偏移百分数为 70%。

Reverse Order... 按钮：反转曲线的排列次序。如原曲线自下而上排列为 1、2、3、4，单击此按钮后，顺序变成 4、3、2、1。

Fill Area... 按钮：用各种颜色填充曲线以下区域（此功能使用得较少）。

下面把 4 组数据绘制在模板中。

（8）执行 Graphs→Add Plot to Layer→Line 菜单命令，弹出 Plot Setup: Configure Data Plots in Layer 对话框，如图 4.86 所示。

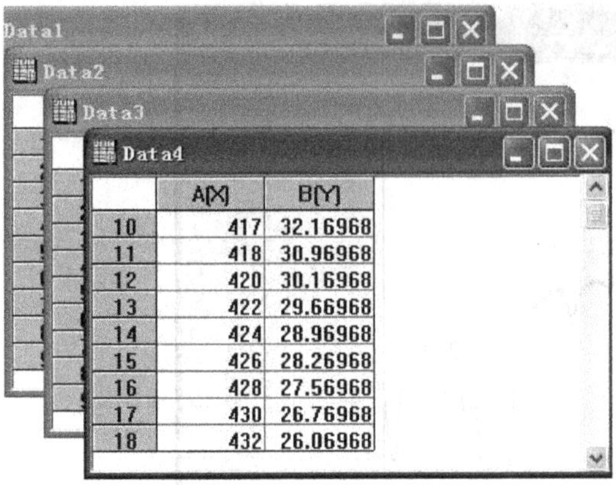

图 4.83　4 组红外光谱数据

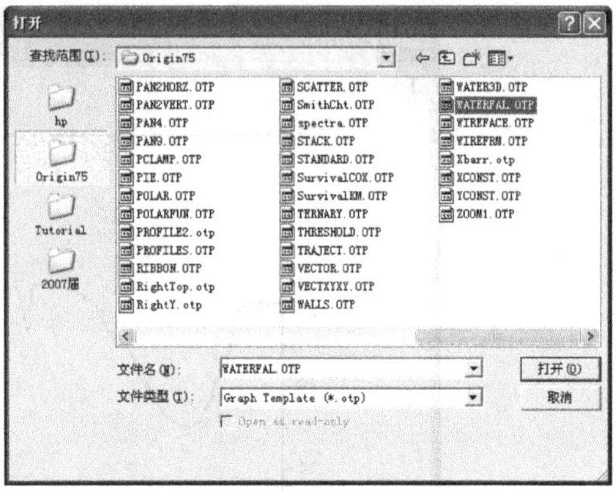

图 4.84　“打开”对话框

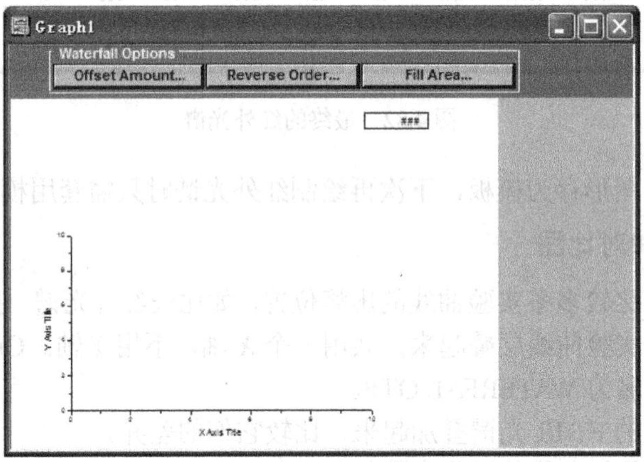

图 4.85　WATERFALL 模板

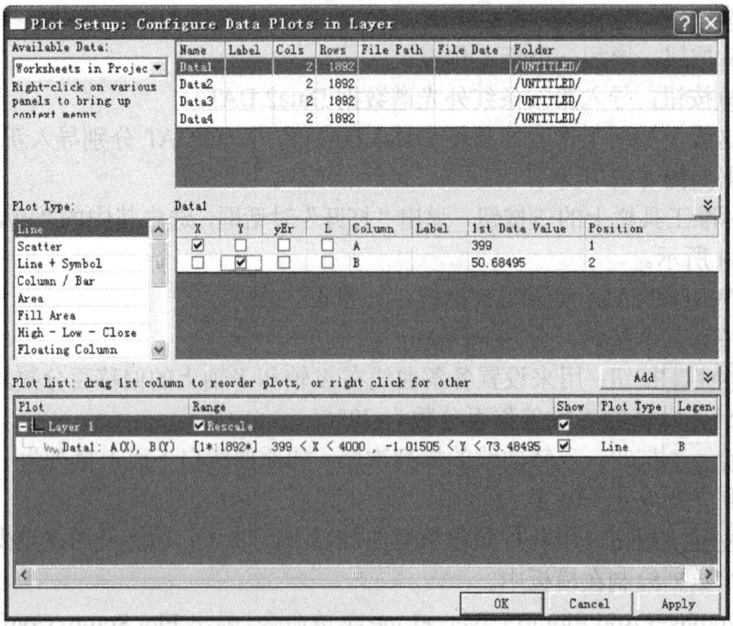

图 4.86　Plot Setup：Configure Data Plots in Layer 对话框

（9）选中 Data1 工作表，分别把 A 列设为 *X* 轴数据，B 列设为 *Y* 轴数据。

（10）单击 OK 按钮，绘制出第一条曲线。

（11）重复步骤（8）～（10），分别选中 Data2、Data3、Data4 工作表，将它们绘制到模板中，结果如图 4.87 所示。

现在的结果有点糟糕，曲线全部重叠在一起。下面设置层叠效果。

（12）单击 Offset Amount... 按钮，出现相应的对话框，如图 4.88 所示。

（13）设置 Total Y offset 为“85”，设置 Total X offset 为“0”，单击 OK 按钮。结果如图 4.89 所示。

现在曲线虽然是错开的，但仍有不少重叠的地方，效果不够理想。加大 *Y* 轴偏移量虽然能拉开曲线距离，但这样一来就放不下几条曲线了。实际上可以通过加大坐标尺度将曲线压缩一下。

（14）双击 *Y* 轴，弹出 Y Axis-Layer 1 对话框，设置 *Y* 轴范围为[0，300]，单击 应用(A) 按钮，结果如图 4.90 所示。

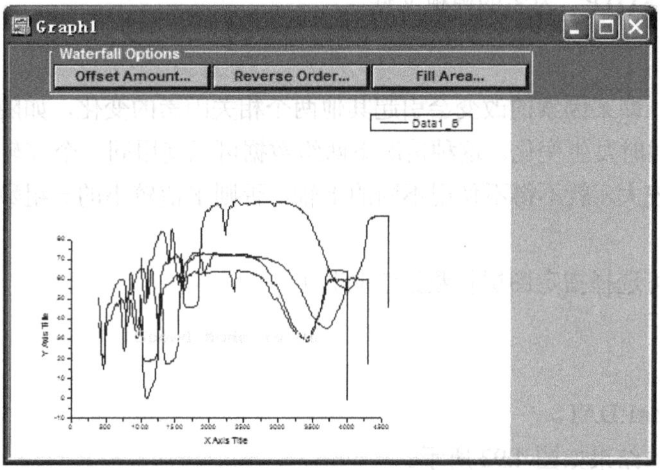

图 4.87　4 条叠加的红外光谱曲线

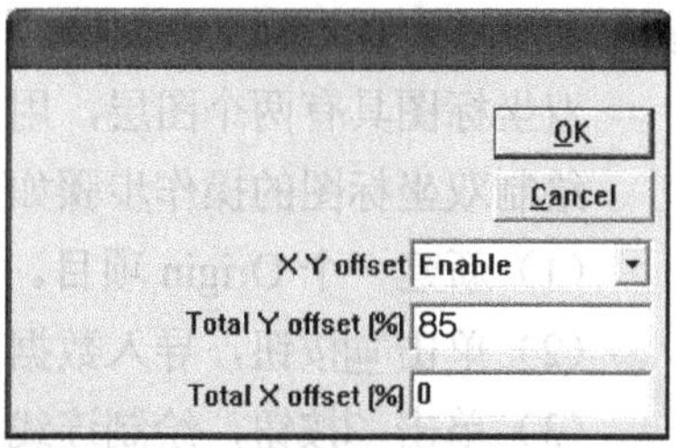

图 4.88　Offset Amount 对话框

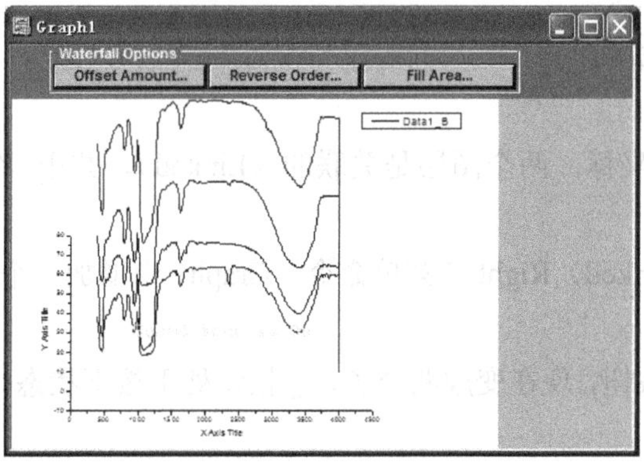

图 4.89　*Y* 轴偏移 85%的层叠效果

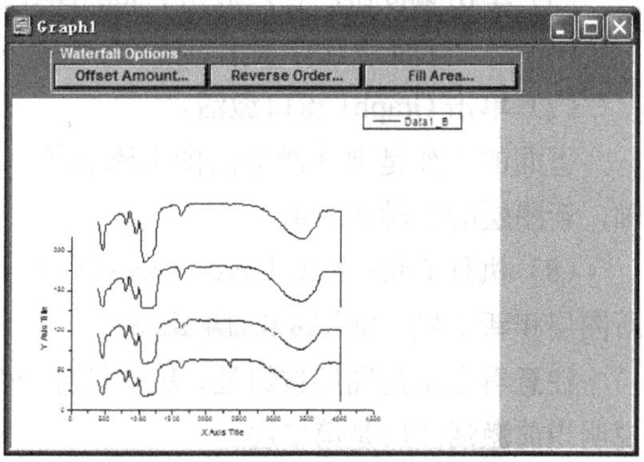

图 4.90　加大 *Y* 轴坐标尺度后的图谱

至此曲线已经能够完全分离开来。这些曲线通常比较的是出峰位置，因此 *Y* 轴是不需要的。另外，红外光谱的横坐标是由大到小的。具体调整过程类似于 4.5.6 节中的操作。

最后经过不断完善得到如图 4.91 所示的红外层叠光谱。

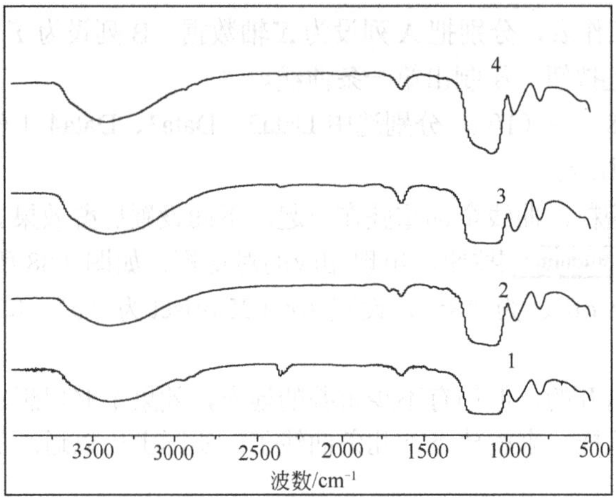

图 4.91 4 种物质的红外光谱

可以将此图保存为以“红外层叠.OTP”为名的模板文件。

4.5.8 双坐标图

实际工作中常遇到这样的情况，即某因素的改变会引起其他两个相关因素的变化，如随着温度的变化，材料的质量和热焓同时发生变化。这种情况下两组数据可以使用同一个 *X* 轴绘图。但如果两组数据的 *Y* 值差异较大，就不得不使用不同的 *Y* 轴，否则 *Y* 值较小的一组数据会被压缩得看不到变化细节。

双坐标图具有两个图层，用户可选择指定图层将数据绘制其上。

绘制双坐标图的操作步骤如下。

（1）新建一个 Origin 项目。

（2）单击按钮，导入数据 Data1.DAT。

（3）单击按钮，绘制连线图，结果如图 4.92 所示。

（4）单击按钮，新建一个工作表。

（5）单击按钮，导入数据 Data2.DAT。

（6）单击 Data2.DAT 工作表的 B（Y）列选中。

（7）单击 Graph1 窗口激活。

下面的工作是要在激活的图上添加第二层坐标。两个图层是关联的（Linked），共用 *X* 轴，新图层的 *Y* 轴在右侧。

（8）执行 Edit→New Layer（Axes）→（Linked）Right Y 菜单命令，Graph1 中增加一个新图层和新 *Y* 轴，如图 4.93 所示。

注意看左上角图层按钮处，从前只有一个按钮，现在变成两个了，2 按钮处于按下状态，说明当前激活图层是第二层。

（9）执行 Graph→Add Plot to Layer→Line 菜单命令，将 Data2.DAT 数据绘入 Layer2 上，如图 4.94 所示。

（10）双击曲线，将其变成点划线（Dot）。

新建的 *Y* 轴没有名称，需要添加名称，并适当调整坐标范围。最终结果如图 4.95 所示。

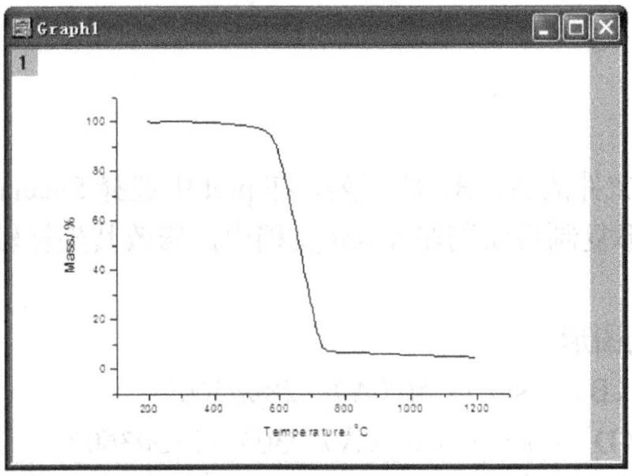

图 4.92　热失重曲线

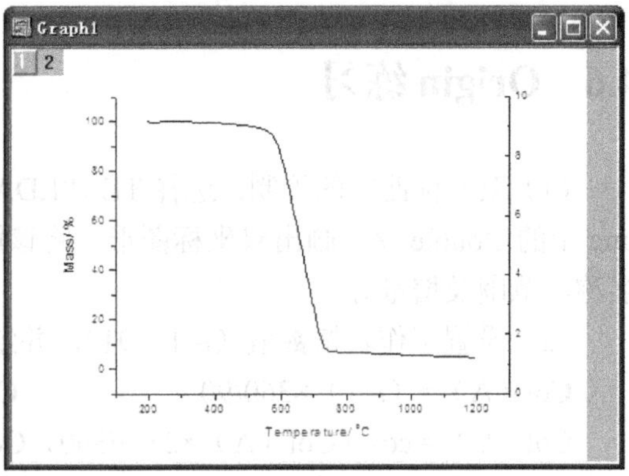

图 4.93　新增图层和 *Y* 轴

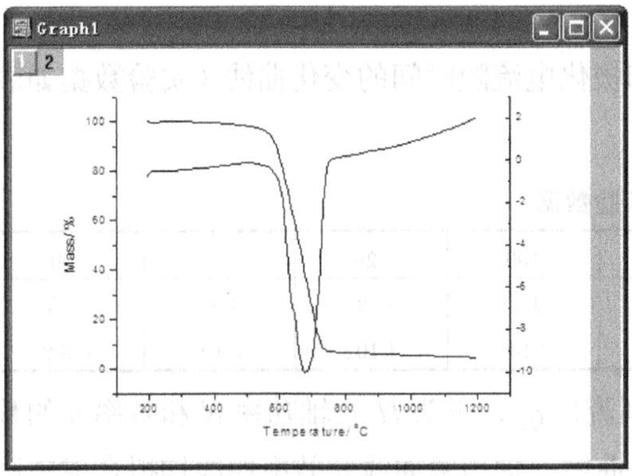

图 4.94　在 Layer2 上绘制数据

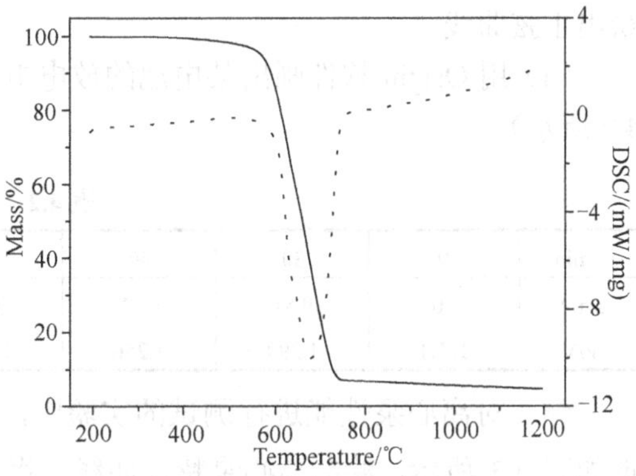

图 4.95　绘制完成的双 *Y* 坐标

学会定制双 *Y* 轴之后，定制其他类型的坐标轴也就触类旁通了。

实际上 Origin 提供了双 *Y* 轴的模板，文件名为 DOUBLEY.OTP，存放在 Origin7.5 文件夹中。单击标准工具栏上的按钮，弹出对话框，选中 DOUBLEY.OTP，即可将其打开。DOUBLEY.OTP 的模板如图 4.96 所示。

在双坐标图上添加数据绘图时，一定要注意左上角哪一个图层按钮被按下去，即必须清楚当前激活图层，否则会将数据绘制到不合适的图层上。

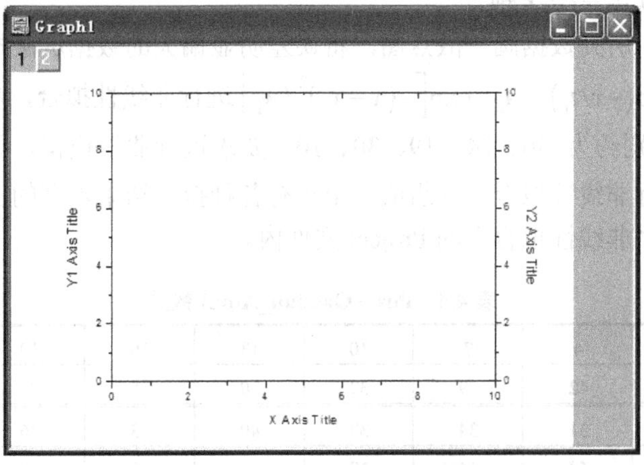

图 4.96　DOUBLEY.OTP 模板

4.6 Origin 练习

（1）双坐标曲线的绘制：选择 TEST1.DAT 文件的 A、B、C 三列，在 plot 中选择 Special line 中的 Double Y，画出双坐标图形。将该图形复制后绘制在 Word 文档中，修改其坐标轴名称、范围及增量等。

（2）设置工作表格数值（i=1～91），并绘制图形。

Col（A）=（i–1）×360/90　　　　Col（B）= sin（Col（A）×2×pi/360）

Col（C）= cos（Col（A）×2×pi/360）Col（D）= sin（(Col（A）–30）×2×pi/360）

（3）正弦（Sin）曲线的绘制：在 Origin 中新建一个 Excel 文档，A 列中输入 0.1～10.0 数据，步长为 0.1，B 列中为其计算的 sin 数据，将 A 列作为 X 轴，B 列作为 Y 轴，单击 Plot 绘出正弦曲线。

（4）用 Origin 软件画出某电池的放电电压和极化电流随时间的变化曲线（实验数据如表 4.2 所示）

表 4.2　t-y 实验数据

t/min	0	30	60	80	100	120	140	150
i/mA	10	9.51	9.11	8.45	7.80	6.00	4.50	3.00
V/V	1.711	1.290	1.256	1.201	1.141	1.101	1.030	1.000

（5）对离心泵性能进行测试的实验中，得到流量 q_v、压头 H、轴功率 N 和效率 η 的数据如表 4.3 所示，绘制离心泵特性曲线。将扬程曲线、轴功率曲线和效率曲线均拟合成二次多项式。

表 4.3　流量 q_v、压头 H、轴功率 N 和效率 η 的关系数据

序号	1	2	3	4	5	6	7	8	9	10	11	12
q_v/（m^3/h）	0.000	0.738	1.316	2.483	3.181	3.531	4.232	4.841	5.241	5.769	6.299	6.523
H/m	17.26	16.96	16.85	16.30	15.57	14.85	13.89	12.73	11.54	10.77	9.213	8.785
N/kW	0.60	0.70	0.85	1.050	1.15	1.2	1.28	1.35	1.40	1.420	1.450	1.460
η	0.000	0.164	0.257	0.378	0.395	0.428	0.45	0.447	0.438	0.429	0.392	0.385

注意：本题要使用三个 Y 轴。

（6）利用表 4.4 所列数据画一散点图，将误差明显偏大的数据屏蔽掉，再用余下的数据按照模型 $y = A_1 \times \exp(-x/t_1) + A_2 \times \exp\left[-(x-x_0)^2/w_1\right]$ 进行非线性拟合，参数为 A_1、t_1、A_2、x_0、w_1，初始值分别约为 50、24、19、30、10，要求进行曲线模拟，寻找合适的初始值后再按照上述模型进行非线性拟合，并组成一个含有各种拟合结果数据的工作表。将所有的窗口保存在一个名为“非线性拟合”的 Project 文件内。

表 4.4　Pos～Gassian_Ampl 数据

Pos	1	4	7	10	13	16	19	22	25
Gassian-Ampl	51	42	39	32	30	25	21	19	20
Pos	28	31	34	37	40	43	46	49	52
Gassian-Ampl	28	62	16	12	8	10	10	5	7

参考文献

[1] 郝红伟，施光凯．Origin 6.0 实例教程．北京：中国电力出版社，2000.
[2] 叶卫平，方安平，于本方．Origin 7.0 科技绘图及数据分析．北京：机械工业出版社，2004.
[3] 马江权，杨德明，龚方红．计算机在化学化工中的应用．北京：高等教育出版社，2005.
[4] 周剑平．Origin 实用教程（7.5 版）．西安：西安交通大学出版社，2007.
[5] 彭智，陈悦．化学化工常用软件实例教程．北京：化学工业出版社，2006.
[6] 贾志刚．计算机数据与图形处理．北京：化学工业出版社，2005.

第5章　分子模拟软件

5.1　概述

5.1.1　分子模拟

分子模拟是用计算机以原子水平的分子模型来模拟分子的结构与行为，进而模拟分子体系的各种物理与化学性质。分子模拟不但可以模拟分子的静态结构，也可以模拟分子的动态行为（如分子链的弯曲运动，分子键氢键的缔合与解缔合行为，分子在表面的吸附行为，以及分子的扩散等）。该法能使一般的实验化学家、实验物理学家方便地使用分子模拟方法，在屏幕上看到分子的运动像电影画面一样逼真。

计算机模拟在高分子领域的应用从20世纪60年代至今已发展到了一个崭新的阶段。这个新阶段的特点是：计算机模拟不仅能提供定性的描述，而且能模拟出高分子材料的一些结构与性能的定量结果；计算机模拟不再仅仅是理论物理学家手中的武器，它也已经逐步成为实验化学家、实验物理学家必不可少的工具。

5.1.2　分子模拟方法

分子模拟的方法中主要有4种：量子力学方法、分子力学方法、分子动力学方法和分子蒙特卡罗方法。其中，用量子力学可以描述电子结构的变化，而分子力学可以描述基态原子结构的变化。这两种方法，严格地讲，描述的是热力学零度的分子结构。用分子动力学可以描述各种温度的平均结构、结构的物理变化过程。分子的蒙特卡罗方法通过波尔兹曼因子的引入能够描述各种温度的平均结构。就获取某种状态的统计平均结构这一点而言，分子的蒙特卡罗方法往往比分子动力学更有效。当研究短时间尺度的动力学过程时，分子动力学具有不可替代的优势。

5.1.3　计算机实验

分子模拟也被称为“计算机实验”方法。一方面，它可以用来模拟、研究现代物理实验方法尚难以为计的物理现象和物理过程，如分子在各种表面上的动态行为、玻璃态的分子结构、分子运动的特征、化学上不同的高分子链的聚集结构的稳定性及力学过程等，从而发展新的理论；另一方面，它可以用来缩短新材料研制的周期、降低开发成本。在屏幕上设计出化学上或拓扑上不同的分子，通过分子模拟预报出新分子各种稳定的聚集结构，进而预报它们应具有的物理化学性质，筛选新材料的设计方案。

分子模拟法不但可以模拟分子体系中的物理问题，也可以模拟分子体系的各种光谱。例如：分子的晶体、非晶体的X射线衍射图，NMR的二维与多维谱，低能电子衍射谱，高分辨电子衍射图，红外光谱与拉曼光谱等。这些光谱的模拟可以帮助人们合理地解释实验结果，也可以帮助人们从模拟中发现一顶的分子结构的聚集特征应该具有什么样的光谱特征，而该特征又应当是实验中得到的重要信息。

作为计算机实验，“计算机+分子模拟软件”可以看做是一种实验仪器。通过人的操作，可得到有用的“实验数据”。从获得实验数据的角度来看，与现代大型物理分析仪器（X 射线衍射、核磁共振、振动光谱等）相比，它仍然有价格便宜、结果可信的优点。特别是从分子设计的角度，要知道改变一个基团或一种构象，光谱有何种变化。或者回答要达到一种分子光谱的特征分布，需要改变哪些分子结构的问题时，计算机实验更加方便。与传统的大型仪器相比，当要获得分子间相互作用程度的实验数据时，或者是当改变了一个基团之后与另一个分子之间的相互作用情况时，使用计算机仪器得到的数据应当是更加方便、准确、可靠。因为实验上难以得到单个分子之间相互作用的数据。

为了得到特定的物理性质，需要选定具有相应性质的高分子材料，通过共混等物理方法来得到具有该特定性能的高分子材料，然而没有简单可循的方法判断哪些高分子能够共混，从经验上可以提出几十种、几百种可能共混的高分子组分的方案。若从实验上回答哪些方案是有效的，需要的时间很长，一般以年为单位。其中的环节包括：化学合成、结构鉴定、物性检验。用分子模拟的方法来解决这个问题会大大地缩短所用的时间。整个过程分为两部分：一是用分子模拟法来评价各种方案的可行性；二是最佳的几个方案的实施。用分子模拟法来进行判断所需的时间是以月来计算的。分子模拟的方法是在屏幕上通过选择各种化学结构基团或片段，合成所需的高分子链。计算设计方案中两种高分子间的相互作用，计算两组分混合的自由能，从而计算出描述该两组分随组成的变化、温度的变化而成为均相或分离成两相的相图。由此可以判断该方案是否能得到在材料使用温度区间两组分生成的是均相的热力学稳定的共混材料。

5.1.4　分子模拟的发展

分子模拟在国际上的研究动向主要集中在以下三个方面：一是用分子模拟技术来“扫荡”高分子物理中以往尚不能解决的理论问题与实际问题；二是用分子模拟技术来代替以往的化学合成、结构分析、物性检验等实验而进行新材料的设计；三是分子模拟方法本身的不断发展。

千百年来，人们通过实验方法和理论方法来认识和了解自然科学的真理。实验方法是通过观察特定体系在一定的内部和外部各种条件变化的结果，说明一定的客观规律。理论方法是选定一定的物理模型，假定一定的数学关系，来描述客观事物变化的规律。计算机的发展使通过大量的计算来模拟客观事物的变化成为可能，这就是计算机模拟。它既不观察事实的客观事物，也不用假定数学关系，而是凭借合理的分子结构模型与物理原理，按部就班地计算出客观事物变化的过程与结果。因此这是不同于传统的那两种方法，而是人类认识客观世界的第三种方法，或人类的第三种科学研究的方法。

5.2　常见的分子模拟软件

分子力学、分子动力学和量子力学是研究材料性能的强有力的方法。使用这些方法可以从材料的原子水平通过计算直接得到材料的宏观和微观性质。该软件利用 C 语言编写，结构清晰、完整，易于修改和扩充；同时软件基于 MS Windows 的图形技术，通过图形显示分子的三维结构，使用鼠标器就可方便地构造、修改分子结构以及实现放大、旋转、移动等功能。

5.2.1　Alchemy 2000

Alchemy 2000 是一个分子三维结构模拟与计算软件，具有先进的分子图形显示，准确的能量计算，灵活的自定义工具，能满足使用者更多的要求。适合于各种化学结构模拟，包括蛋白质、聚合物和小分子结构，通过分子动力学、分子间作用力分析、构象搜索以及能量计算，预测分子最稳定结构状态和物性数据。在线帮助请求为使用者提供共享数据，可以自由下载分子模拟图形。用 Alchemy 2000 制作的分子模拟图形如图 5.1 所示。

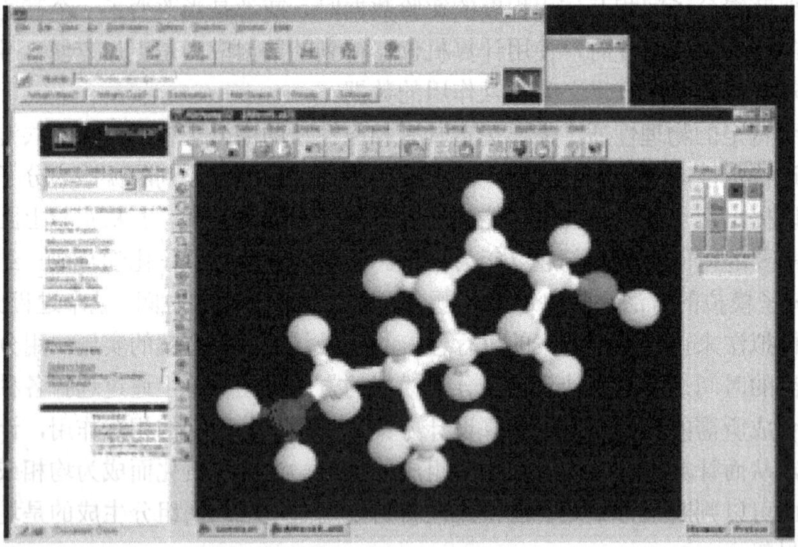

图 5.1 用 Alchemy 2000 制作的分子模拟图形

Alchemy 2000 系统要求为 486 处理器以上，16MB 内存，20MB 的硬盘空间和 60MB 的交换空间，SVGA 显示器，Windows 95/98/NT 以上操作系统。

软件开发商为 Tripos 公司；最新版本为 v.2.0；公司网址为http://www.tripos.com。

Alchemy 2000 功能主要如下。

（1）建立、分析和修改化学模型。

（2）形象地描述分子的结构，包括蛋白质和聚合物。

（3）转换 2D 图形为精确的 3D 图形。

（4）计算能量和立体化学性质。

（5）在 Alchemy 表格显示结果，或输出到 Excel。

（6）用 Alchemy 的表达窗，提交高级陈述。

（7）输出结果到高分辨率的彩色打印机。

（8）自定义工具满足用户的各种请求。

5.2.2 MolSuite 2000

MolSuite 2000 进行分子模拟，不仅图形大，还可进行物理性质计算、统计学分析、数据库开发和管理，所有这些功能均集成在一个完整的程序包中。分子模型很容易用ChemSite Pro 建立，在 3D 环境下，任何分子，甚至晶体能够快速显示和最小化。结构图很容易复制和粘贴到其他 MolSuite 2000 程序。粘贴分子到 Molecular Modeling Pro，并运行半经验量子力学，可计算多达 70 种性质。Molecular Analysis Pro 将使用户能够用统计学回归技术预测化学数据。用 MolSuite 开发和维持一个数据库，可使用 MolSuite DB， 其中包含有机分子 24000 多个，并附有化学性质。MolSuite 2000 是为化学家提供的桌面综合工具组件。用

MolSuite 2000 制作的分子模拟图如图 5.2 所示。

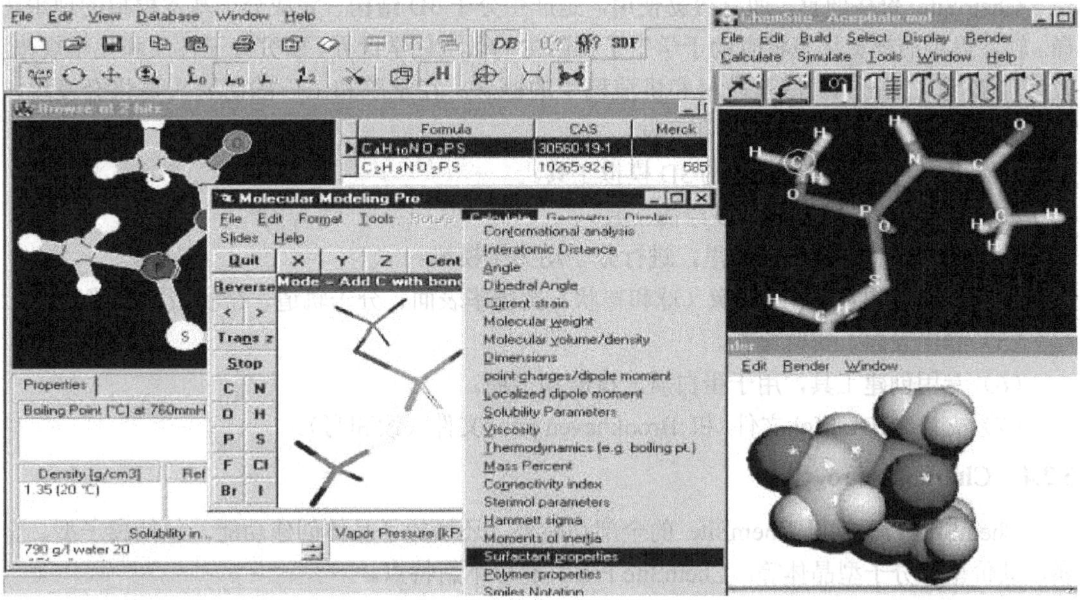

图 5.2　用 MolSuite 2000 制作的分子模拟图

MolSuite 2000 包括 ChemSite Pro/Molecular Modeling 和 Analysis Pro/MolSuite DB。开发商为 Norgwyn Montgomery 软件公司，运行平台为 Windows 9X/NT/2000。公司网址为 http://www.norgwyn.com。

5.2.3　ChemSite

ChemSite 是一个 PC 用的三维分子模拟程序，用于有机和生物分子的绘制，显示和模拟动力学行为，这个程序还提供一个交互式分子创建工具，适合绝大多数分子，可自行绘制生物大分子，或从 Brookhaven 蛋白质数据库读取。ChemSite 也能从其他分子模拟和化学绘图软件读或者写数据，包括 MDL 公司的.mol 文件、Mopac Z-matrix 文件和 cartesian 文件。分子能在 3D 空间旋转，是一种成熟的视图技术，适合于用肉眼观测分子，用 Super VGA 显示适配器可在 PC 上显示照片级的图形。由于分子不是静态的，也可能有很多构造和形状，构象适应性的真实再现对于理解分子结构和功能是至关重要的。用 ChemSiteThe 分子动力学工具能够研究分子多变的性质，对任何分子或分子体系都能进行能量最小化、温度常量、能量常量的分子动力学模拟，动力学构象轨迹和行为图能被存储在硬盘上，供以后回放。用 ChemSite 制作的分子模拟图如图 5.3 所示。

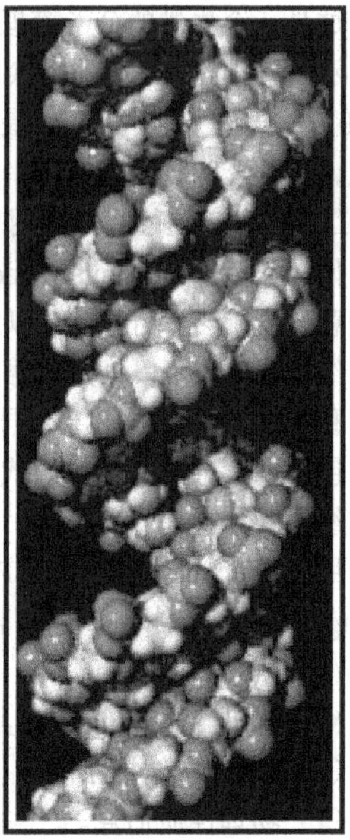

图 5.3　用 ChemSite 制作的分子模拟图

软件开发商为 Norgwyn Montgomery 软件公司，运行平台为 Windows 9X/NT/2000 以上，

公司网址为 http://www.norgwyn.com。

ChemSite 价格便宜，而且容易使用，是产生分子 3D 结构、完成分子基本模拟的理想选择。软件提供的视觉环境将有助于学生了解陌生的微观化学世界、研究分子性质和化学规律。教师能够用 ChemSite 演示教材和讲演稿中的概念。在学院和工厂的研究人员将会发现，ChemSite 更有助于产品的研究和开发。

（1）具有 AMBER 最小化的 3D 模拟工具。

（2）具有出版级质量的 2D 绘图工具。

（3）在使用者选择的溶剂里，进行分子动力学模拟。

（4）高质量的真实 3D 图像（球和棒状、范德华表面、分子轨道、带状蛋白质等）。

（5）静电表面，实时旋转。

（6）专用创建工具，用于蛋白质、核酸和多糖。

（7）支持 MDL Mol 文件 和 Brookhaven pdb 文件（读和写）。

5.2.4 ChemSite Pro

ChemSite Pro 除了 ChemSite 的全部功能外，还增加了晶体创建功能，包括离子型、金属、共价型和分子型晶体等。ChemSite Pro 具有以下新特点。

（1）交互式晶体编辑工具，具有 230 个空间群。

（2）合成聚合物创建工具。

（3）细胞膜和脂类创建工具。

5.2.5 Molecular Modeling Pro

这是一个先进的分子模拟程序，只需要用鼠标点击，就可以轻松地创建出分子，该程序能显示线状结构、球状、棒状、球体和点形表面模型，在屏幕上一次可同时显示 2500 个原子和 10 个分子，并用 MOLY 最小化。能够快速计算出 70 多个物理性质，包括分子量、摩尔体积、长度、宽度、表面积、密度、瞬间偶极矩、Hansens 3D 溶度参数、HLB、沸点、蒸气压、Log P 和连通性指数。用 Molecular Modeling Pro，使用户能够完成有关化学反应、平衡式的化学计算。Molecular Modeling Pro 制成的图形是令人难忘的，分子能够在 X、Y 和 Z 轴以任意角度旋转，用户能够以透视的方式、不同的色彩，以 2D 或 3D 视角环境观察所绘制的分子结构式，还可以创建计算机动画演示稿。由 Moculelar Analysis Pro 可以建立用于分析的结构和物理性质数据库，数据库也能由绘制的结构或一个目录的所有结构文件自动生成，程序中包含观察分子文件的源代码。Molecular Modeling Pro 很容易使用，附有电子指南和完整的在线帮助。

用 Molecular Modeling Pro 制作的分子模拟图如图 5.4 所示。软件开发商为 Norgwyn Montgomery 软件公司，软件运行平台为 Windows 3.1/95/98/NT，公司网址为 http://www.norgwyn.com。

Molecular Modeling Pro 具有以下功能。

（1）3D 化学结构绘制。

（2）物理性质估算。

（3）化学数据库创建。

（4）分子图形模拟工具。

（5）反应 / 混合物编辑工具。

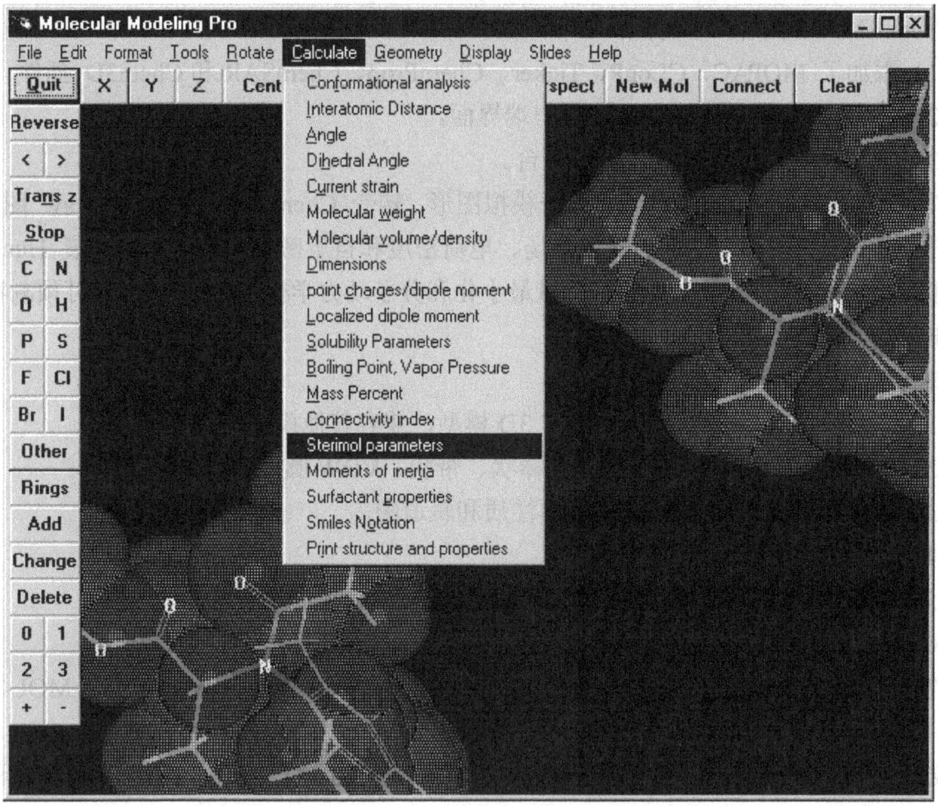

图 5.4　用 Molecular Modeling Pro 制作的分子模拟图

（6）计算机动画生成工具。

（7）结构批量打印程序。

（8）简单的结构 / 反应搜索程序。

（9）MOL 文件和 MACROMODEL 文件转换程序。

5.2.6　Chem3D Ultra

Chem3D Ultra 提供工作站级的 3D 分子模拟图形，可执行能量最小化和分子动力学，和 CS MOPAC、GAMESS 以及 Gaussian 软件结合，进行电子结构计算，用 Chem3D 可观察分子表面、轨道、静电势场等。ChemProp 可计算分子表面积、体积和其他物理性质，如 ClogP、摩尔折射率、临界温度、临界气压。用 ChemSAR 和专用服务器，可建立结构与活性之间的关系，用于科学研究。用 Chem3D 制作的分子模拟图如图 5.5 所示。

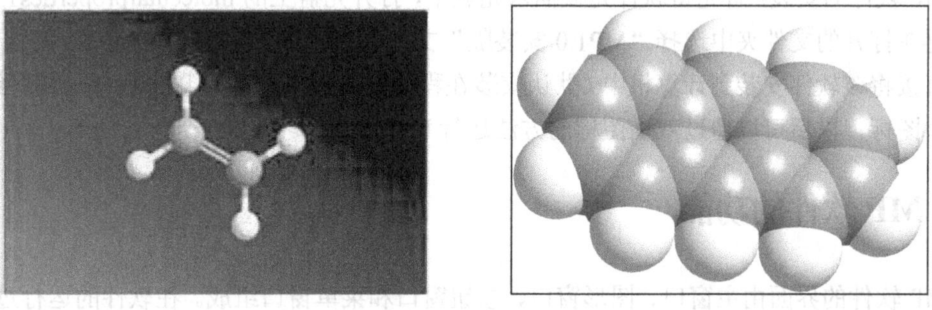

图 5.5　用 Chem3D 制作的分子模拟图

Chem3D Ultra 具有如下特点：

（1）添加了 MOPAC、CLogP、Tinker、ChemProp、ChemSAR 和 Chem3D 插件。

（2）包含 GAMESS 和 Gaussian 客户端界面。

（3）ChemSAR/Excel 建立 SAR 平台。

Chem3D Pro 提供工作站级 3D 分子模拟图形，转变 ChemDraw 和 ISIS/Draw 图为 3D 模拟图，观测分子表面、轨道、静电势场、电荷密度和自旋密度，用嵌入的扩展 Hückel 计算局部原子电荷，用 MM2 快速完成能量最小化和分子动力学模拟，ChemProp 可预测物理性质，如 logP、沸点、熔点等。

Chem3D Pro 具有如下特点。

（1）由 ChemDrawor ISIS Draw 创建 3D 模型，兼容其他模拟软件输出数据。

（2）模型类型：空间填充 CPK、圆棒状、带状、VDW 圆点和线状框架。

（3）计算和显示局部电荷，3D 表面性质和轨道图。

（4）多肽创建及残基识别。

（5）ChemProp 基本特性预示（体积和表面积）。

（6）MM2 最小化和分子动力学，扩展 Hückel MO 计算。

（7）支持文件格式：PDB、MDL Molfile、Beilstein ROSDAL、Tripos SYBYL MOL、EPS、PICT、GIF、3DMF、TIFF、PNG 和更多的 Chem3D。

支持系统和语言：Windows 95/98/Me/NT/2000/XP；MacOS 8.6～9.2.X；英语和日语。软件开发商为美 Cambridge 软件公司，公司网址为 http://www.cambridgesoft.com。

5.2.7 Molecular Properties

“分子的性质”软件（MP 软件）是由中国科学院化学研究所杨小震、赵亚东和陆群共同编写的。该软件充分利用了 C++语言面向对象的特性，使得软件结构清晰、完整，易于修改和补充；同时采用了基于 MS Windows 的图形技术，运行于 MS Windows 3.1 或 MS Windows NT 等操作系统之上，通过图形显示分子的三维结构，使用鼠标器就可方便地构建、修改分子结构以及实现放大、旋转、移动等功能，熟悉 MS Windows 的用户可以很快地学会和掌握软件的使用方法。

MP 软件的使用环境如下。

（1）硬件：CPU 386 以上，显示器 VGA 以上，鼠标，5MB 以上的硬盘空间。

（2）软件：DOS 3.30 以上，运行于 386 增强模式下的 Windows 3.1 以上版本。

MP 软件的安装：首先将软件光盘插入光驱中，打开光盘上的 molecularproperties1.0 文件夹，再在打开的文件夹中选择“MP1.0 安装版”文件夹，双击文件夹中的 MP1.0 安装图标，可以直接将该软件安装到计算机中（默认安装在程序文件夹中），也可以先在任一程序组中建立一个图标，以后可以通过双击图标的方法运行 MP 软件。

5.3 MP 软件的功能

MP 软件的界面由主窗口、图形窗口、按钮窗口和菜单窗口组成。在软件的运行过程中，还会根据需要弹出适当的窗口和对话框，如图 5.6 所示。

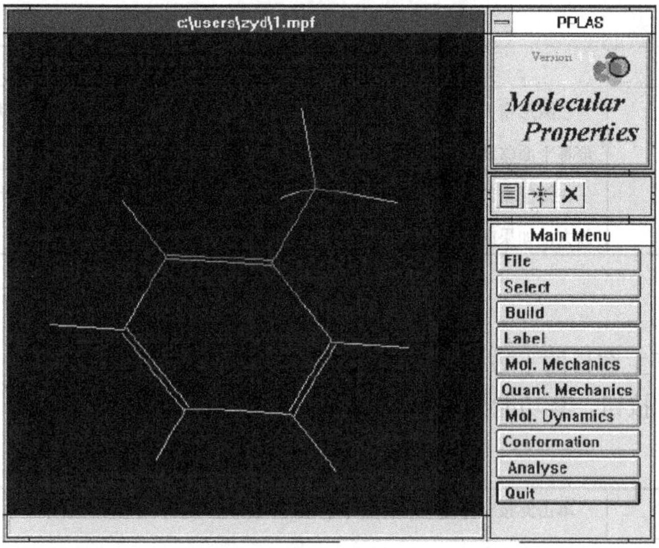

图 5.6　MP 软件的界面

5.3.1　主窗口

主窗口位于屏幕的右上角，中间有一个大的按钮，单击此按钮可以弹出 About 对话框，在此对话框中可以选择显示或隐藏图形窗口和菜单窗口。主窗口显示标志着 MP 软件的运行，关闭主窗口也就退出了 MP 软件。

5.3.2　图形窗口

屏幕上最大的一个窗口是图形窗口，用来显示三维的分子图形。本软件用线段表示化学键，不同颜色表示不同的化学元素，如氢用白色、碳用绿色，也可以给原子加上各种标签。它可以通过主窗口打开或关闭。图形窗口的下部有一提示行，当用鼠标进行各种操作时，用以显示提示信息。

也可以通过使用鼠标对图形窗口中的三维分子结构图形进行操作。当图形窗口中没有分子时，请不要使用这些操作。这些操作的具体功能描述如表 5.1 所示。

表 5.1　图形窗口中的操作

操　作	功　能
鼠标左键	当光标对准图形窗口中的一个原子时，单击鼠标的左键可以选中该原子，屏幕上用红色的十字表示选中的原子；如果该原子被选中，单击鼠标的左键将使该原子取消选中 注意：如果光标的原子不止一个，这项功能不起作用
鼠标右键	在图形窗口中单击鼠标的右键并保持，光标将变为 。这时如果上下移动鼠标，分子图形将沿着通过分子中心的水平轴旋转；如果左右移动鼠标，分子图形将沿着通过分子中心的垂直轴旋转
Shift+鼠标左键	当光标对准图形窗口中的一个原子时，按 Shift+鼠标的左键可以选中该原子所在的分子；如果该分子已经被选中，按 Shift+鼠标的左键将使该分子取消选中 注意：如果光标的原子不止一个，这项功能不起作用
Shift+鼠标右键	在图形窗口中按下 Shift+鼠标的右键，光标将变为 。这时如果绕分子中心移动鼠标，分子图形将沿着通过分子中心的且垂直屏幕的轴旋转

续表

操　　作	功　　能
Ctrl+鼠标左键	在图形窗口中按下 Ctrl+鼠标左键，光标将变为 。这时如果移动鼠标，分子图形将沿着屏幕平面移动
Ctrl+鼠标右键	在图形窗口中按下 Ctrl+鼠标右键，光标将变为 。这时如果向上移动鼠标，分子图形将放大；如果向下移动鼠标，分子图形将缩小

5.3.3 按钮窗口

按钮窗口位于主窗口的下方，内有三个按钮。分别是“主菜单窗口”按钮、“居中”按钮和“全不选中”按钮。其功能如表 5.2 所示。

表 5.2 按钮窗口中的操作

“主菜单窗口”按钮	单击此按钮将使菜单窗口变为主菜单窗口
“居中”按钮	单击此按钮后，计算机将根据分子的大小和形状，自动选择合适的放大比例，把分子图形显示在窗口的中间
“全不选中”按钮	单击此按钮将使所有的原子退出被选中状态

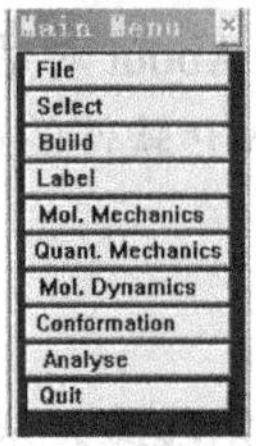

图 5.7 主菜单窗口

5.3.4 菜单窗口

菜单窗口位于屏幕的右下角，窗口中有许多菜单项按钮，分别实现不同的功能。菜单窗口分为主菜单窗口（图 5.7）和子菜单窗口。

5.3.4.1 主菜单窗口

每次进入 MP 时自动显示主菜单窗口，单击按钮窗口中的主菜单按钮也可进入主菜单窗口。各菜单项的功能描述如表 5.3 所示。

表 5.3 主菜单窗口中的操作

File	弹出 File 菜单，进行读入、存盘等文件操作
Select	弹出 Select 菜单，进行原子、分子的选择操作
Build	弹出 Bulid 菜单，进行分子结构的构造和修改
Lable	弹出 Lable 菜单，给原子加上各种标签
Mol. Mechanics	弹出 Molecular Mechanics 对话框，对分子进行分子力学计算。 注意：如果没有分子时，这项功能不起作用
Quant. Mechanics	弹出 Quantum Mechanics 对话框，对分子进行量子力学计算。 注意：如果没有分子时，这项功能不起作用
Mol. Dynamics	弹出 Molecular Dynamics 对话框，对分子进行分子动态计算。 注意：如果没有分子时，这项功能不起作用
Conformation	弹出 Conformation 菜单，对分子进行构象能量的计算
Analyse	弹出 Analyse 菜单，对计算结果进行分析
Quit	退出 MP 软件

5.3.4.2 File 菜单

File 菜单如图 5.8 所示，各菜单项的功能描述如表 5.4 所示。

表 5.4　File 菜单项功能

Open	打开一个扩展名为 mpf 的分子结构文件，同时关闭当前打开的文件
Add and Open	打开一个扩展名为 mpf 的分子结构文件，同时保留原来的分子，新打开的分子放在屏幕的中间，加入原来打开的文件
New	新建一个分子结构文件，关闭当前打开的文件，新文件自动取名为 noname.mpf。每次进入 MP 软件都在此状态
Save	将当前打开的分子结构存盘，扩展名为 mpf

5.3.4.3　Select 菜单

Select 菜单如图 5.9 所示。

图 5.8　File 菜单

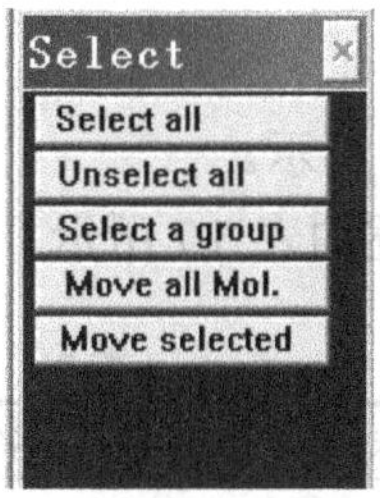

图 5.9　Select 菜单

各菜单项的功能描述如表 5.5 所示。

表 5.5　Select 菜单项功能

Select all	选中所有的原子
Unselect all	所有原子退出选中状态
Select a group	选中一组原子
Move all Mol.	所有分子跟随着鼠标移动（默认状态）
Move selected	只有选中的分子跟随着鼠标移动（当有两个以上的分子时，可以移动其中的部分分子）

5.3.4.4　Bulid 菜单

Bulid 菜单如图 5.10 所示。Bulid 菜单中的 Add 子菜单如图 5.11 所示。

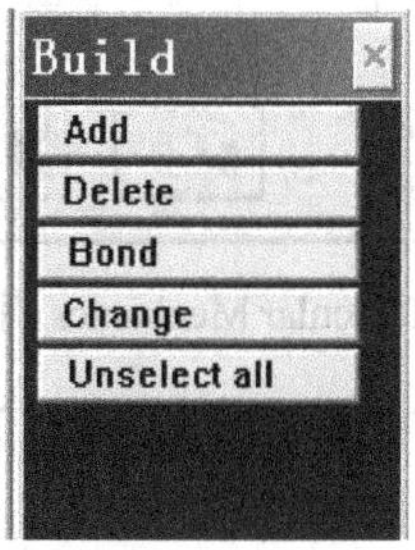

图 5.10　Bulid 菜单

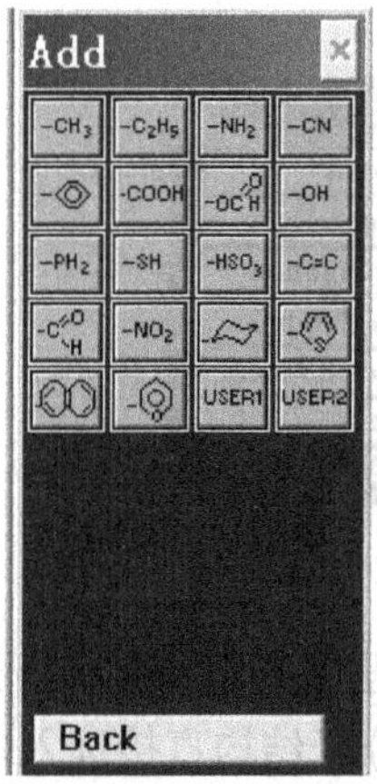

图 5.11　Add 子菜单

各菜单项的功能描述如表 5.6 所示。

表 5.6 Bulid 菜单项功能

Add	弹出 Add 菜单，增加原子基团。只有被选中的氢原子上才能连接新的基团。如果不是氢原子，要先用 Change 变为氢原子
Delete	删除所有选中的原子。包括与选中的原子相连的氢原子
Bond	改变选中的两个原子之间的化学键。可以改单键或双键，也可以连接两个原子或断开连接
Change	当有一个原子被选中时，改变原子的属性； 当有两个原子被选中时，改变键长； 当有三个原子被选中时，改变平面角； 当有四个原子被选中时，改变两面角
Unselect all	所有原子退出选中状态

5.3.4.5 Lable 菜单

Lable 菜单如图 5.12 所示。

各菜单项的功能描述如表 5.7 所示。

表 5.7 Label 菜单项功能

Element	标示出每个原子的元素符号
Charge	标示出每个原子的电荷
Hybridization	标示出每个原子的杂化状态
Atom Number	标示出每个原子的编号。原子标号是软件为了区分每个原子而自动加上的一组号码，从 1 开始，连续排列
Selected Atoms	标示出选中的原子编号
None	去掉所有的标签

5.3.4.6 Molecular Mechanics 对话框

Molecular Mechanics 对话框如图 5.13 所示。

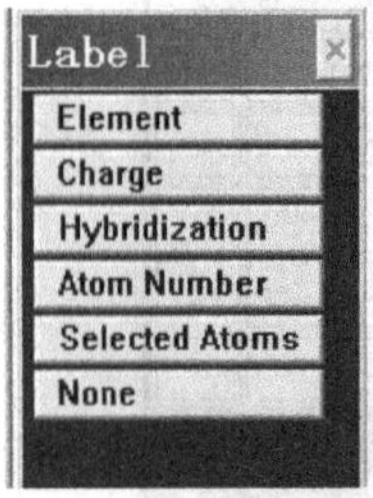

图 5.12 Lable 菜单

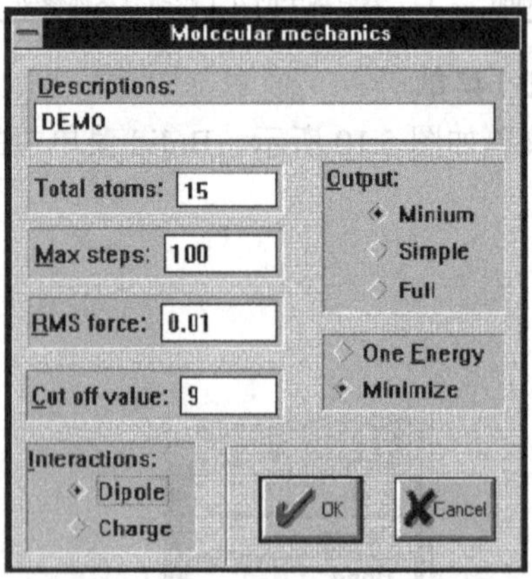

图 5.13 Molecular Mechanics 对话框

单击 OK 按钮后就可以进行分子力学计算。计算的结果保存在以.MM 为扩展名的文本文件中，优化后的分子结构直接读入内存。

进行分子力学的计算时，进入 MP 程序后，从主菜单窗口上单击 Mol. Mechanics，即出现如图 5.13 所示的对话框，输入相应的输入输出参数，即可进行分子力学计算。

所需输入输出参数如下。

Descriptions 是关于文件的提示性的描述，左半栏是文件的输入参数，右半栏是文件的输出参数。输入参数包括总的原子数（Total atoms）、最大步长（Max steps）、评价函数（RMS force）、测量能量（One Energy）或优化能量（Minimize）。

输出参数包括：最简化的输出（Minimum）、简化输出（Simple）和全输出（Full）。

将输入输出参数输入完毕之后，单击 OK 按钮则程序进行分子力学计算，单击 Cancel 按钮则退出分子力学计算，返回主菜单。

5.3.4.7　Analyse 菜单

Analyse 菜单如图 5.14 所示。

各菜单项的功能描述如表 5.8 所示。

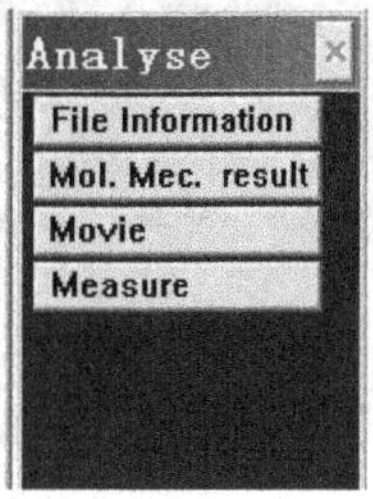

图 5.14　Analyse 菜单

表 5.8　Analyse 菜单项功能

File Information	弹出 File Information 对话框，显示有关的文件信息
Mol. Mec. result	打开以.MM 为扩展名的文件，显示分子力学的计算结果
Movie	打开 Movie 窗口，动态观察计算结果
Measure	测量或改变键长、平面角、二面角，功能同 Change

5.4　文件与分子结构

5.4.1　存取分子结构文件

用户需要存取分子结构文件时，从主菜单窗口上选择 File 功能，出现 File 菜单，单击 Save 或 Open 按钮，将会弹出标准的文件对话框，输入文件名后单击 OK 按钮，即可完成相应的操作。

若原先没有分子结构文件就需要建立新的分子结构文件，方法是从主菜单中选择 File，再单击 New 按钮，建立完分子结构文件后，单击 Save 存入分子结构文件即可。

5.4.2　结构显示功能

用户选择分子结构模型文件后，选择不同的功能键，可全方位、多视角地观察分子结构模型。

同时按 Ctrl+鼠标左键，可将分子上下左右地平移，分子在平移过程中，屏幕上出现沿 *X* 轴和 *Y* 轴方向的十字架式的箭头，如图 5.15 所示。

同时按 Ctrl+鼠标右键，当出现同心圆式的标示符时，拖曳鼠标，可将分子任意地放大或缩小，如图 5.16 所示。

同时按 Shift+鼠标右键，可将分子沿 *Z* 轴方向旋转。在旋转的进程中，会出现圆形箭头的标示符，如图 5.17 所示。

同时按 Alt+鼠标右键，当出现沿 *X* 轴和 *Y* 轴向的圆形箭头标示符时，拖曳鼠标，可将分子沿着 *X* 轴或 *Y* 轴转动，可观察转动中的分子结构模型如图 5.18 所示。

此外，还可从主菜单上选择 Lable，在出现的菜单中，选择不同的功能键，可有选择地将分子结构模型中的元素、电荷、杂化状态原子序数等表示出来。

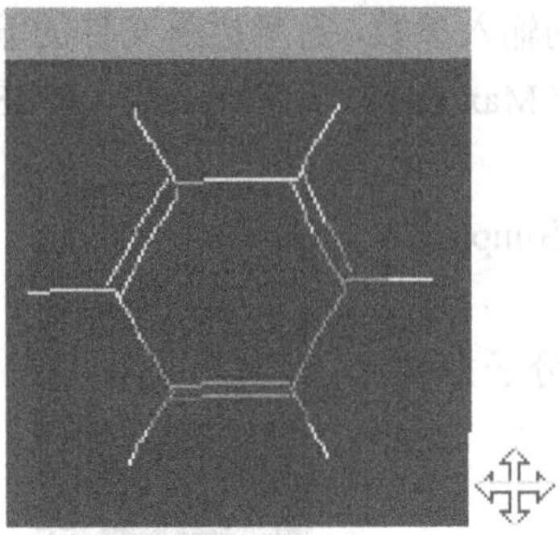

图 5.15 十字架箭头

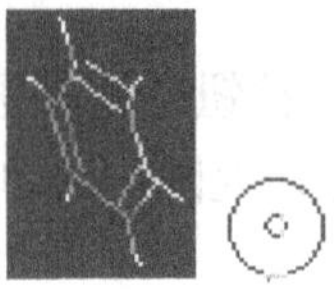

图 5.16 同心圆标示符

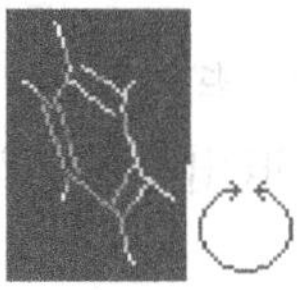

图 5.17 圆形箭头标示符 1

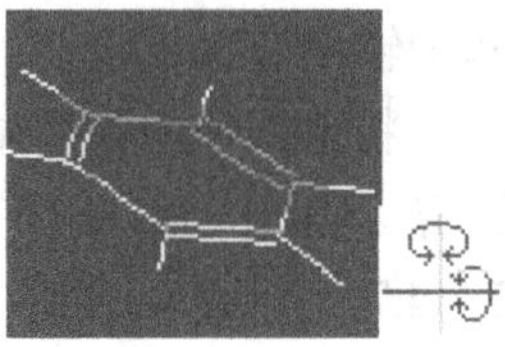

图 5.18 圆形箭头标示符 2

5.4.3 构造一个分子

Build 菜单用来新构造或修改分子结构。具体方法是单击 Add 按钮弹出 Add 菜单，其中每一个按钮代表一个基团。选择第一个原子基团，单击相应的按钮后，此原子基团将会显示在图形窗口的中间，选中一个或几个端点的氢原子（用红十字表示选中的原子），单击相应的原子基团按钮后，每个选中的氢原子都被选中的原子基团取代，这时分子可能超出图形窗口的显示范围，可以按 Ctrl+鼠标右键或单击按钮窗口中的“居中”按钮使分子全部显示出来。再重复选中氢原子，增加原子基团，直到符合要求。分子搭好后，可以改变其中的任何一个原子，方法是选中该原子后单击 Change 按钮，弹出 Edit an atom 对话框改变原子类型后单击 OK 即可。

5.4.3.1 苯甲酸甲酯

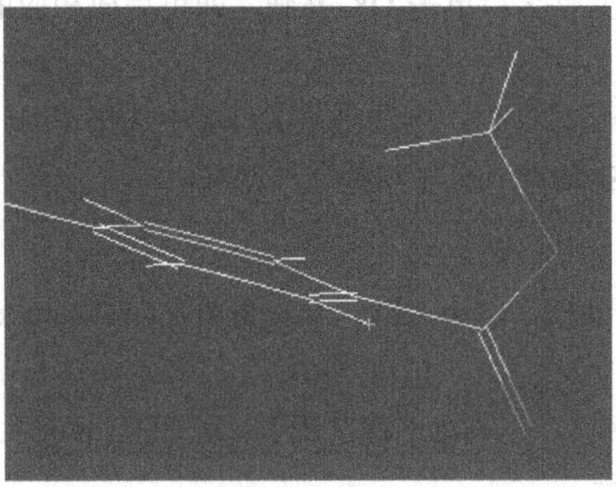

图 5.19 苯甲酸甲酯的分子结构

从主菜单中选择 Build，出现 Build 菜单，再单击 Add，出现如图 5.11 所示的子菜单。从中选取苯环的结构片段，当屏幕上出现苯分子之后，用鼠标左键标记其中的一个氢原子（注意：当我们想利用某一分子作为母体往外连接基团时，连接点必须在氢原子上完成）。再从 Add 子菜单中选取羧酸片段，屏幕上立即呈现出已接上羧酸的苯甲酸分子。用鼠标再标记苯甲酸上的氢原子，从 Add 菜单中选择甲基片段，屏幕上立即出现了苯甲酸甲酯的分子结构，如图 5.19 所示。

5.4.3.2 呋喃

从主菜单中选择 Build，出现 Build 菜单，再单击 Add，出现如图 5.11 所示的子菜单。从中选取噻吩的结构片段，屏幕上立即出现噻吩的分子结构。而我们所想要构建的呋喃的分子与噻吩分子的结构差别在于把噻吩的硫原子（S）换成氧原子即可。方法是：用鼠标左键选择标记噻吩的硫原子，回到 Build 菜单中单击 Change，出现如图 5.20 所示的对话框，从 Element 一栏中选择氧原子（O-2）。（原子后面的数字表示原子的杂化状态，如-2 表示 sp^2 杂化，-3 表示 sp^3 杂化等，以此类推）。屏幕上即出现了呋喃分子的结构，如图 5.20 和图 5.21 所示。

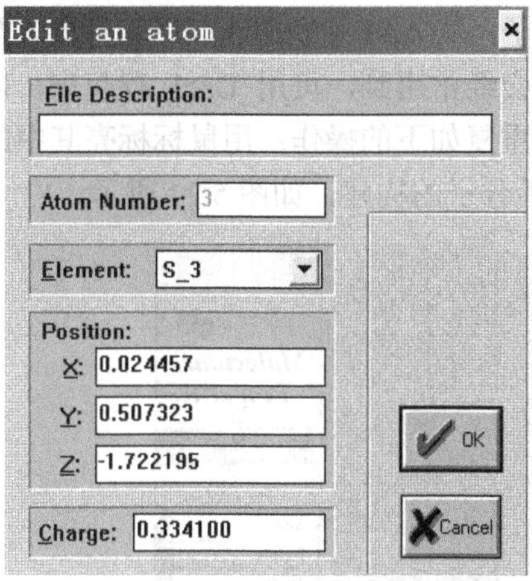

图 5.20　编辑原子

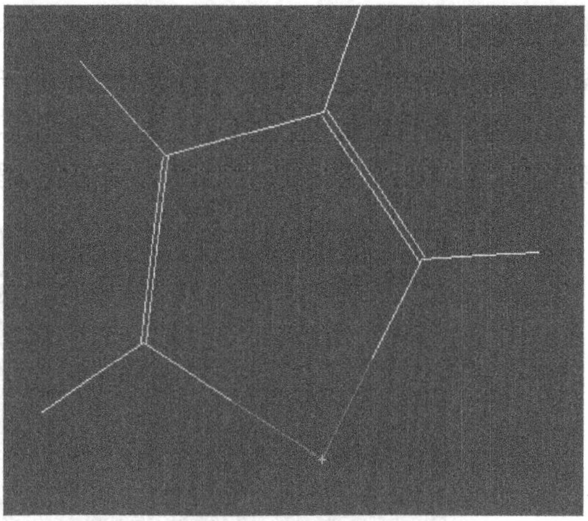

图 5.21　呋喃分子的结构

5.4.3.3　冠醚

从主菜单中选择 Build，出现 Build 菜单，再单击 Add，出现如图 5.11 所示的子菜单。从中选取乙基的结构片段，用鼠标标亮其中的一个氢原子，从 Add 菜单中选取羟基片段（OH）。如此重复，直至完成三个乙基片段中间间隔三个氧原子后，头尾两端分别为甲基和羟基。而我们想要构造的冠醚分子是乙基和氧氧原子交替出现的环状结构。现在需要做的是把甲基的一个碳氢键和羟基的 OH 键去掉，把其中的碳和氧直接连成键即可。

消键和连键的方法如下：首先选择需要消除的键的两端原子（如 C 原子和 H 原子），从 Build 菜单中选择 Bond，在出现的 Change Bond 对话框（图 5.22）中选择 None，即可消除 C—H 键，同法消除 O—H 键。将保留的 C 原子和 O 原子选定，从 Build 菜单中选择 Bond，在出现的 Change Bond 对话框中选择 Single，即可将 C 原子和 O 原子连接起来形成 C—O 键。最后生成的冠醚分子结构如图 5.23 所示。

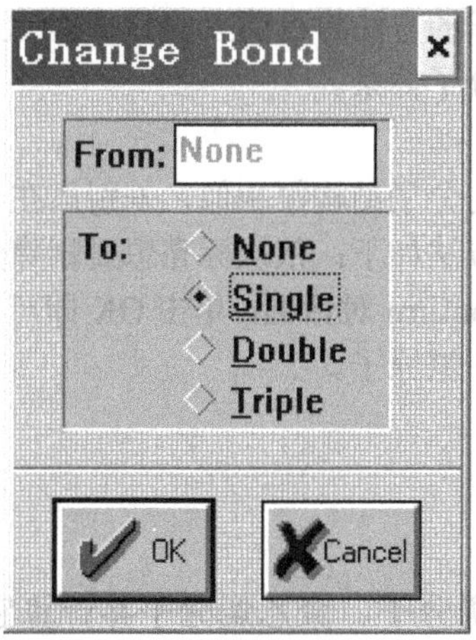

图 5.22　改变键的类型

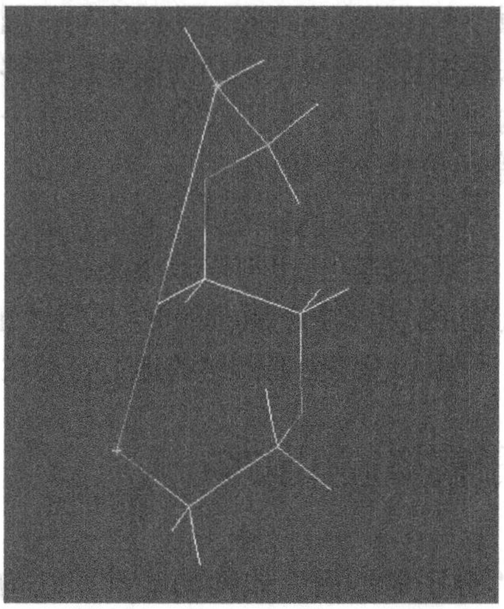

图 5.23　冠醚分子结构

5.4.3.4　聚丙烯

从主菜单中选择 Build，出现 Build 菜单，再单击 Add，出现如图 5.11 所示的子菜单。从中选取乙基的结构片段，用鼠标标亮其中的一个氢原子，从 Add 菜单中选取甲基片段，至此完成了丙烷分子的构建。如果我们认为这个分子片段会经常用到，可用 Use1 存起来，以便今后经常需要连接丙烷链段时，只需直接调用即可。重复如下的操作：用鼠标标亮其中的一个氢原子，从 Add 菜单中选择 Use1，即可完成聚丙烯分子的构建，如图 5.24 所示。

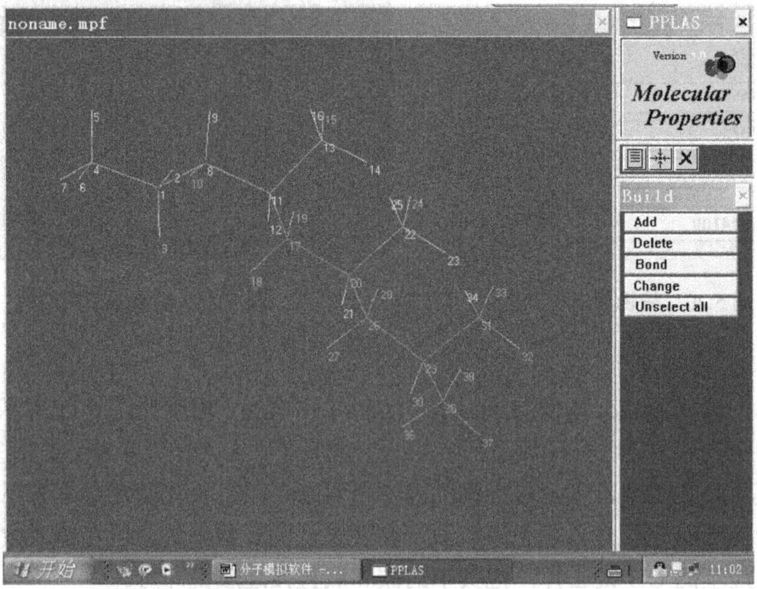

图 5.24　聚丙烯的分子结构

5.4.4　构造一个多分子体系

当我们想进行分子间相互作用或溶剂效应的计算时，必须构建多分子体系。

在使用 Add 菜单增加原子基团时，如果没有选中任何原子而单击了代表某一基团的按钮，新的原子基团将会出现在屏幕的中间。因此构造多分子体系的方法是：首先用构造一个分子的方法先构建一个分子，用前面介绍的移动分子的方法将已建立的分子移动到屏幕的某一角，再构建另一分子，以此类推，可构建一个多分子体系。

5.4.5　删除部分分子片段

有时，当我们想要构建的分子和已有的、现成的分子结构很相似，差别只在于部分分子片段不同，可通过删除部分分子片段来达到目的。方法如下：依次标亮想要删除分子片段上的原子，从 Build 菜单中选择 Delete，屏幕上出现 Confirm 对话框，单击 OK 即可。当删除了某些分子片段后，程序会在断键的地方自动生成一个氢原子。

5.5　分子模拟应用实验

5.5.1　用“分子的性质”软件构建全同立构聚丙烯分子、聚乙烯分子并计算它们末端的直线距离

5.5.1.1　实验目的

（1）了解用计算机软件模拟大分子的“分子模拟”方法。

（2）学会用“分子的性质”软件构造聚丙烯、聚乙烯大分子。

（3）计算主链含 100 个碳原子的聚丙烯、聚乙烯分子末端的直线距离。

5.5.1.2 实验原理

C—C 单键是 σ 键，其电子云分布具有轴对称性。因此，σ 键相连的两个碳原子可以相对旋转而不影响电子云的分布。原子或与原子团周围单键内旋转的结果将使原子在空间的排布方式不断地变换。长链分子主链单键的内旋转赋予高分子链以柔性，致使高分子链可任取不同的卷曲程度。高分子链的卷曲程度可以用高分子链两端点间直线距离——末端距来度量，高分子链卷曲越厉害，末端距越短。高分子长链能以不同程度卷曲的特性称为柔性。高分子链的柔性是高聚物高弹性的根本原因，也是决定高聚物玻璃化温度高低的主要因素。高分子链的末端距是一个统计平均值，通常采用它的平方的平均，叫做均方末端距 $\overline{h^2}$，通常是用高分子溶液性能的实验来测定的。

“分子的性质”是用计算机以原子水平的分子模型来模拟分子的结构与行为，进而模拟分子体系的各种物理和化学性质。分子模拟法不但可以模拟分子的静态结构，也可以模拟分子的动态行为（如分子链的弯曲运动、分子间氢键的缔合作用与解缔行为、分子在表面的吸附行为以及分子的扩散等)。该法能使一般的实验化学家、实验物理学家方便地使用分子模拟方法在屏幕上看到分子的运动，像电影一样逼真。

5.5.1.3 实验装备

① CPU 386 以上计算机，5MB 以上的硬盘；② VGA 以上显示器；③ 鼠标；④ DOS 3.30 以上，运行于 386 增强模式下的 Windows 3. 1；⑤ MP（Molecular Properties）软件。

5.5.1.4 实验步骤

（1）学习鼠标功能　练习鼠标左键、鼠标右键、Shift+鼠标左键、Shift+鼠标右键、Ctrl+鼠标左键、Ctrl+鼠标右键的功能。

（2）认识几个菜单窗口　认识主菜单、构建菜单、分析菜单、标签菜单和构象菜单。

（3）构建全同立构聚丙烯分子　从主菜单窗口中选择 Build，出现 Build 菜单，再单击 Add 出现有各分子片段的窗口。从中选取乙基片段，用鼠标标亮其中的一个氢原子，从 Add 菜单中选取甲基片段，至此完成了丙烷分子的构建。重复以下的操作：用鼠标标亮其中的一个氢原子，从 Add 菜单中选择甲基和乙基片段，即可完成丙烯分子的构建。

构建完聚丙烯分子结构模型之后，从主菜单窗口中选择 Build，再单击 Change，用鼠标标亮扭转角的 4 个原子。将 Torsion 角调整为 180°、60°、180°、60°、…即 TGTG…的构型，即可得到全同立构聚丙烯的分子结构模型。

构建 100 个碳原子的全同立构和无规立构聚丙烯分子，标亮第一和最后一个碳原子，选择 Analyse，再单击 Measure，这时得到的数据即是该聚丙烯分子的末端距离 （由于分子不够长，这不是统计上的末端距)。比较全同立构分子和无规立构分子末端距离的大小。

（4）构建聚乙烯分子　用与第 3 步中相同的步骤构建若干个含 50 个碳原子的无规线团聚乙烯分子，计算它们的末端距离。从中来理解 C—C 键内旋转引起的分子卷曲程度。

5.5.2 用“分子的性质”软件计算聚丙烯酸甲酯的构象能量

5.5.2.1 实验目的

（1）了解用计算机软件计算大分子分子参数的方法。

（2）学会用“分子的性质”软件构造聚丙烯酸甲酯。

（3）用“分子的性质”软件计算聚丙烯酸甲酯构象能量。

5.5.2.2 实验原理

由于 C—C 单键的内旋转，使得大分子长链具有了所谓的柔性。长链分子的柔性是高聚物特有的属性，是橡胶高弹性的根由，也是决定高分子形态的主要因素，对高聚物的力学性能有根本的影响。高分子链相邻链节中非键合原子间相互作用——近程相互作用的存在，总是使实际高分子链的内旋转受阻。分子内旋转受阻的结果是使高分子链在空间所可能有的构象数远远小于自由内旋转的情况。受阻程度越大，可能的构象数目越少。因此高分子链的柔性大小就取决于分子内旋转的受阻程度。另外，高分子链由一种构象转变到另一种构象时，各原子基团间的排布发生相应的变化，其间相互作用能也随之改变。

大多数柔性大分子可以在一系列不同的构象态之间变化。因此比较柔性分子的重要任务之一就是进行构象态的比较，尽管大部分的构象态是那些具有低能量的构象态，但是并不是说只有低能量的构象态才能参加分子间的相互作用。

分子模拟法不但可以模拟分子的静态结构，也可以模拟分子的动态行为（如分子链的弯曲运动，分子间氢键的缔合作用与解缔行为，分子在表面的吸附行为以及分子的扩散等）。还能应用分子力学及分子动态学来进行分子动态的计算。

5.5.2.3 实验装备

① CPU 386 以上计算机，5MB 以上的硬盘；② VGA 以上显示器；③ 鼠标；④ DOS 3.30 以上，运行于 386 增强模式下的 Windows 3.1；⑤ MP（Molecular Properties）软件。

5.5.2.4 实验步骤

从主菜单窗口中选择 Build，出现 Build 菜单，再单击 Add 按钮出现有各分子片段的窗口。从中选取乙基片段，用鼠标标亮其中的一个氢原子，从 Add 菜单中选取—COOH 片段，再标亮—COOH 上的氢原子，选加上—CH_3 片段，至此完成了丙烯酸甲酯分子的构建。重复以下的操作：用鼠标标亮其中的一个氢原子，从 Add 菜单中选择乙基和—COOH 片段，即可完成聚丙烯酸甲酯分子片段的构建。

构建完聚丙烯酸甲酯分子片段结构模型之后，从主菜单中选择 Conformation，用鼠标标亮扭转角的 4 个原子，单击 Torsion one 后再单击 Torsion RUN，即出现对话框。对话框中出现的是关于所建分子进行构象能计算时所需选择的参数，如评价力函数（RMS force）分子间相互作用的选择，偶极相互作用（Dipole）还是静电相互作用 （Charge），距离截断功能的限定距离（Cut off value），在 Torsion1 中所显示的数字表示所选定扭转角原子的原子序号。从对话框中还可以设定进行构象能计算时扭转角的起始角度及间断角度。对话框最下端的 read initial structure and sequential search、read initial structure and free search、use last structure and free search 分别表示读入初始结构并按顺序查找，读入初始结构并自由查找，读入最终结构并自由查找，在进行构象计算时选择其中一项即可。扭转角的范围是–180°～180°，若要计算两个扭转角，则在单击 Torsion one 之后，用鼠标选中第二个扭转角的 4 个原子，再单击 Torsion RUN，输入相应的参数后，单击 OK 即可。当程序完成计算构象能之后，若想查看计算的结果，可调用 Conforme. out 文本文件，文件中有三列数据，分别对应扭转角 1（Φ1），扭转角 2（Φ 2）和构象能（E）。

参考文献

[1] 马德柱，何平笙，徐种德，周漪琴．高聚物的结构与性能：第二版．北京：科学出版社，1995．
[2] 杨玉良，张红东．高分子科学中的 Monte Carlo 方法．上海：复旦大学出版社，1993．
[3] 杨小震．分子模拟与高分子材料，北京：科学出版社，2002．

第 6 章　文献管理软件 EndNote X2

6.1　概述

6.1.1　文献管理软件

常见文献管理软件有汤姆森公司的 EndNote、Reference Manager、ProCite，以及基于网络的 Refworks 和 EndNote Web。其中，EndNote 是最受欢迎最好用的软件，Reference Manager 提供网络功能可同时读写数据库，ProCite 提供弹性的群组参考及可建立主题书目，WriteNote 和 EndNote Web 是基于 Web 的 EndNote。中文文献管理软件有 NoteExpress、文献之星、医学文献王、PowerRef 等，其中，NoteExpress 是目前较好的中文文献管理软件。

EndNote 是汤姆森公司推出的最受欢迎的一款产品，是文献管理软件中的佼佼者。不管是和其他公司的产品相比，还是与汤姆森公司的另外两款软件 Reference Manager、ProCite 相比，EndNote 都更胜一筹。

EndNote 是一个专门用于科技文章中管理参考文献数据库的软件，通过插件可以很方便地在 Word 中插入所引用的文献，软件自动根据文献出现的先后顺序编号，并根据指定的格式将引用的文献附在文章的最后。如果在文章中间插入了引用的新文献，软件将自动更新编号，并将引用的文献插入到文章最后参考文献中的适当位置。

6.1.2　EndNote 软件的特点

Endnote 文献管理软件具有如下特点。

（1）通过 Internet 到各种数据库中直接检索所需文献记录后，保存到 EndNote 的数据库文件中，或者手动输入到 EndNote 的数据库中。

（2）可以把自己读过的参考文献输入到 EndNote 数据库中，这样在以后查找的时候就非常方便。

（3）按照杂志的要求自动产生参考文献，在写文章的时候不需要考虑如何根据杂志的要求进行排版。

（4）对文章中的引用进行增加、删除、修改以及位置调整都会自动重新排好序，可以在需要的时候随时调整参考文献的格式。这对修改退稿准备另投它刊时特别有用。

（5）参考文献库一经建立，以后在不同文章中引用时，不需重新录入参考文献。

（6）与 Word 的兼容性好。安装了 EndNote 后，会自动在 Word 中建立一个新的工具栏，用户在写作时最常用的几项功能都只需简单使用这个工具栏即可。

（7）EndNote 处理中文有点问题，主要是有时显示不正确，但其功能不受影响。真正的不方便之处在于中英文混合引用的时候。这时，由于习惯不同，中英文文献格式会出现混乱。

6.1.3　EndNote 软件的基本功能

EndNote 通过将不同数据来源的文献信息资料下载到本地，通过过滤器整理后，建立本地数据库，可以方便地实现对文献信息的管理和使用。EndNote 工作原理如图 6.1 所示。

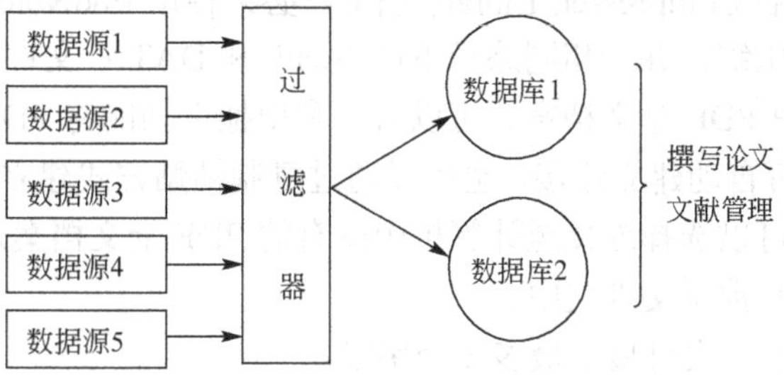

图 6.1　EndNote 工作原理

EndNote 整个软件的架构主要包括数据库的建立、数据库的管理和数据库的应用三个方面。EndNote 通过将不同来源的数据整合到一起，自动剔除重复的信息，从而避免重复阅读来自不同数据库的相同信息。EndNote 可以非常方便地进行数据库检索，进行一定的统计分析等。在撰写论文、报告或书籍时，EndNote 可以非常方便地管理参考文献格式。EndNote 可以非常方便地做笔记，以及进行某一批文献相关资料的管理，如全文、网页、图片和表格等。学习并掌握文献管理软件，可以提高阅读文献、获取信息的效率，省去撰稿时手动编排文献的麻烦，为人们撰写综述、阅读大量文献时提供了极大的方便。

在数据库建立中的基本功能有检索、复制、删除、添加、转换文献，包括全文、网址、图片、链接等。在数据库管理中的基本功能有：数据文献的查找重复、排序、统计、分析、栏位显示、输入输出等。在数据库的应用方面的基本功能有：文献的引用、输出格式设定、论文模板等。

6.1.4　EndNote 软件中用到的几个术语

EndNote 中使用了一些基本术语，介绍如下。

Library：EndNote 用来存储参考文献数据的文件，其实就是数据库。

Reference：参考文献记录。

Reference Type：参考文献类型，如 Journal Article（杂志文章）、Book（书籍）等。

Style：样式，即参考文献在文章末尾的格式，每家杂志社都不尽相同。

Filter：把通过检索（比如 PubMed）得来的参考文献导入 EndNote 时所用的过滤方式。由于每个搜索引擎输出的数据格式都不一样，所以导入数据时需要根据搜索引擎选择对应的 Filter。

6.1.5　EndNote X2 软件的新功能

EndNote 自从问世以来，经过了多次更新，版本有 EndNote 1～7 代、EndNote X，目前最新的版本是 EndNote X5 和基于网络的 EndNote Web。其中，EndNote X2 并不向下兼容所有 EndNote 7 以及以下的版本。EndNote X2 可以打开 EndNote 5/6/7 的数据库并将其转化为新的格式，同时保留原来的数据库。EndNote X2 数据库包括一个.enl 文件和一个.DATA 的文件夹。当共享数据库时，这两个文件和文件夹必须在同一个文件夹中。EndNote X 的新功能包括以下几方面。

（1）将建立的数据库文件（Library）储存成单一压缩文件（包括.enl、相同名称的.DATA 数据文件夹以及该文件夹下的全部文件），便于备份或交流。① 将 Library 储存成一个档案：在程序主界面 File→Compressed Library 中选择 Create 后，在出现的 Send to Compressed Library

窗口确认储存路径与文件名，并确认存档类型为 EndNote Compressed Library（*.enlx）后，点击保存即可；② 开启 Compressed Library 档案：必须使用 EndNote X 方可开启，EndNote 会自动将.enlx 档案解压缩，并于相同路径下产生.enl 和.DATA 文件夹。

（2）更方便地管理 PDF 全文档案。可以直接利用拖曳功能将 PDF 档案移至 EndNote 的 Reference 中，系统即可自动建立连接，也可以通过复制粘贴方式建立链接。在每笔参考文献的 Link to PDF 一栏，可以选择连接至计算机中既有的 PDF 全文档案，或者将 PDF 档案复制至 EndNote 预设的 PDF 数据文件夹中。

（3）Library 窗口中一次可显示最多 8 个字段。

（4）可将参考文献（Reference）窗口中的空白字段隐藏。

（5）参考文献类型（Reference Type）改以字母顺序排列，方便查询与使用。

（6）新增参考文献类型（Reference Type）：Ancient Text、Dictionary、Encyclopedia 以及 Grant；Electronic Source 改名为 Web Page。

（7）查询功能新增 Field Begins With、Field Ends With 以及 Word Begins With 等。

（8）增加与更新 Import Filter、Connection File 以及 Output Style。

（9）EndNote X 在文献详细信息界面还增加了隐藏空白字段（Hide Empty Fields）功能，更便于浏览。

EndNote X2 的新功能包括以下几方面。

（1）随文献数据的查找、下载，自动链接全文 PDF 文件。

（2）智能分组功能：通过设置分组标准，将查找到的文件自动加到建立的数据库智能组中（Smart Groups）。

（3）新设计的用户界面、显示方式以及改进的可用性，使其使用更为容易和有效。

（4）自动记录数据更新日期。

（5）增加了数据库和文献统计功能。

（6）与 EndNote Web 有效整合，容易通过 EndNote 的网络版本共享数据库。

（7）新增垃圾箱（Trash）和重复文献（Duplicate References）中的自动分组（Auto Groups）功能，有助于自动管理系列文献，使同类任务效率更高。

（8）新增了文献类型。

（9）扩充和更新了连接（Connections）、文献目录的输出格式（Bibliographic Output Styles）和输入过滤器（Import Filters）。

6.1.6 EndNote X2 软件的安装和运行环境

安装 EndNote X2 时最好卸载旧版本的 EndNote。方法是：首先备份用户文件，如格式、过滤器、连接文件和数据库，然后在“控制面板”中单击“添加/移除程序”删除安装的 EndNote。

演示版（Demo Edition）：这是具有完整功能的 EndNote X2 试用版。从首次使用后有 30 天的试用期，主要用于评价其功能特征。30 天后，程序将限定某些功能特征的使用，保留打开、查找、分类、打印数据库的功能，但是数据库中已经含有超过 10 篇文献时不能使用数据库的添加、编辑文献功能，在一篇论文中含有 10 篇以上参考文献时不能使用格式化功能，在远程数据库中不能查找超过 10 篇文献的功能，不能输入 10 篇以上的参考文献，也不能一次输出超过 10 篇以上的参考文献。

完整版（Volume Edition）：EndNote 完整版授权给购买软件并接受版权协议的用户。

EndNote X2 安装过程：关闭 Word 文件，双击 EndNote X2 文件夹中的 ENX2Inst 可执行文件包，出现图 6.2（a），单击 Next，得到图 6.2（b），如果已经拥有 EndNote X2 的产品号，选择 I am an EndNote X2 customer，输入产品号，单击 Next；如果没有产品号，则安装

30 天的试用版，选择 I would like to evaluate EndNote X2；单击 Next，出现图 6.2（c）Read Me Information；单击 Next，得到图 6.2（d）；单击 Next，出现图 6.2（e）最终用户许可协议（End User License Agreement），选择 I accept the license agreement；单击 Next，出现图 6.2（f）；选择安装类型（完整版或是定制版）；单击 Next，出现图 6.2（g），使用 Browse，选择安装位置；单击 Next，出现图 6.2（h），准备安装；单击 Next，出现图 6.2（i），等待系统安装，完成安装后，出现图 6.2（j）；单击 Run，开始运行 EndNote X2；单击 Finish，完成安装。至此 EndNote X2 已经安装完成。

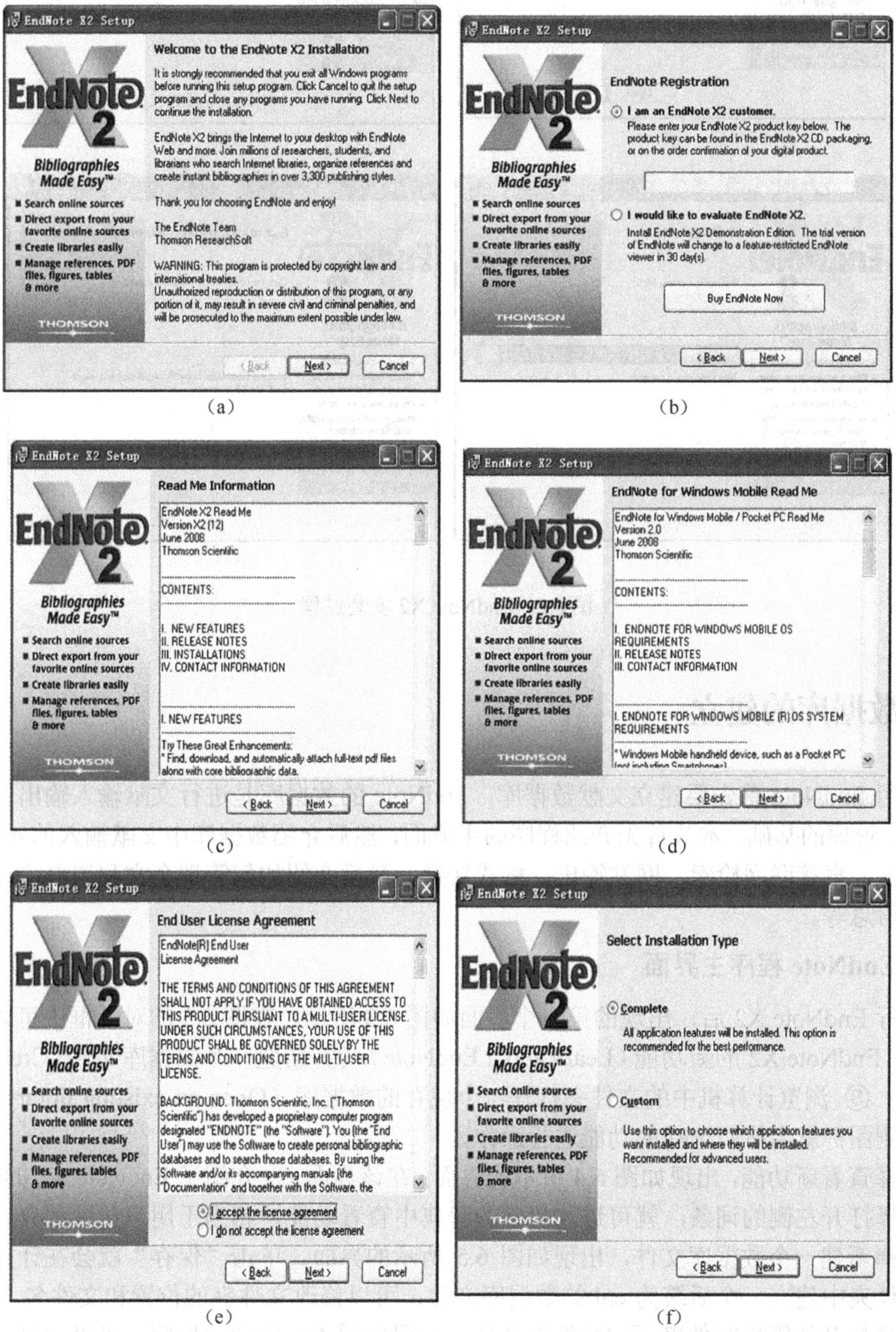

图 6.2

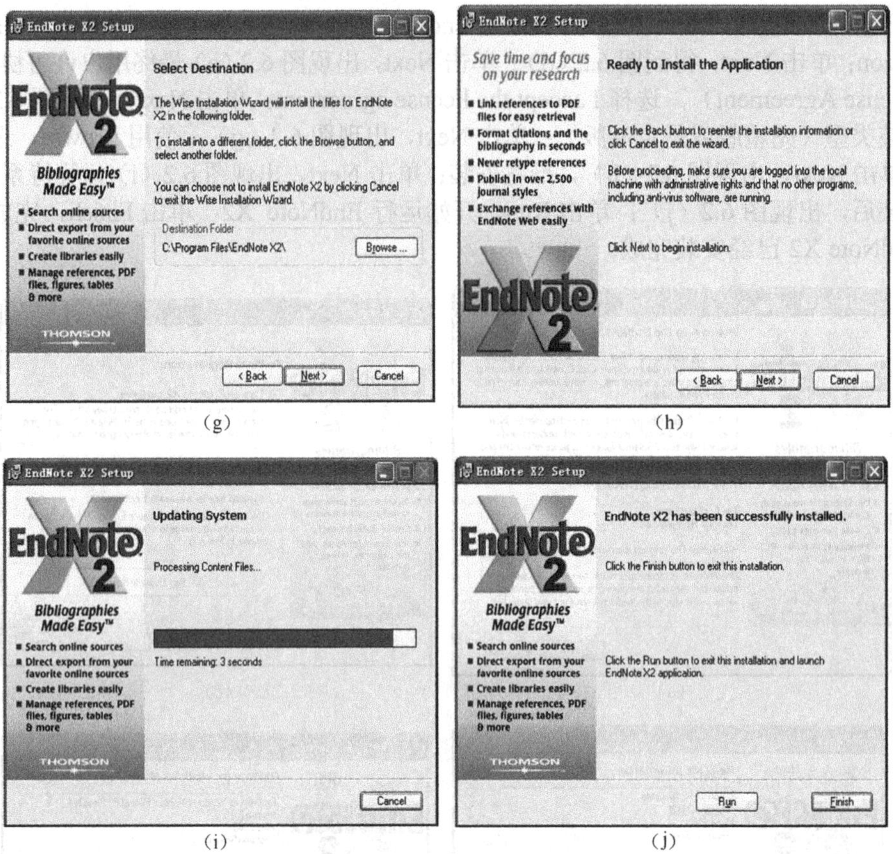

图 6.2 EndNote X2 安装过程

6.2 数据库的建立

使用 EndNote 首先要建立文献数据库，EndNote 的数据库是进行文献输入输出、文献引用修改、管理的基础。本节首先介绍程序的主界面，然后介绍数据库中文献输入的 4 种方法：手动输入，直接联网检索，网站输出，格式转换。最后介绍如何管理全文和读书笔记、管理相关的信息等。

6.2.1 EndNote 程序主界面

运行 EndNote X2 后，出现的第一个界面如图 6.3 所示。在图 6.3 的对话框中可以选择：① 查看 EndNote X2 的新功能（Learn about EndNote）；② 新建一个数据库文件（Create a new library）；③ 浏览计算机中的文件夹打开一个现存的数据库（Open an existing library）。通过单击左侧图标就会按照选择的功能进行操作。

选择查看新功能，出现如图 6.4 所示的界面：在该界面上，介绍了 EndNote X2 的新功能，通过选择打开左侧的词条，就可进入相应的辞典中查看功能，相当于用户帮助辞典。

选择新建一个数据库文件，出现如图 6.5 所示的界面，单击“保存”就会在计算机中的某个文件夹中建立一个后缀为 enl 的数据库文件，可以修改文件夹的位置和文件名。

选择打开计算机文件夹下的数据库文件，出现如图 6.6 所示的界面，可以通过选择查找范围找到数据库所在的文件夹和文件。

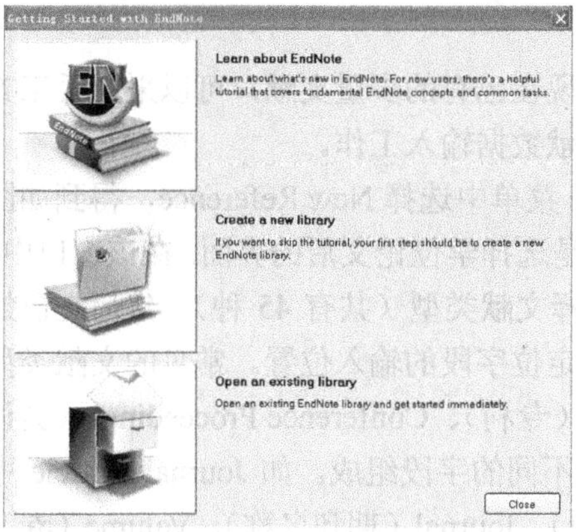

图 6.3　打开 EndNote X2 时的界面

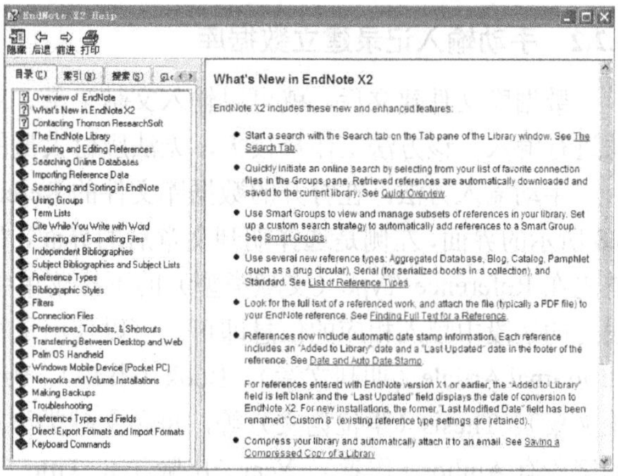

图 6.4　查看 EndNote X2 新功能时的界面

在图 6.5 中单击“保存”保存新建的数据库文件后，就会出现如图 6.7 所示的界面。这是一个空白的数据库，界面最上面有功能菜单、快捷菜单，左侧有分组和在线搜索，右侧上部空白区是文献记录显示区，包括文献记录的作者、出版年、题目、杂志名称、文献出处、最后修改日期等，右侧下部是选择文献记录的预览，也有文献查找功能。

图 6.5　新建 EndNote X2 数据库文件时的界面

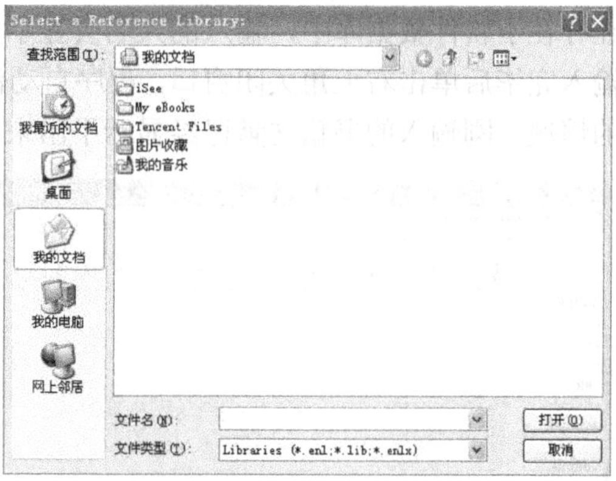

图 6.6　选择打开 EndNote X2 数据库文件时的界面

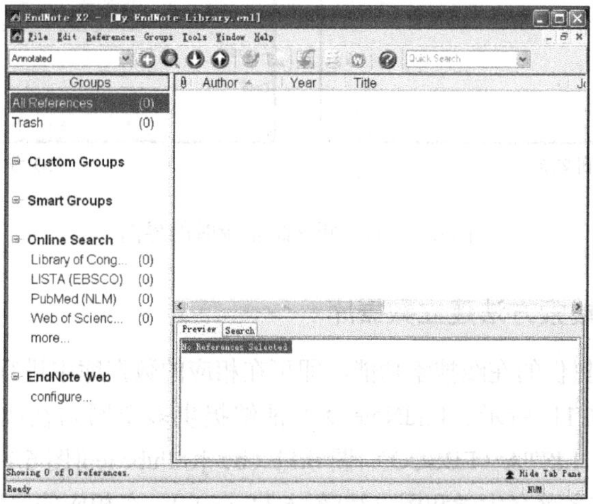

图 6.7　新建的 EndNote X2 数据库文件界面

6.2.2 手动输入记录建立数据库

数据库文件建立后，就可以输入文献记录。对于现在已有的少量文献，可以采用手工方法进行输入。该方法工作量较大，无法应付大量的文献数据输入工作。

手动输入方法：在打开的数据库文件的 Reference 菜单中选择 New Reference，得到如图 6.8 所示的界面，左侧是选择期刊文章后的界面，右侧是选择学位论文后的界面。在该窗口中，首先在 Reference Type（文献类型）的下拉菜单中选择文献类型（共有 45 种），然后在已经设定的字段中填入相应的信息即可。可以使用鼠标来定位字段的输入位置。常见的文献类型如 Journal Article（期刊文章）、Book（书籍）、Patent（专利）、Conference Proceedings（会议论文集）、Thesis（学位论文）等，每种文献类型均由不同的字段组成。如 Journal Article 中的字段有 Author（作者）、Year（出版年）、Title（标题）、Journal（期刊名称）、Volume（卷）、Issue（期）、Pages（页）、Start Page（起始页）、Date（出版日期）、Key Words（关键词）、Abstract（摘要）、URL（网址）等 37 个字段；书籍类型的文献有作者、书名、出版社、出版年等 40 个字段，Patent（专利）文献有 44 个字段；学位论文有 32 个字段。实际上，并不是所有的字段都需要填写，只要填写有用的信息即可。值得注意的是：人名的位置必须一个人名填一行，否则软件无法区分是一个人还是多个人名，因为各个国家人名的表示差异较大。关键词的位置也一样，一个关键词一行。图 6.9 是输入一本书籍文献后的情况，如果作者已经存在于软件数据库中，输入的人名会显示为黑色，如果作者名第一次输入则显示为红色。输入完毕后单击右上角关闭窗口，程序自动保存文献数据。图 6.10 是关闭输入记录后主窗口的情况，刚输入的书籍文献已经显示了出来。

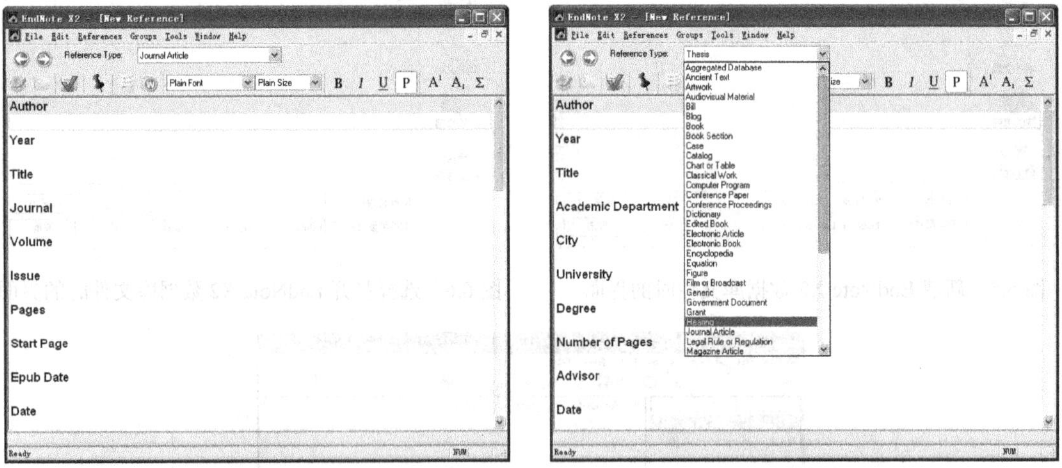

（a）期刊文章　　（b）学位论文

图 6.8　输入新文献记录时的界面

6.2.3 利用在线文献搜索方法建立数据库

使用 EndNote X2 提供的在线搜索功能，即可在相应的数据库中进行文献检索，直接将文献导入数据库中，如图 6.11 所示。EndNote X2 能够提供多个网站在线检索，包括 Library of Congress[图 6.11（a）]、LISTA（EBSCO）[图 6.11（b）]、PubMed[图 6.11（c）]、Web of Science [图 6.11（d）]、以及许多著名大学和图书馆[图 6.11（e）]。在相应的字段中输入检索词[图 6.11

（f）]，单击 Search，就进入该网站进行远程搜索，搜索结果直接进入文献数据库。这种检索适合于所在单位订购了这些数据库的情况。

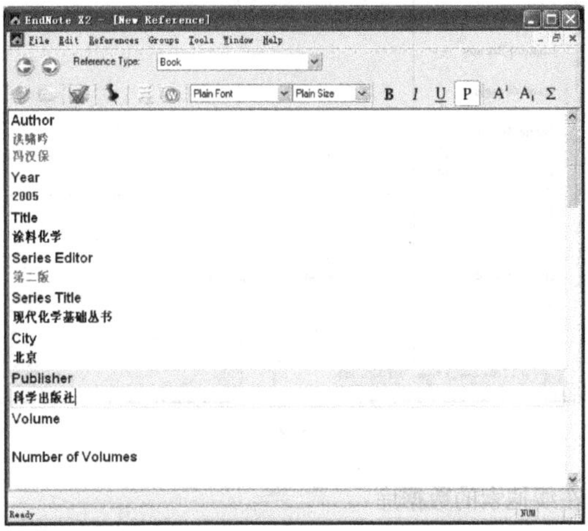

图 6.9　输入图书文献时的窗口

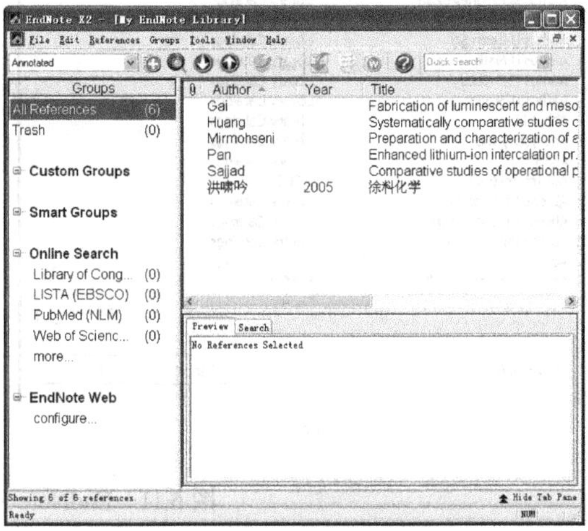

图 6.10　关闭输入窗口后显示的主窗口

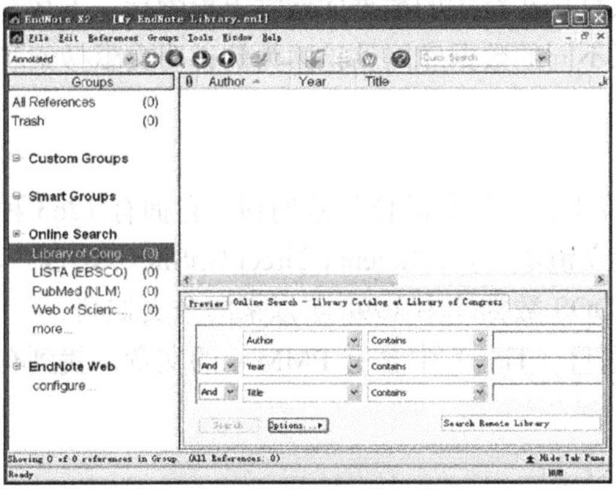

（a）

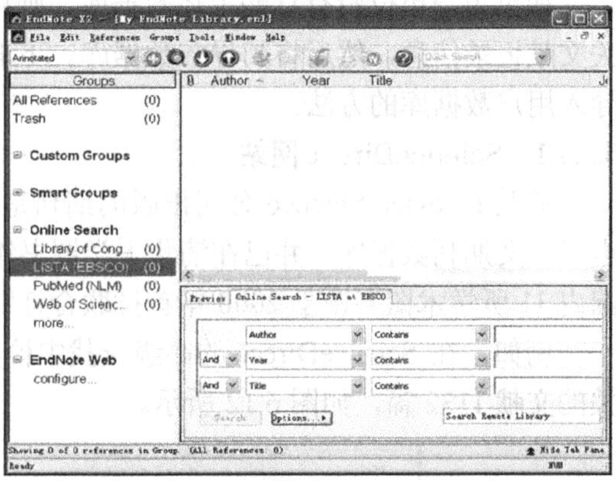

（b）

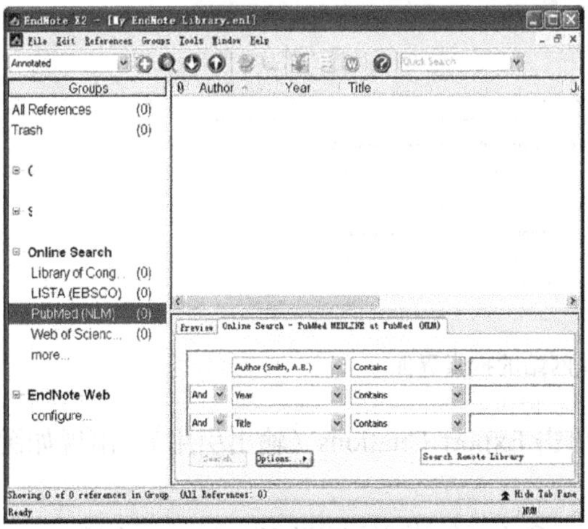

（c）

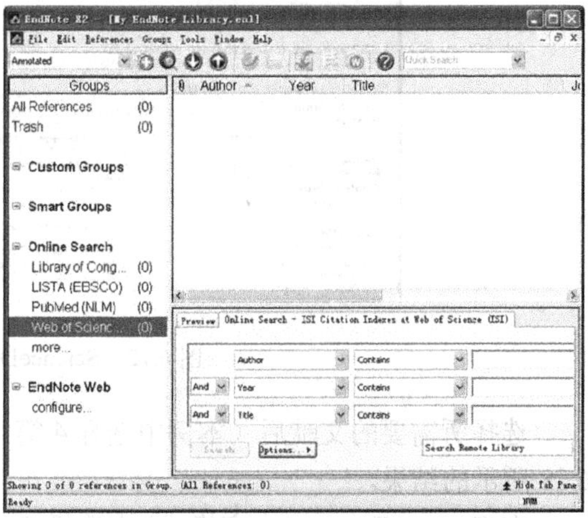

（d）

图 6.11

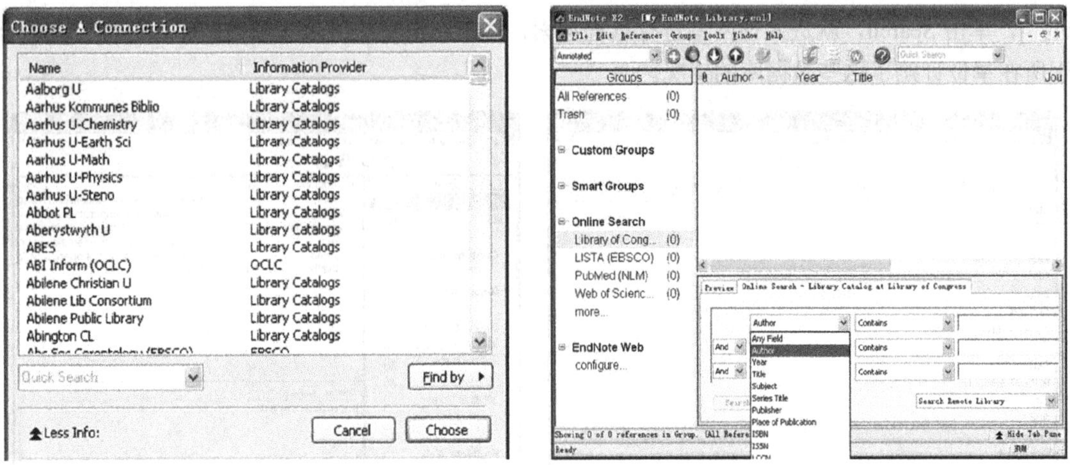

（e）　　　　　　　　　　　　　　　（f）

图 6.11　EndNote X2 在线搜索的数据库

6.2.4　利用数据库网站建立数据库

如果用户单位没有订购上述数据库，则可以直接在有关的数据库网站上检索后，下载有关文献记录信息，然后将其导入数据库。下面以不同的数据库网站检索为例说明文献搜索和导入用户数据库的方法。

6.2.4.1　ScienceDirect 网站

荷兰 Elsevier Science 公司出版的期刊是世界上公认的高品位学术期刊，它拥有 1263 种电子全文期刊数据库，并已在清华大学图书馆设立镜像站点：ScienceDirect OnSite（SDOS）。国内 11 所学术图书馆于 2000 年首批联合订购 SDOS 数据库中 1998 年以来的全文期刊。

例如，在 ScienceDirect 的高级查找中检索题目（Title）中含有 PMMA 的文章，找到有关的文献 1132 篇，如图 6.12 所示。

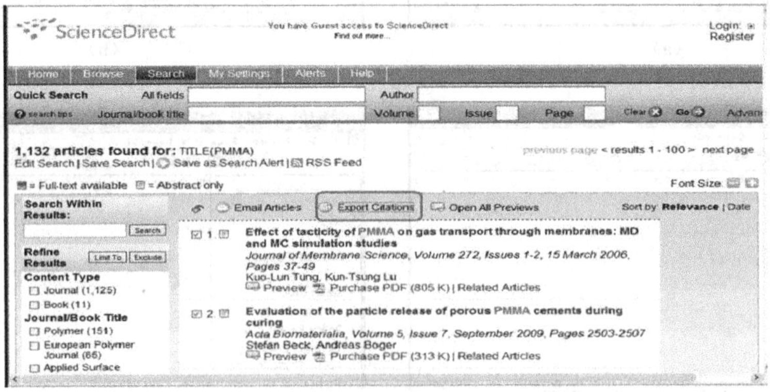

图 6.12　ScienceDirect 网站的搜索界面

选择所需要的文献后（本例中选择 4 篇），单击 Export Citations（输出引用），出现如图 6.13 所示的结果。

在 Content Format（内容格式）中选择 Citations Only（仅索引）或者 Citations and Abstracts（索引和摘要），在 Export Format（输出格式）中选择 RIS format（for Reference Manager、ProCite、

EndNote），单击 Export（输出）按钮，出现输入进程条。输入完毕后，得到如图 6.14 所示的结果，至此所选择的文献已经进入了用户的 EndNote X2 数据库。

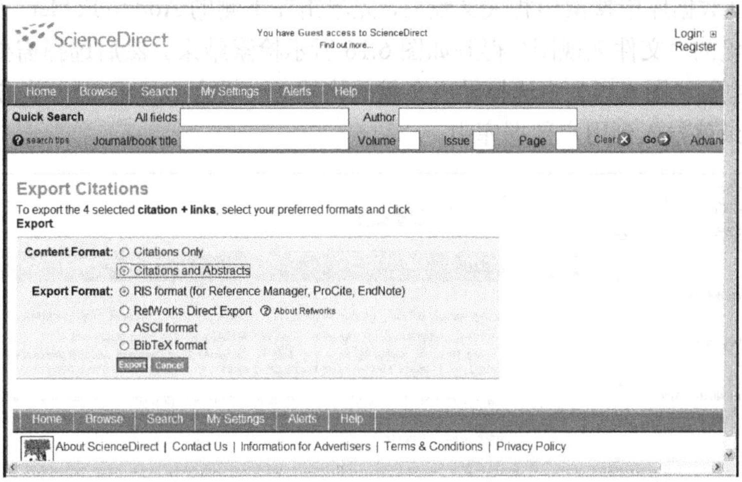

图 6.13　ScienceDirect 网站中单击 Export Citations 后的结果

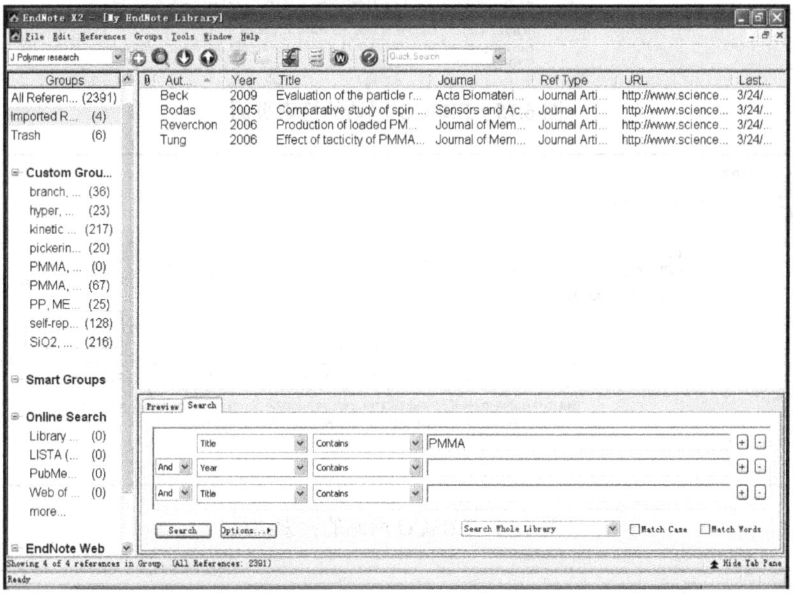

图 6.14　从 ScienceDirect 网站中输入的文献记录

6.2.4.2　EBSCO 数据库网站

EBSCO 是一个具有 60 多年历史的大型文献服务专业公司，提供期刊、文献订购及出版等服务，总部在美国，在 19 个国家设有分部。EBSCO 开发了近 100 多个在线文献数据库，涉及自然科学、社会科学、人文和艺术等多种学术领域。其中两个主要全文数据库是：Academic Search Premier 和 Business Source Premier。

Academic Search Premier 学术期刊集成全文数据库总收录期刊 7699 种，其中提供全文的期刊有 3971 种，总收录的期刊中经过同行鉴定的期刊有 6553 种，同行鉴定的期刊中提供全文的有 3123 种，被 SCI & SSCI 收录的核心期刊为 993 种（全文有 350 种）。主要涉及工商、经济、信息技术、人文科学、社会科学、通信传播、教育、艺术、文学、医药、通用科学等多个领域。

在 EBSCO 数据库中搜索出相关文献后，先单击左下侧的 Add to Folder，如图 6.15 所示。然后单击右下侧的“文件夹视图”得到如图 6.16 所示检索结果。然后选择需要导出的文献记录，在出现的页面（图 6.17）中选择导出文献的格式（一般为 EndNote），单击“保存”按钮，选择的 4 条记录就导入到用户数据库中。

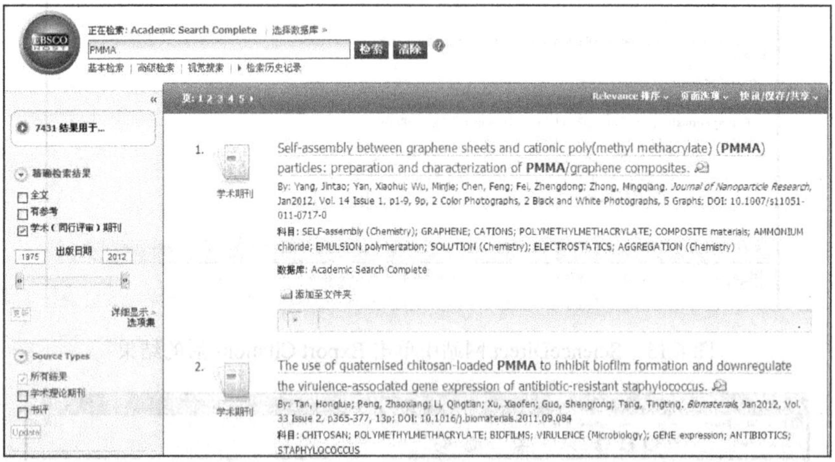

图 6.15 EBSCO 网站的检索页面

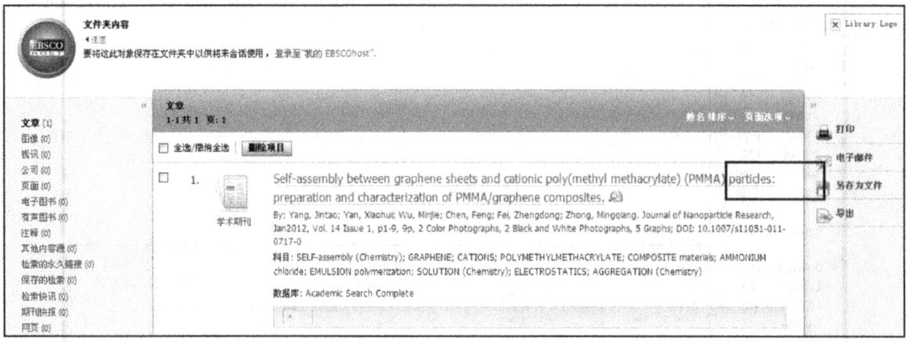

图 6.16 EBSCO 网站的检索结果

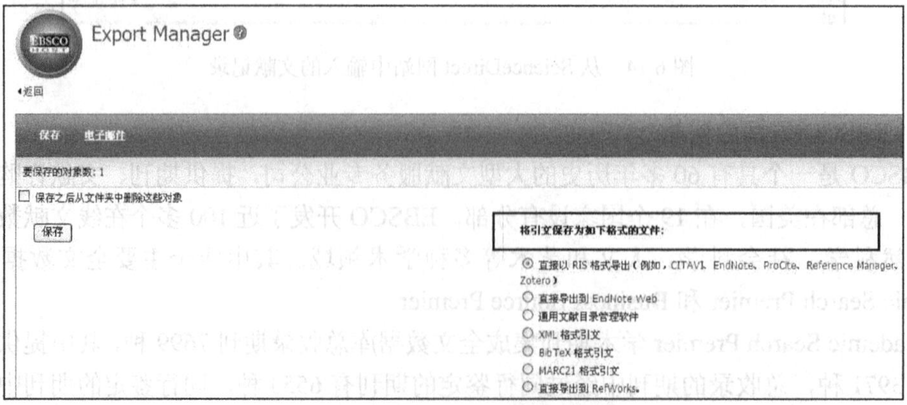

图 6.17 EBSCO 网站中选择导出文献格式

6.2.4.3 Wiley InterScience 数据库网站

Wiley 数据库是由 John Wiley & Sons Inc.（约翰・威利父子出版公司）创建，该公司创立于 1807 年，是全球历史最悠久、最知名的学术出版商之一，享有世界第一大独立的学术图书出版商和第三大学术期刊出版商的美誉。

Wiley InterScience（www.interscience.wiley.com）是 John Wiley & Sons Inc 的学术出版物的在线平台，提供包括：化学化工、生命科学、医学、高分子及材料学、工程学、数学及统计学、物理及天文学、地球及环境科学、计算机科学、工商管理、法律、教育学、心理学、社会学等 14 种学科领域的学术出版物。

该出版公司出版的学术期刊质量很高，尤其在化学化工、生命科学、高分子及材料学、工程学、医学等领域。目前出版的近 500 种期刊中，2005 年有一半以上被 SCI、SSCI、和 EI 收录。

在 Wiley 网站检索 PMMA 的结果如图 6.18 所示。

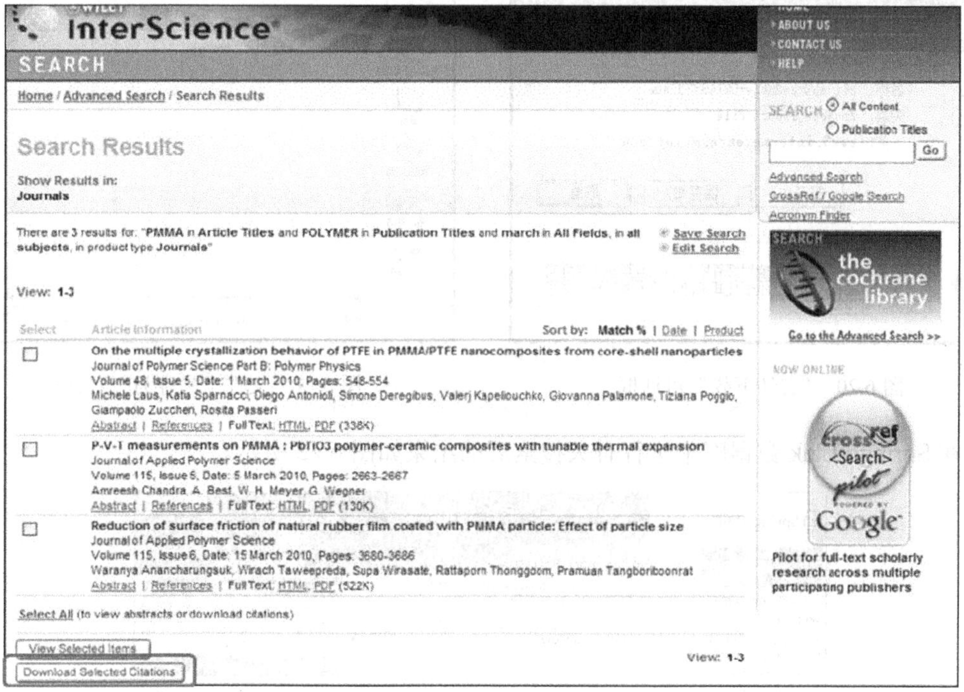

图 6.18 Wiley 网站中的检索结果

选择需要的文献后，单击 Download Selected Citations（下载选择的索引），得到如图 6.19 所示页面。在图 6.19 中，在 Format（格式）中选择 EndNote，在 Export Type（输出类型）中选择 Abstract and citation（摘要和索引），在 File Type（文件类型）中选择 PC，单击 Go，得到如图 6.20 所示的“文件下载”对话框。单击“保存”，得到如图 6.21 所示文件“另存为”对话框。在图 6.20 中单击“打开”，或者在图 6.21 中保存后单击“打开”（如果 EndNote 没有打开，会自动打开该程序），文献会自动下载到用户的文献数据库中。

6.2.4.4 SpringerLink 数据库网站

德国施普林格（SpringerLink）公司是世界上著名的科技出版集团，通过 SpringerLink 系统提供其学术期刊及电子图书的在线服务。2002 年 7 月开始，Springer 公司和 EBSCO/

Metapress 公司在国内开通了 SpringerLink 服务。2004 年 Kluwer Academic Publishers（KAP）合并入 Springer 后，SpringerLink 中已包含 1200 多种全文学术期刊，此外还将陆续添加 1997 年以前的过刊回溯数据，这些期刊是科研人员的重要信息源。

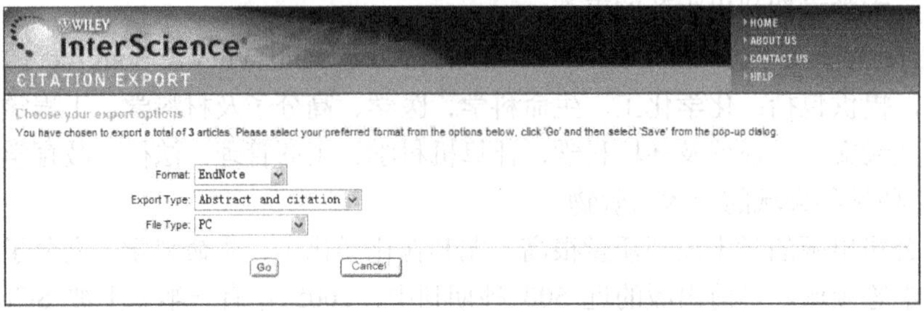

图 6.19　Wiley 网站中的导出选项

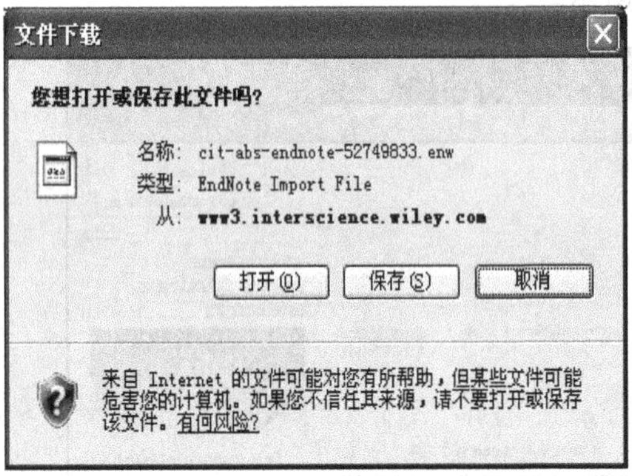

图 6.20 “文件下载”对话框

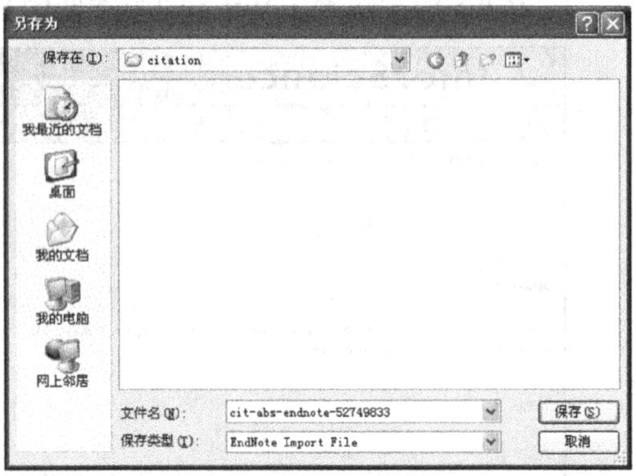

图 6.21　文件“另存为”对话框

在 SpringerLink 数据库中进行有关搜索后的结果如图 6.22 所示。

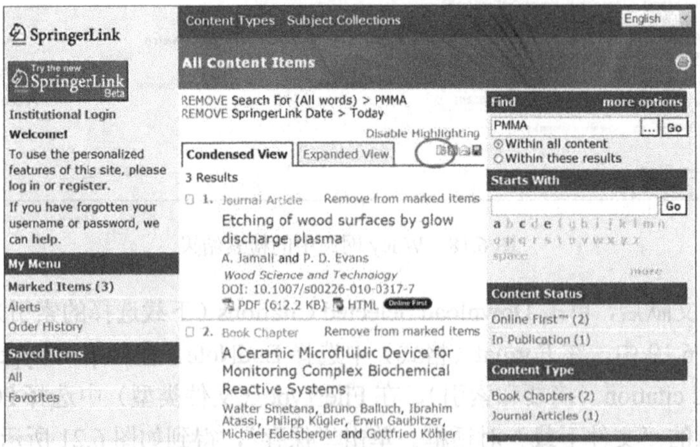

图 6.22　SpringerLink 数据库中的检索结果

在图 6.22 中的 Download this list（下载这个列表）图标上单击后的结果如图 6.23 所示。

选择需要下载到数据库的内容后单击 RIS，得到如图 6.24 所示“文件下载“对话框。单击“打开”即可将文献记录导入 EndNote 用户数据库。在图 6.23 中如果单击 Text，得到如图 6.25 所示“文件下载”对话框，单击“打开”即可将文献记录导入 EndNote 用户数据库。

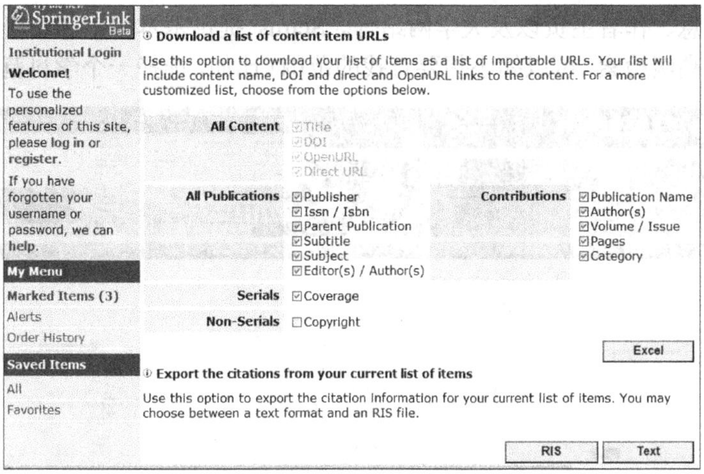

图 6.23　SpringerLink 数据库中导出页面

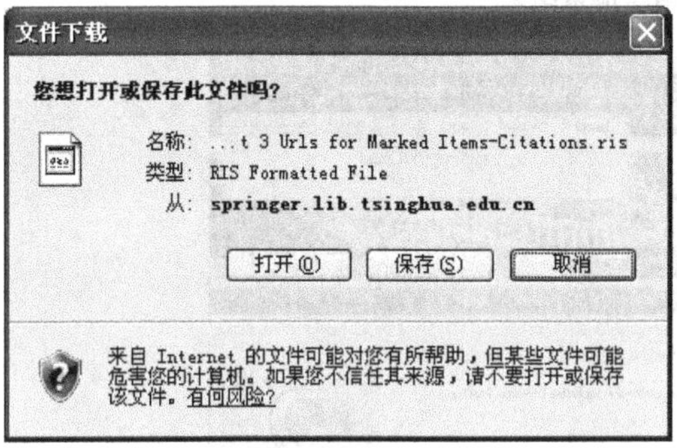

图 6.24　SpringerLink 数据库 RIS“文件下载”对话框

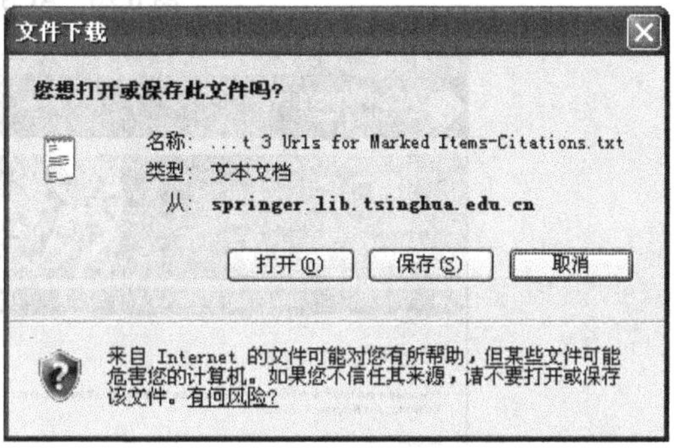

图 6.25　SpringerLink 数据库 Text“文件下载”对话框

6.2.4.5　美国化学会数据库网站

美国化学会（The American Chemical Society，ACS）是一个化学领域的专业组织，成立于 1876 年，现有 163000 位来自化学界各个分支的会员。美国化学会拥有许多期刊，其中《美国化学会志》（Journal of the American Chemical Society，JACS）已有 128 年历史。1981 年，16 种 ACS 期刊的全部内容都录入了数据库。ACS 在 1996 年把文献传上了互联网。1997 年，ACS 全部 34 种期刊都有了网络版。《化学文摘》（CA）也在 20 世纪 70 年代就开始了电子化。1984 年 CA 有了自己的数据库(CAOLD)，并开始将自 1907 年以来 CA 的全部数据上载。1997 年，ACS 推出 CA 的网络版 SciFinder Scholar，以方便化学工作人员在计算机上搜索 CA 上的内容。到 2000 年，电子版服务带来了《化学文摘》服务社的全部收入中的 82%，标志着 ACS 文献服务已经进入了电子版的时代。

在 ACS 网站上进行检索后结果如图 6.26 所示。

选择所需文献后，单击 Download Citation（下载索引），得到如图 6.27 所示导出页面。

选择 Citation and abstract for the content below（为下面的内容导出索引和摘要），单击 Download Citation（s）（下载索引）按钮，出现“文件下载”对话框，打开或保存文件即可。

6.2.4.6　Scirus 数据库

Scirus（www.scirus.com）是一个免费的专为科学家、研究人员和学生开发的网络检索引擎，可以使得每位想要检索科学信息的人员快捷精准地查找到所需信息——包括专家评审刊物、发明专利信息、作者主页以及大学网站等。Scirus 提供基本检索和高级检索两种模式以备选择——使用高级检索，可以缩小想要查找的范围（比如，选择一个学科范围和内容来源）。

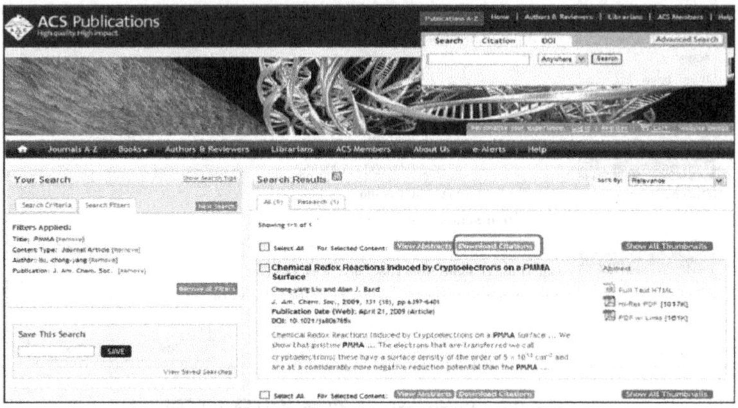

图 6.26　ACS 数据库检索结果

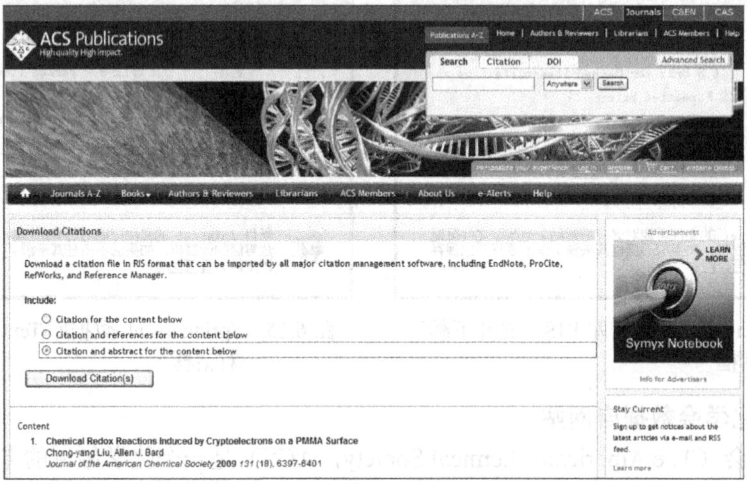

图 6.27　ACS 数据库导出页面

Scirus 是互联网上最全面的科技信息检索引擎。启用最先进的检索引擎技术，Scirus 可以检索三亿个科技信息网页，帮助科技人员快速地在网上查找科学、技术以及医学数据，查找其他检索引擎检索不到的最新技术报告以及经专家评审的期刊文献。最近几年，Scirus 荣获了多项国际大奖，包括最佳专业搜索引擎的搜索引擎守望奖（the Search Engine Watch award for Best Specialty Search Engine）和最佳搜索引擎/目录指南的网络奖（the Web Award for Best Search Engine or Directory）。

Scirus 这一科学信息专业检索引擎，只把目光聚焦在那些包含科学性内容的网页上，这就使其检索科学信息更为快速有效。通过检索三亿个与科学相关的页面，Scirus 可以帮助用户在网络中快速找到所需的科学信息：① 滤除非科学性网站；② 查找专家评审文献诸如 PDF 以及 PostScript 文件，而这些文件常常被其他检索引擎所忽略；③ 检索全球最大的科学、技术以及医学数据库，Scirus 查找比普通检索引擎更为深入，从而可以获取更多的相关信息。

以在 Scirus 中查找 Polymer 和 nanoparticle 为例进行检索，结果如图 6.28 所示。

选择所需文献，单击 Export 后，得到如图 6.29 所示导出页面。

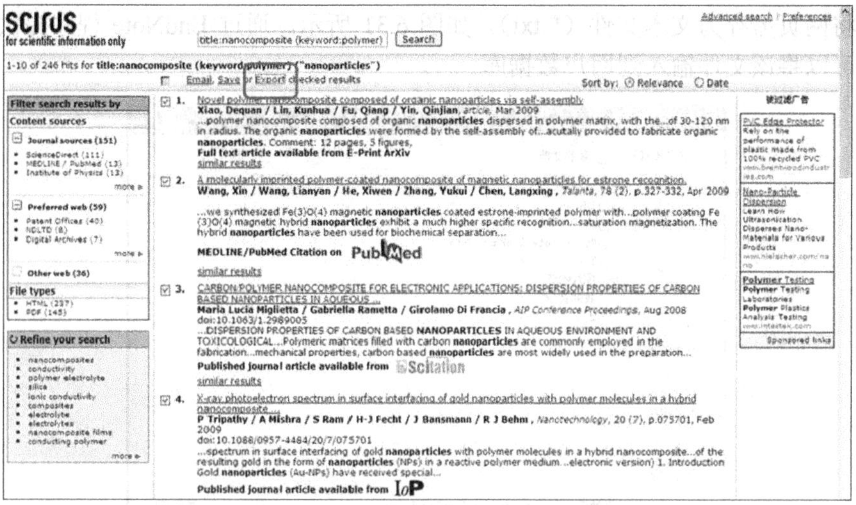

图 6.28　Scirus 数据库检索结果

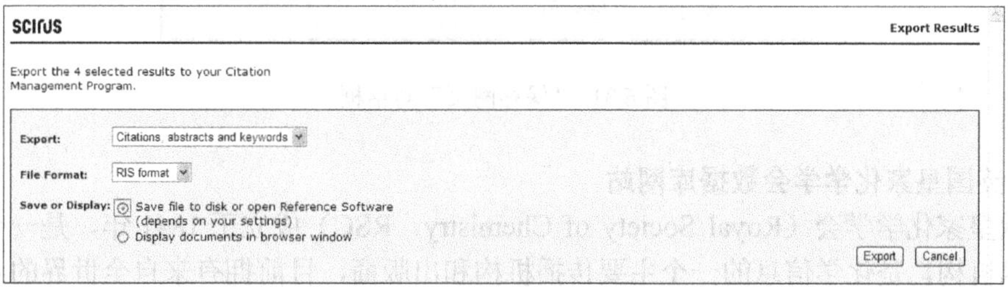

图 6.29　Scirus 数据库导出页面

在图 6.29 中选择 Save file to disk or open Reference Software（将文件保存到磁盘或打开文献软件），单击 Export 在出现的对话框中选择保存文件，就可以直接保存在要求的文件夹中，从 EndNote 程序中可以将其打开；如果选择打开文件，则可以直接把文献记录输入至 EndNote 程序中。

在图 6.29 中选择 Display documents in browser window（在窗口中显示文件），单击 Export 则得到如图 6.30 所示的结果。

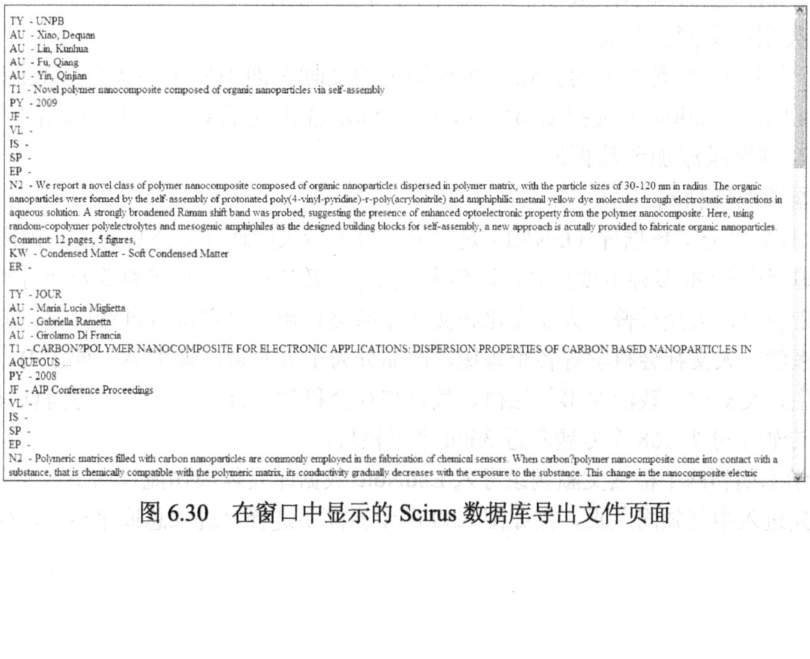
TY - UNPB
AU - Xiao, Dequan
AU - Lin, Kunhua
AU - Fu, Qiang
AU - Yin, Qinjian
T1 - Novel polymer nanocomposite composed of organic nanoparticles via self-assembly
PY - 2009
JF -
VL -
IS -
SP -
EP -
N2 - We report a novel class of polymer nanocomposite composed of organic nanoparticles dispersed in polymer matrix, with the particle sizes of 30-120 nm in radius. The organic nanoparticles were formed by the self-assembly of protonated poly(4-vinyl-pyridine)-r-poly(acrylonitrile) and amphiphilic metanil yellow dye molecules through electrostatic interactions in aqueous solution. A strongly broadened Raman shift band was probed, suggesting the presence of enhanced optoelectronic property from the polymer nanocomposite. Here, using random-copolymer polyelectrolytes and mesogenic amphiphiles as the designed building blocks for self-assembly, a new approach is acutally provided to fabricate organic nanoparticles.
Comment: 12 pages, 5 figures,
KW - Condensed Matter - Soft Condensed Matter
ER -

TY - JOUR
AU - Maria Lucia Miglietta
AU - Gabriella Rametta
AU - Girolamo Di Francia
T1 - CARBON?POLYMER NANOCOMPOSITE FOR ELECTRONIC APPLICATIONS: DISPERSION PROPERTIES OF CARBON BASED NANOPARTICLES IN AQUEOUS ...
PY - 2008
JF - AIP Conference Proceedings
VL -
IS -
SP -
EP -
N2 - Polymeric matrices filled with carbon nanoparticles are commonly employed in the fabrication of chemical sensors. When carbon?polymer nanocomposite come into contact with a substance, that is chemically compatible with the polymeric matrix, its conductivity gradually decreases with the exposure to the substance. This change in the nanocomposite electric

图 6.30　在窗口中显示的 Scirus 数据库导出文件页面

然后将网页另存为文本文件（*.txt），如图 6.31 所示。通过 EndNote 程序提供的 Import 功能，就可以将该文件输入到用户数据库。

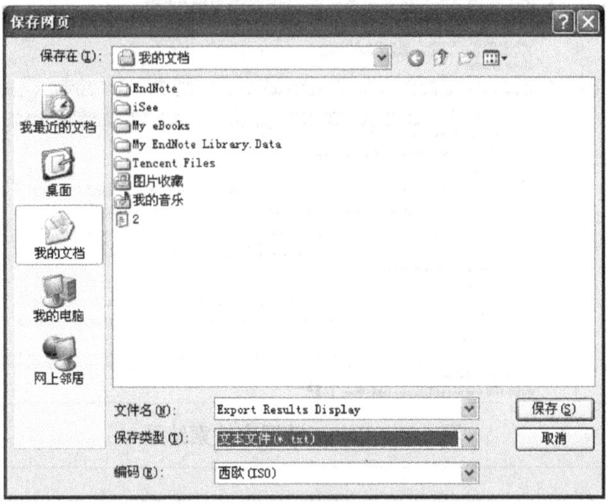

图 6.31 “保存网页”对话框

6.2.4.7 英国皇家化学学会数据库网站

英国皇家化学学会（Royal Society of Chemistry，RSC）成立于 1841 年，是一个国际权威的学术机构，是化学信息的一个主要传播机构和出版商，目前拥有来自全世界的 4 万多个个人和团体会员。该学会出版的期刊是化学领域的核心刊物，大部分被 SCI 收录，属被引频次较高的期刊。使用者还可以通过 RSC 网站获得化学领域相关资源，如最新的化学研究进展、学术研讨会信息、化学领域的教育传播等。RSC 出版期刊的回溯数据包，数据年限为 1841—2004 年，提供永久在线访问。

数据库名称：RSC Online Journals 英国皇家化学学会期刊全文数据库。

数据库 URL：http://www.rsc.org/Publishing/Index.asp；数据库名称缩写为 RSC。

数据库内容：全文；期刊论文。

数据库学科：生命科学；医学；环境科学；化学与化工。

数据库类型：文摘；全文。

图 6.32 为 RSC 数据库中的文献，在查询出的文献页面中先选择需要下载的文献题录，然后在 Download Citation 中选择 EndNote，单击 Go，在出现的对话框中，单击“打开”或“保存”即可将文献题录添加至数据库。

6.2.4.8 中国学术期刊网

中国学术期刊全文数据库（CNKI）是目前世界上最大的连续动态更新的中国期刊全文数据库，收录中国国内 8200 多种重要期刊，以学术、技术、政策指导、高等科普及教育类为主，同时收录部分基础教育、大众科普、大众文化和文艺作品类刊物，内容覆盖自然科学、工程技术、农业、哲学、医学、人文社会科学等各个领域。产品分为十大专辑：理工 A、理工 B、理工 C、农业、医药卫生、文史哲、政治军事与法律、教育与社会科学综合、电子技术与信息科学、经济与管理。10 个专辑下分为 168 个专题和近 3600 个子栏目。

在中国学术期刊网中检索文献题录导入 EndNote 数据库具体操作流程如下。

（1）首先进入中国知网主页，在如图 6.33 所示界面中选择“进入总库平台”，得到如图 6.34

所示检索页面。

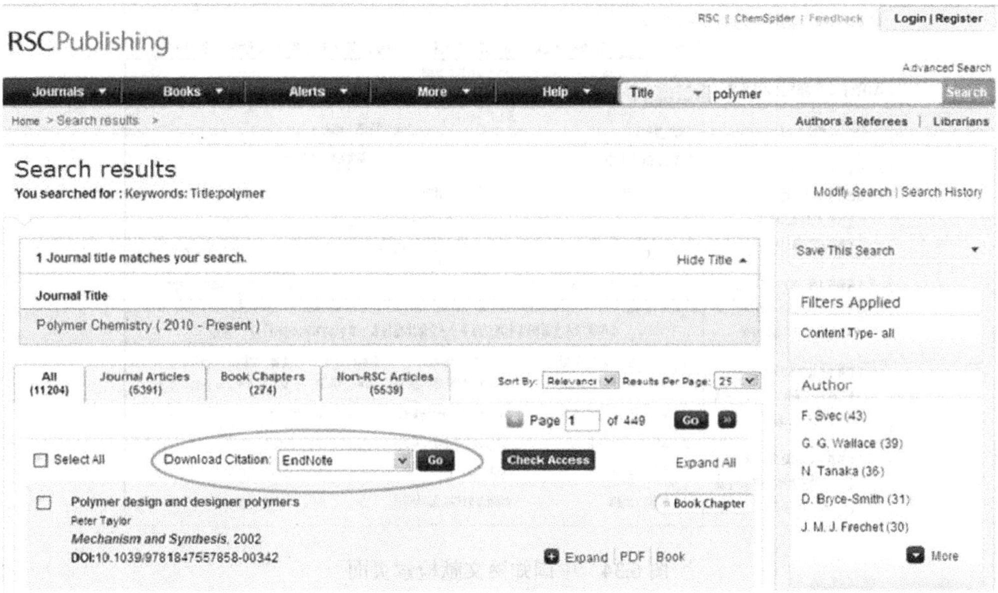

图 6.32　RSC 数据库中的文献

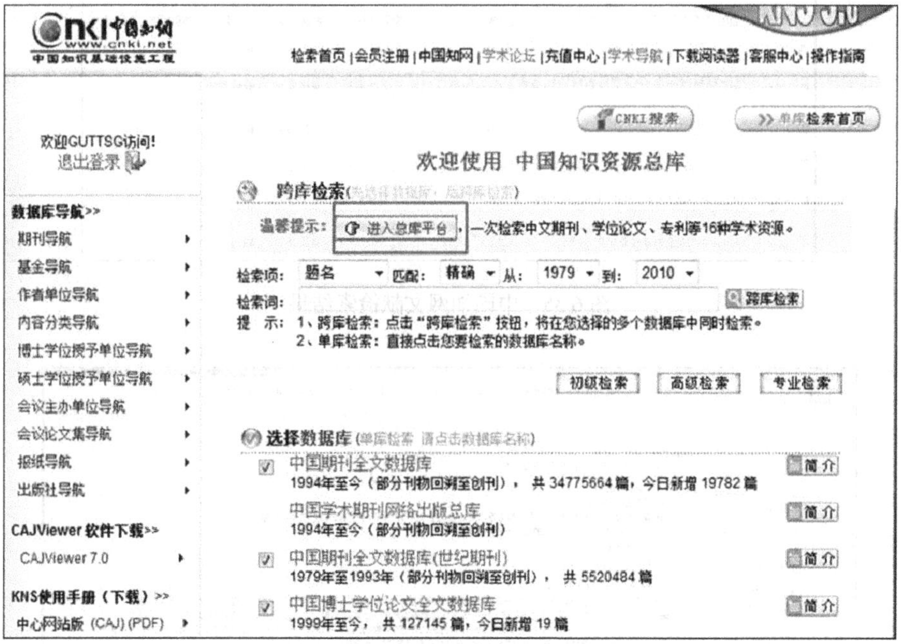

图 6.33　中国知网主页

（2）在图 6.34 检索页面中输入需要检索的内容，单击“检索文献”。

（3）在出现的文献检索结果（图 6.35）中选择需要输出的文献后，单击“存盘”。

（4）在出现的文献存盘页面（图 6.36）中先选择输出格式为 EndNote，然后选择“输出到本地文件”，出现“另存为”对话框，保存为文本文档格式后，即可在 EndNote 中打开，将选择的文献内容输入数据库。

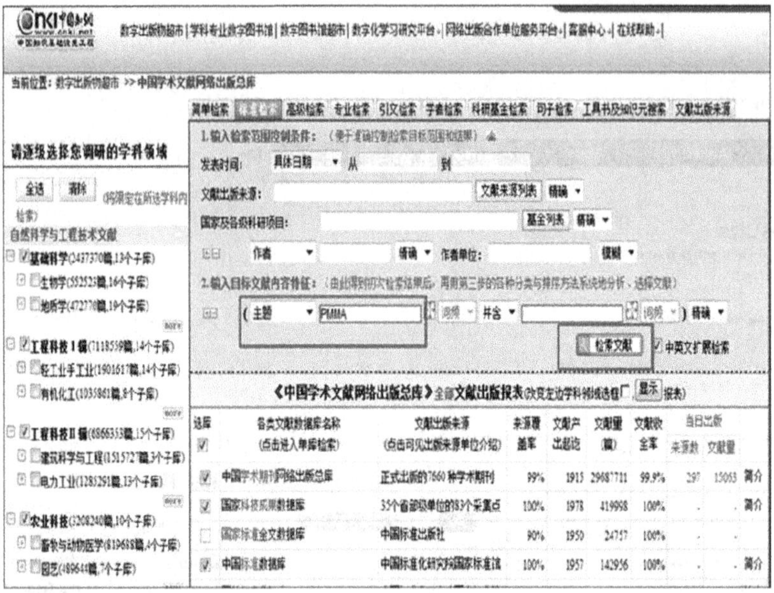

图 6.34　中国知网文献检索页面

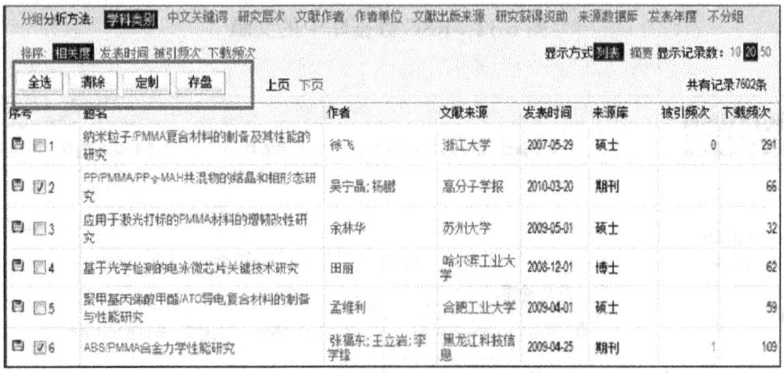

图 6.35　中国知网文献检索结果

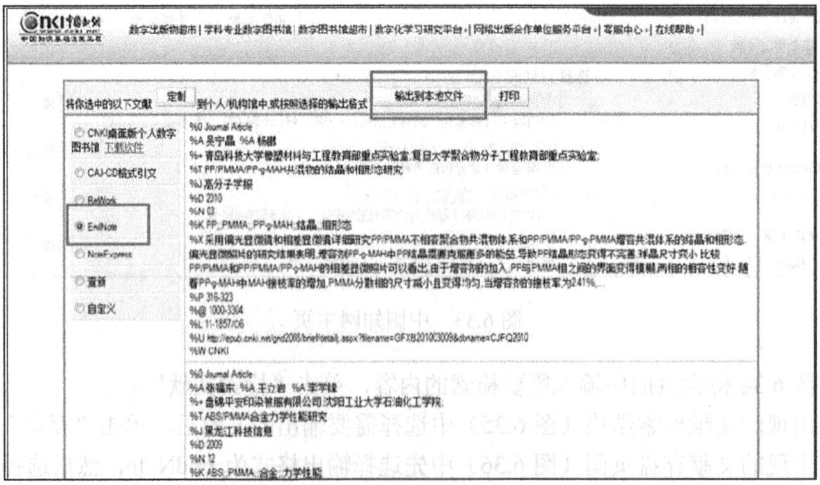

图 6.36　文献存盘格式选择页面

6.3　数据库的管理

本节介绍菜单中每一项的功能。首先介绍程序的界面，包括快捷键介绍，然后介绍菜单，主要包括数据库资料的输出、文件压缩、文字批量替换、连接管理、偏好设定、重复的设定与删除、显示栏位设定、批量添加栏位与信息、排序、复制和粘贴等。

6.3.1　程序界面

打开已经保存有文献记录的 EndNote X2 程序后，出现如图 6.37 所示的界面。这个界面上有主菜单、快捷方式栏、文献分组栏、文献信息栏、预览和搜索区等。

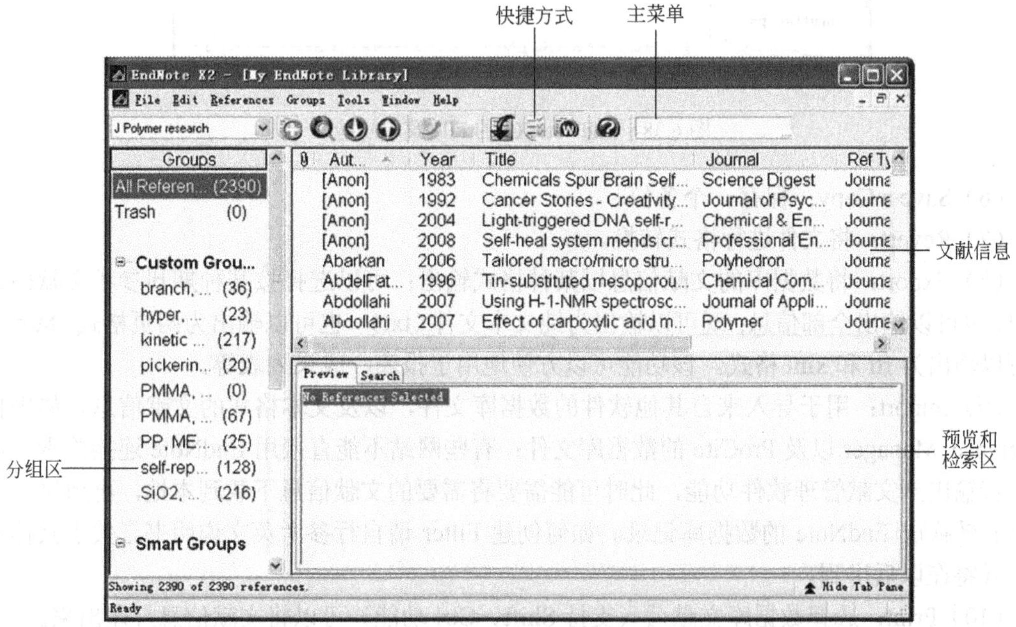

图 6.37　EndNote X2 程序界面

6.3.2　程序菜单

6.3.2.1　File 菜单

打开数据库文件的 File 菜单，可以对数据库文件进行有关的操作，包括新建、打开或关闭数据库文件，也可以保存一个副本、输入或输出文件内容、打印设置、预览、压缩数据库文件等，如图 6.38 所示。

（1）New：新建一个数据库。

（2）Open：打开一个数据库，当鼠标指向 Open 时会显示出二级菜单，其中包括近期打开的数据库，以便快速打开；在此也可以打开一个 EndNote X2 自带的范例文件，这个文件在 EndNote X2 安装目录的 Examples 文件夹下，名字为 Sample_library。用工具栏上的图标或者通过 File→Open→Open Library 打开这个文件。

（3）Close Library：关闭数据库文件。

（4）Save：保存文件。

（5）Save As：将文件另存为。

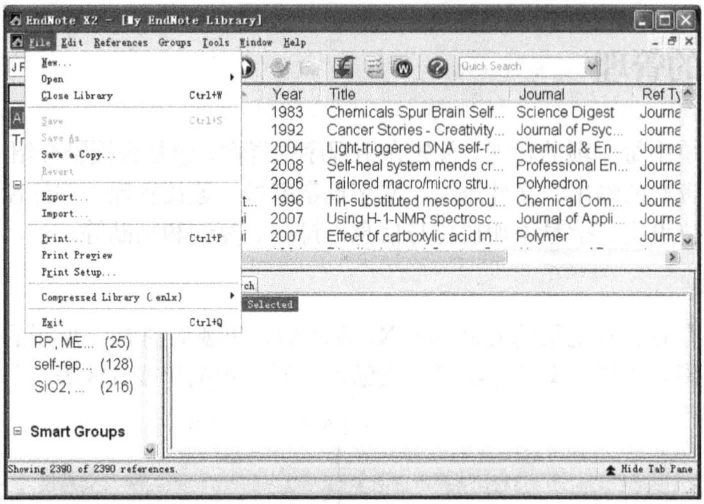

图 6.38 EndNote X2 的 File 菜单功能

（6）Save a Copy：保存一个备份。

（7）Revert：将文件进行格式转换。

（8）Export：将数据库的文献信息以某种格式输出；可以选择按某种期刊参考文献格式输出，也可以输出全部信息；既可以输出为纯文本文件（txt），也可以输出为网页格式（htm），还可以输出为 rtf 和 xml 格式。该功能可以方便地用于报表、成果列表等。

（9）Import：用于导入来自其他软件的数据库文件，以及文本格式的文献信息。如来自 Reference Manager 以及 ProCite 的数据库文件；有些网站不能直接用 EndNote 连接检索，没有直接输出到文献管理软件功能，此时可能需要将需要的文献信息下载到本地，再通过一定的格式转换成 EndNote 的数据库记录。如何创建 Filter 请自行参考英文说明书。关于具体转换方式将在以后讲到。

（10）Print：选择数据库文献后（支持 Shift、Ctrl 功能）可以将文献信息打印出来。

（11）Print Preview：打印预览，选择数据库中的文献记录后在打印前可以预览打印页面，如图 6.39 所示。

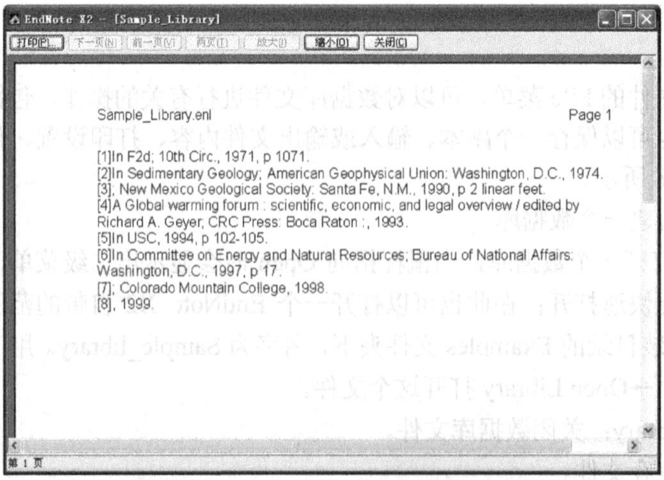

图 6.39 EndNote X2 的打印预览页面

（12）Print Setup：打印设置：在打印前可以设置打印机名称、纸张、打印方向等，如图 6.40 所示。

（13）Compressed Library：压缩数据库文件，在其子菜单中选择 Create 出现如图 6.41 所示对话框，可以将数据库中所有相关文件压缩成一个文件，便于复制传输，而无须像以前的版本那样需要同时复制文件和文件夹。

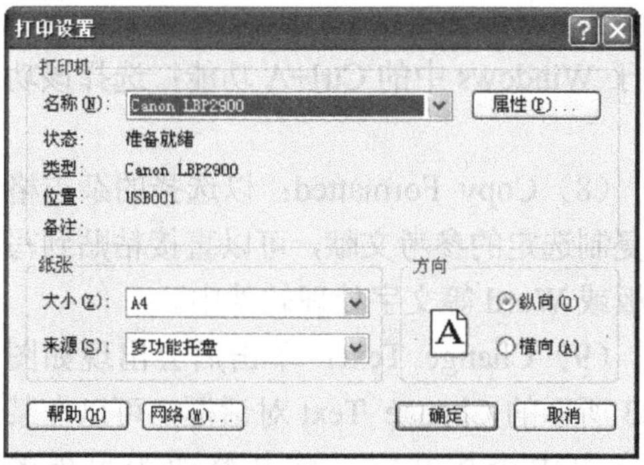

图 6.40　EndNote X2 的“打印设置”对话框

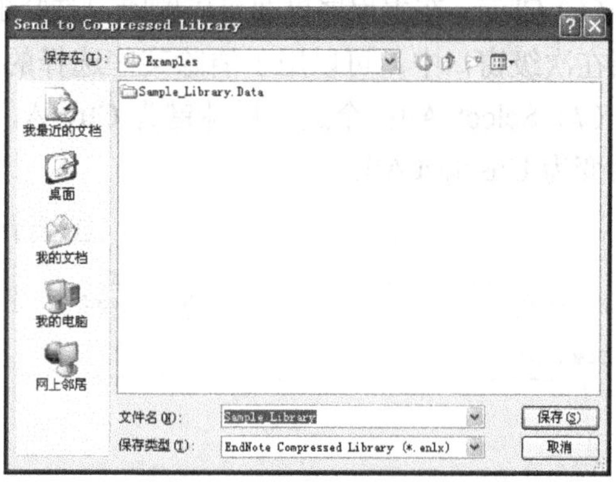

图 6.41　EndNote X2 的 Send to Compressed Library 对话框

6.3.2.2　Edit 菜单

打开数据库文件的 Edit 菜单，可以进行文献记录的复制粘贴、以无格式文本粘贴、将一条记录复制成特定期刊的参考文献格式、批量替换内容、字体及格式设定、参考文献的输出格式设定、其他来源的文献信息导入 EndNote 时的格式转换、连接数据库的管理以及偏好设定等内容，如图 6.42 所示。

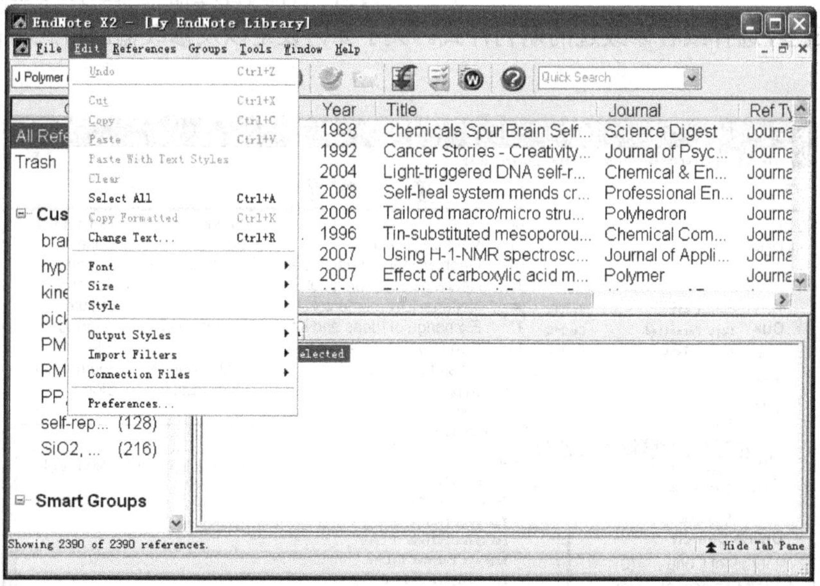

图 6.42　EndNote X2 的 Edit 菜单功能

（1）Undo：撤销上一次的操作。

（2）Cut：剪切选定的文献，这种方式剪切下来的是文献的全部信息（不包括全文等），可以转移到另一个数据库中。

（3）Copy：复制文献的全部信息，可以粘贴到另一个数据库中。注意此项功能与下面 Copy Formatted 的区别。

（4）Paste：粘贴。

（5）Paste with Text Styles：以文本形式进行粘贴。

（6）Clear：在主程序界面可以删除已选择的文献，相当于右键菜单中的 Delete References；如果在次级窗口中，可以用于清除某些选择的栏位。

（7）Select All：全选，快捷键为 Ctrl+A，相当于 Windows 中的 Ctrl+A 功能；选择该功能后变为 Unselect All。

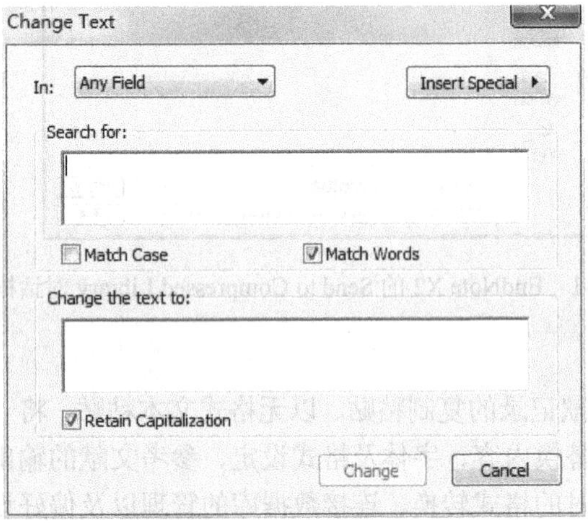

图 6.43 Change Text 对话框

（8）Copy Formatted：以选择的杂志格式复制选定的参考文献，可以直接粘贴到写字板或 Word 等文字处理软件中。

（9）Change Text：单击后会出现如图 6.43 所示的 Change Text 对话框，可以在某个字段中查找文字，将其修改为另外的文字。

（10）Output Styles：文献输出的格式，如图 6.44 所示，这个菜单在撰写论文时设置参考文献的输出格式非常重要，当前选择的输出格式是 ACS 杂志的格式。该子菜单中有新样式（New Style），可编辑选择的样式，打开“样式管理器”（Style Manager），还可显示出来已经选择或者修改过的期刊样式。关于如何设定以及修改输出格式将在 6.4 节中详细介绍。

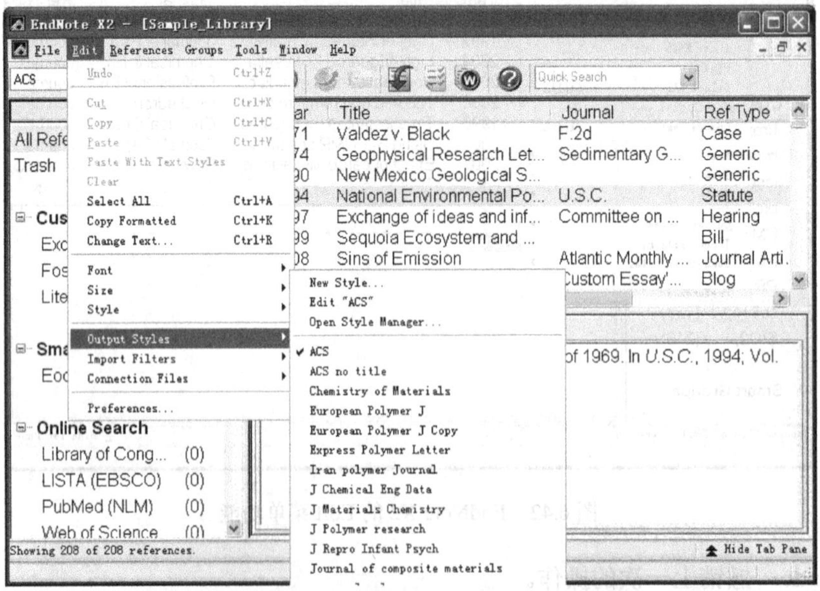

图 6.44 EndNote X2 的 Edit 菜单中输出格式编辑选择页面

（11）Import Filters：将其他数据库文献或文本文献导入 EndNote X2 时，需要合适的转换格式。也可以自行设定合适的转换格式，如图 6.45 所示。

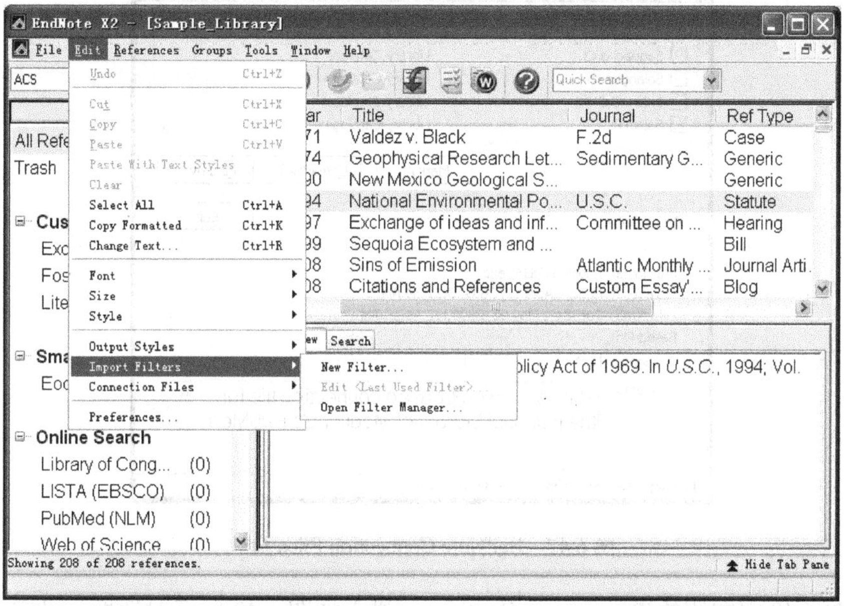

图 6.45 EndNote X2 的 Edit 菜单中输入过滤器编辑选择命令

（12）Connection Files：选择要链接的数据库，如图 6.46 所示，单击 Open Connection Manager，进入 Connection Manager 界面，如图 6.47 所示，从中勾选常用数据库之后，这些数据库就会出现在 Tools→Connect 子菜单中，便于快速链接。

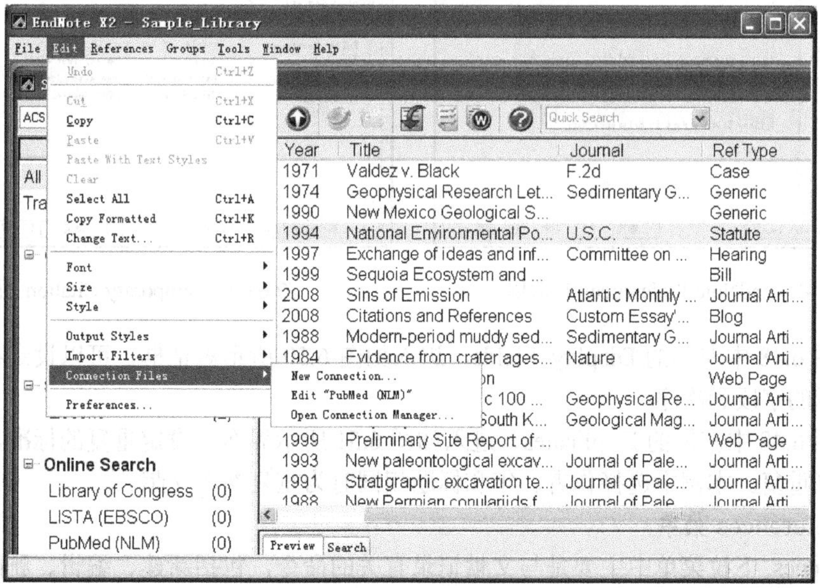

图 6.46 EndNote X2 的 Edit 菜单中链接文件编辑选择命令

（13）Preferences：偏好设定，设定打开文件时默认打开的数据库、显示字体、文件类型、引用时的临时记号、排序要求、文献格式、显示字段、文献重复条件、文件夹位置、术语列表、拼写检查以及 EndNote 网站等，如图 6.48 所示。

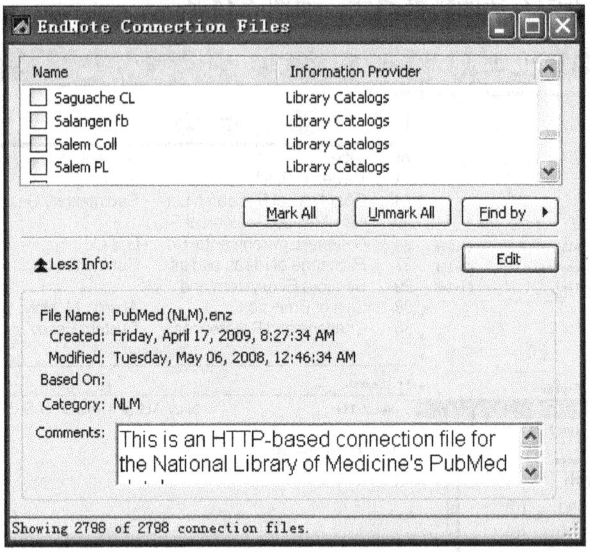

图 6.47　EndNote Connection Files 窗口

单击图 6.48 中左侧的 Temporary Citations，进入如图 6.49 所示对话框，设定 Word 中引用时临时显示的样式。

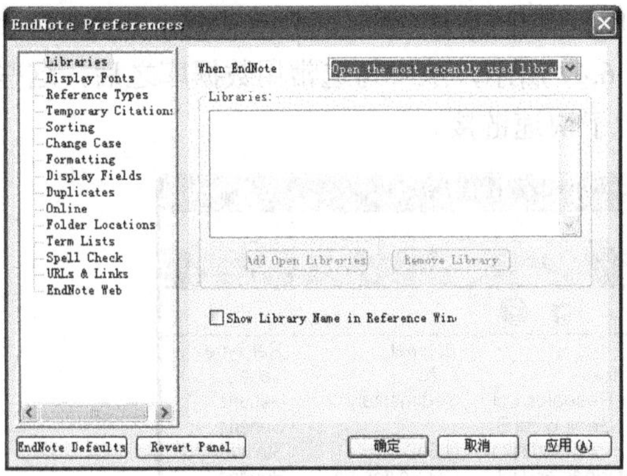

图 6.48　EndNote Preferences 对话框

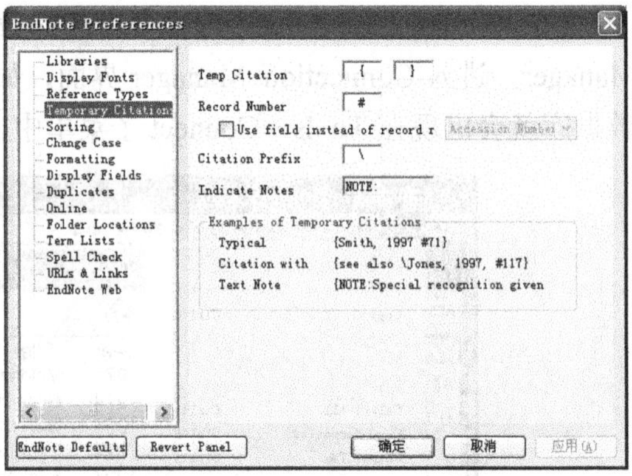

图 6.49　Temporary Citation 面板

单击图 6.48 中左侧的 Display Fields，进入如图 6.50 所示对话框，可以设定在程序主界面希望显示的字段和次序。

单击图 6.48 中左侧的 Duplicates，进入如图 6.51 所示界面，设定重复的标准，即哪些栏位相同才算重复。本例中选择作者、年和标题相同时为重复参考文献。

6.3.2.3　References 菜单

References 下拉菜单中主要是与文献记录有关的命令，包括新建、编辑、删除、移动、移除、添加附件、找全文、打开链接、显示或隐藏选择的文献、查找重复文献、清除垃圾箱等。如图 6.52 所示，灰色的表示在主窗口不能直接实现的命令，必须进到具体某些记录中才能执行。单击某个文献记录，此时 References 的下拉菜单一部分变为可执行状态。

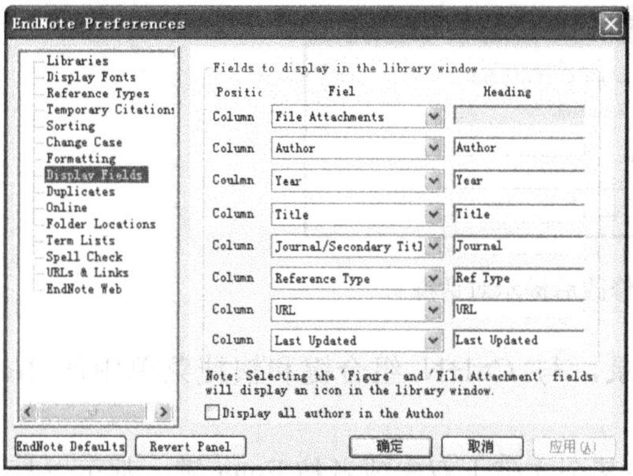

图 6.50　Display Fields 面板

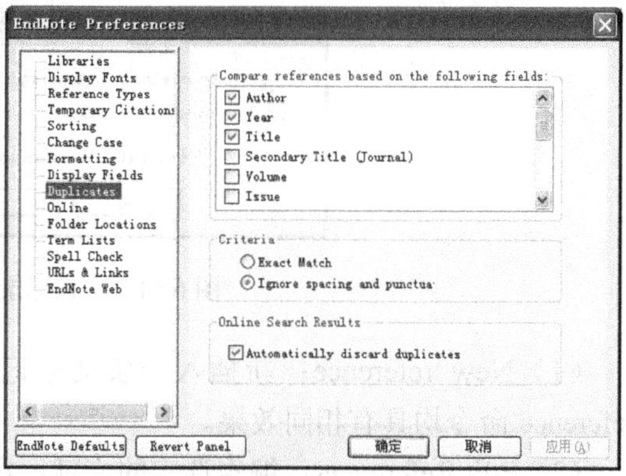

图 6.51　Duplicates 面板

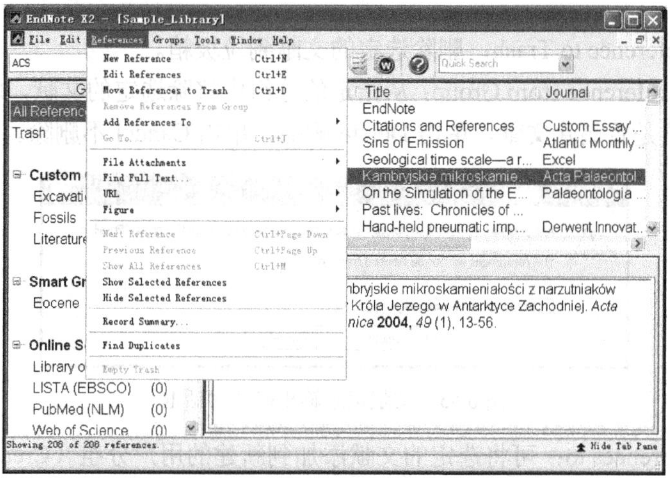

图 6.52　EndNote X2 的 References 菜单功能

在主窗口中双击某项记录，即可看到该记录的详细内容，如图 6.53 所示。在该窗口中可以对字段进行编辑。修改完毕，关闭窗口，系统会提示是否保存所做修改，如图 6.54 所示，单击 Yes 或者 No 表示保存或不保存。

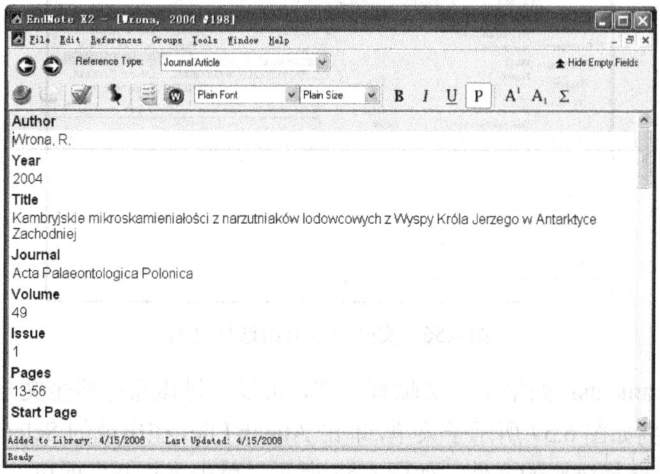

图 6.53　文献记录窗口

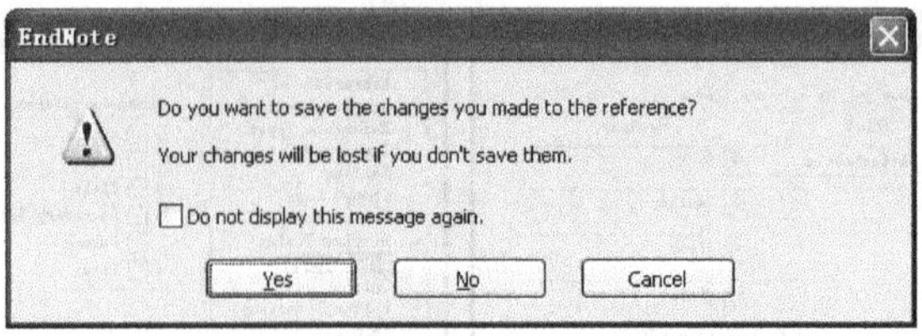

图 6.54 文献记录修改后提示对话框

（1）New reference：新插入一条文献记录，与 Ctrl+N 组合键和快捷菜单中的 New Reference 命令均具有相同效果。

（2）Edit References：编辑选定的文献；在某个文献上双击或者按 Enter 键，都可以打开文献，显示它的详细资料。在这个界面可以对文献的各项内容进行修改，关闭时会自动保存所做的修改。

（3）Move Reference to Trash：删除选定的文献到垃圾箱。

（4）Remove Reference from Group：从指定的分组中移除选定的文献，此时得到如图 6.55 所示对话框，确认是否删除文献，单击 Delete 删除，单击 Cancel 不删除。

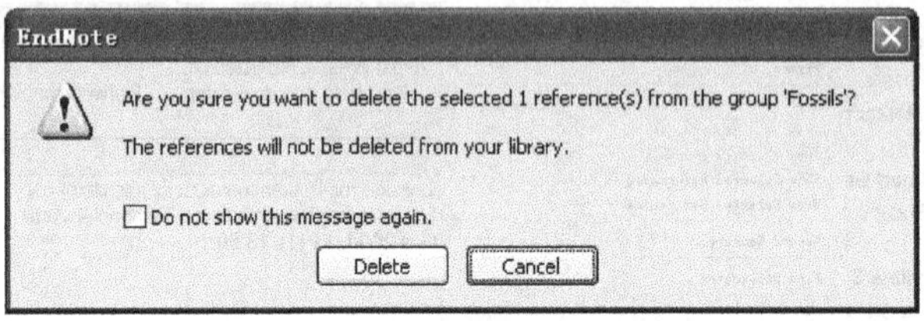

图 6.55 文献记录输出确认对话框

（5）Add References to：可将选定的文献添加到新建的用户分组（Create Custom Group）或者已有的用户分组中。如图 6.56 所示，可以将该文献加入到用户的 Excavation、Fossils 或 Literature 分组中。

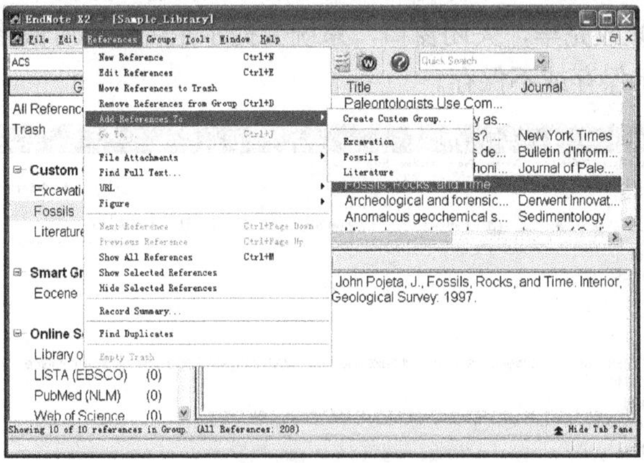

图 6.56 文献记录分组选择页面

（6）File Attachments：如果某个文献有全文，可以通过该命令将全文与该文献链接起来，单击该命令后，得到如图 6.57 所示子菜单，单击 Attach File，在出现的 Select a file to link to the reference 对话框中选择链接的文件，如图 6.58 所示，单击“打开”即可。可以链接任何格式的文件。

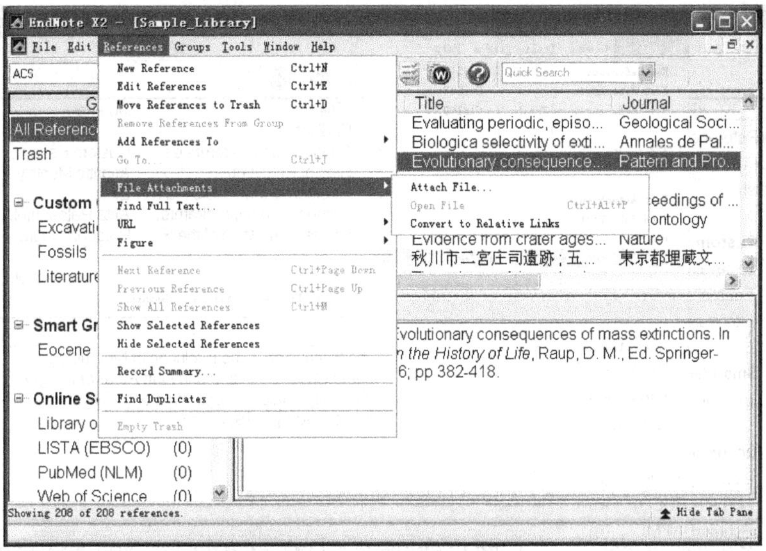

图 6.57　文献记录链接全文选择页面

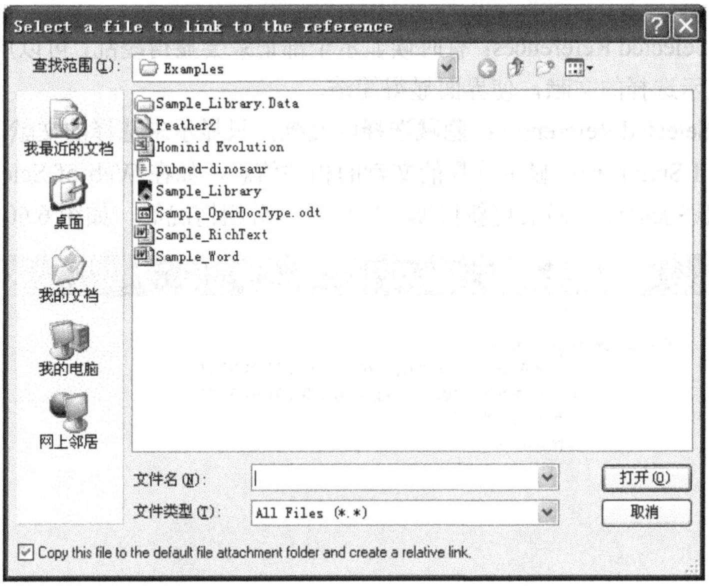

图 6.58　文献记录链接时选择全文页面

（7）Find Full Text：在数据库中查找全文，以便与文献记录链接。

（8）URL：打开或者添加超链接。

（9）Figure：给某个文献添加或打开附件，也可以将图转化为文件的附件，如图 6.59 所示，此时图中字段的内容将会转化为文件附件字段，这种操作不可逆，建议将数据库备份后再进行该命令。

（10）Next Reference（前一文献）和 Previous Reference（下一个文献）：用于定位文献。

（11）Show All References：如果当前显示的只是已打开数据库的部分记录，单击该命令可以显示全部文献记录，Ctrl+W 组合键具有相同的功能。

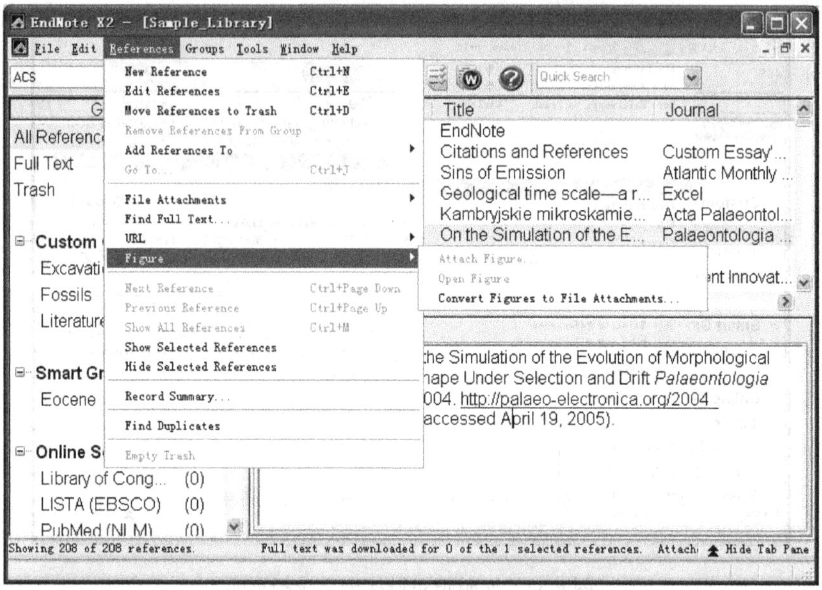

图 6.59 将文献记录中的图转换为附件

（12）Show Selected References：有时候显示全部记录会显得凌乱，可以用鼠标选择之后，利用该命令只显示选择的文献，使界面显得简洁。

（13）Hide Selected References：隐藏选择的文献，只显示未选择的文献。

（14）Record Summary：显示选择的文献的相关信息，如在 Web of Science 数据库中的引用次数、文献添加时间、最后更新日期、字段数、分组情况等，如图 6.60 所示。

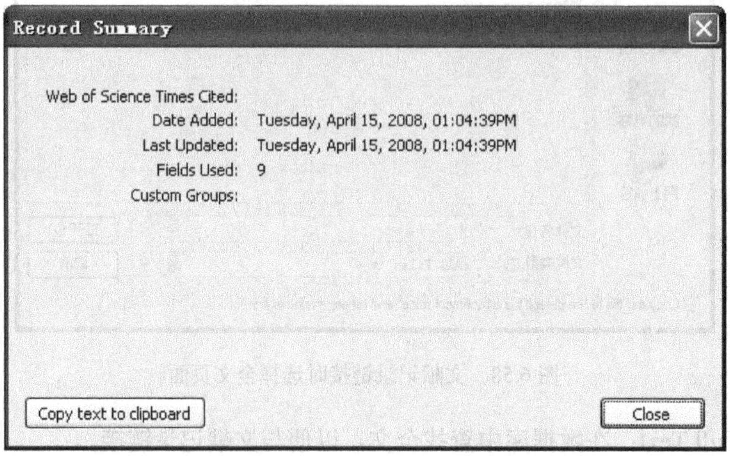

图 6.60 文献记录总结

（15）Find Duplicates：根据偏好设定中定义的重复文献标准，查找当前数据库中有没有重复的文献记录。

（16）Empty Trash：清空垃圾箱中的删除文献。该项命令在垃圾箱中有删除的文献时才可使用。关闭 EndNote X2 时也会提示用户是否清空垃圾箱。

6.3.2.4 Groups 菜单

分组功能是 EndNote X2 中新增加的功能。它可以将数据库中的文献进行分组，在其子菜单中含有建立新组、建立智能组、重命名组、编辑组、删除组、把文献加入一个组或者建立的新组、隐藏组等功能，如图 6.61 所示。下面分别介绍。

（1）Create Group：单击该命令后在左侧的 Custom Groups（用户组）中出现 New Groups，在此输入新组名称即可。如输入新组名称（本例为 latest）后，新组名称会按照首字母顺序排列。此时新组中（本例为 latest）没有文献记录。如图 6.62 所示为建立新组前后用户组变化。

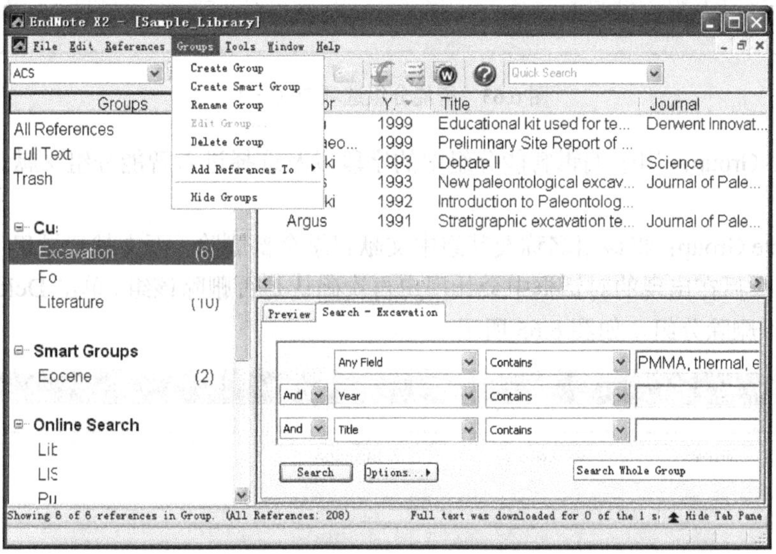

图 6.61　EndNote X2 的 Groups 菜单功能

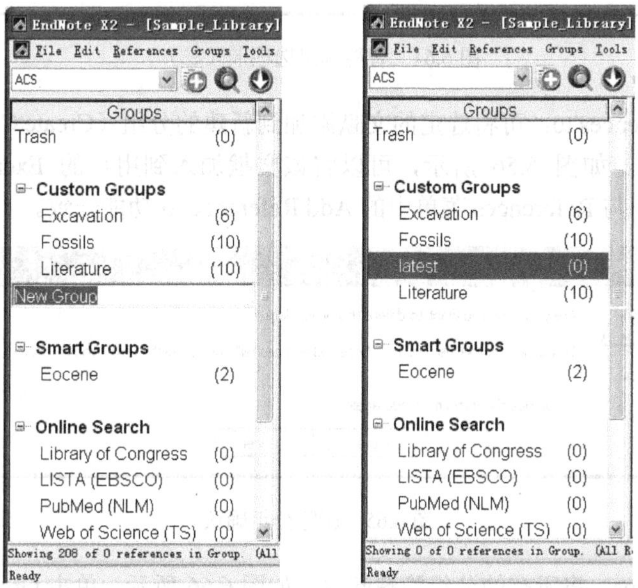

图 6.62　新建分组前后用户组变化

（2）Create Smart Group：单击该命令，出现如图 6.63 所示的对话框，通过选择适当的字段及其内容，可以把查找后得到的文献，自动添加到该智能分组中。只有在相应字段中输入文字才能建立智能分组。

（3）Rename Group：将组名称重命名，也可以在分组名称上双击将其重命名。

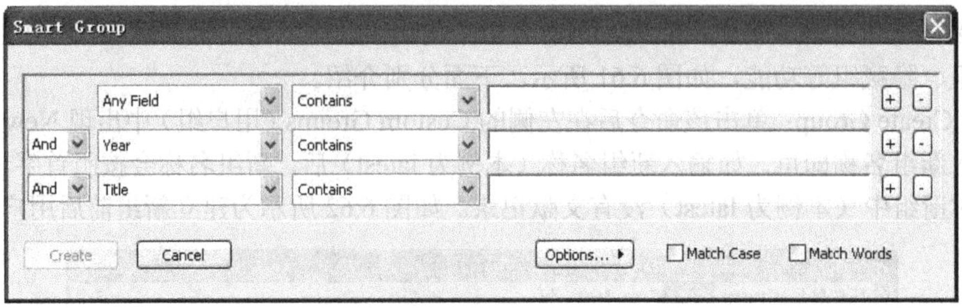

图 6.63 智能分组选项卡（一）

（4）Edit Group：用于编辑智能分组中的字段以及选择进入智能分组文献记录条件，如图 6.64 所示。

（5）Delete Group：将该组名称及其组中文献记录全部删除，而文献记录仍保留在数据库中。单击该命令后在出现的对话框中会让用户再次确认是否删除该组。单击 Delete 删除分组，单击 Cancel 不删除分组，如图 6.65 所示。

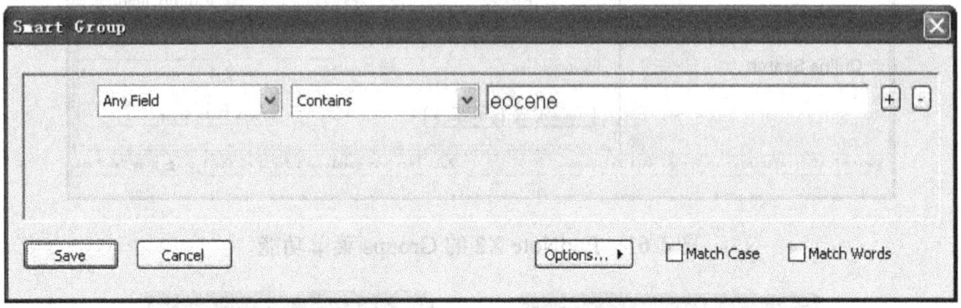

图 6.64 智能分组选项卡（二）

（6）Add References to：可将选定的文献添加到新建的分组（Create Custom Group）或者已有的用户分组中。如图 6.56 所示，可以将该文献加入到用户的 Excavation、Fossils 或 Literatures 分组中。与 References 菜单中的 Add Reference to 功能一致。

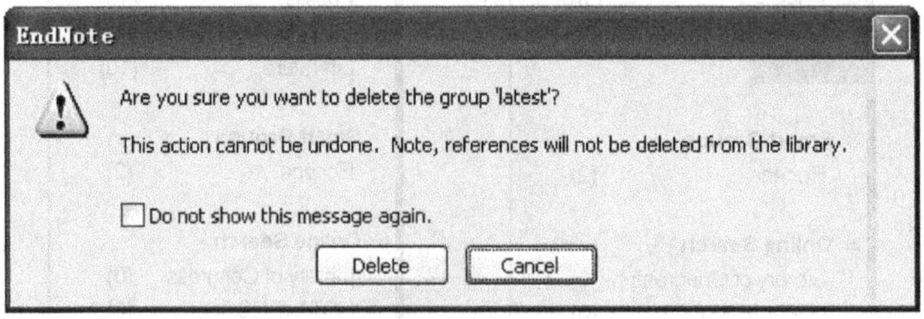

图 6.65 删除分组确认

（7）Hide Groups：将所有的分组隐藏起来，如图 6.66 所示，单击 Groups 菜单中的 Show Groups，分组重新出现。

6.3.2.5 Tools 菜单

EndNote X2 的工具菜单包含查找数据库、拼写检查、边写边引、在线查找、格式化论文、改变和移动字段、EndNote 网页、打开术语列表、定义术语列表、链接术语列表、隐藏面板、分类数据库、恢复数据库、数据库总结、主题分类、论文模板和数据可视化等，如图 6.67 所示。下面分别介绍。

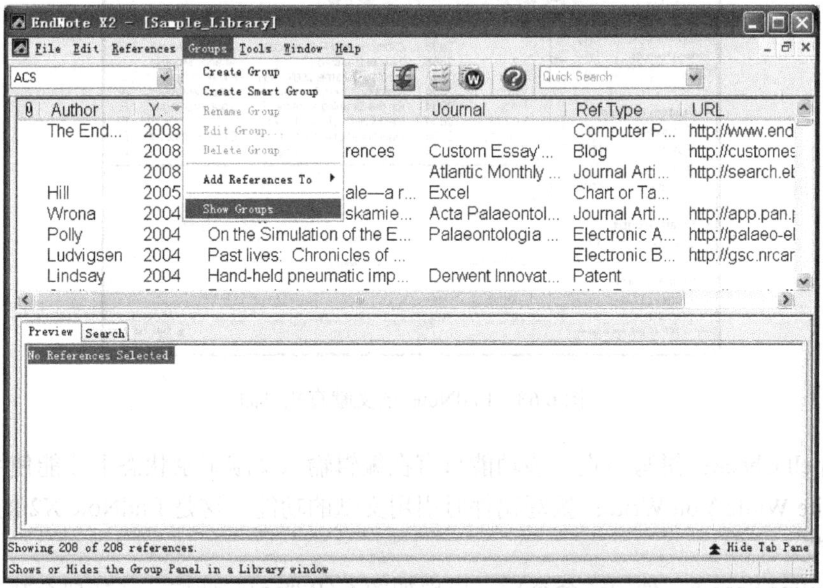

图 6.66　编辑组中的显示分组

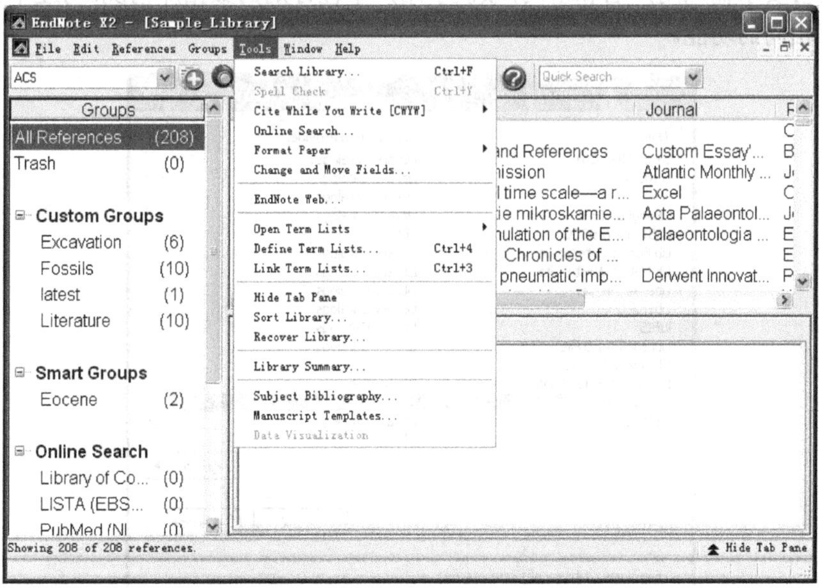

图 6.67　EndNote 的 Tools 菜单功能

（1）Search Library：在用户数据库中查找有关文献，单击后在右下角出现的查找对话框中输入查找内容，如图 6.68 所示。需要注意的是，这种查找可以在分组区的 All References（所有文献）或者在 Custom Groups（用户分组）的任何分组中进行查找。如在 Search 面板中的字段中输入“simulation”单击 Search 后，得到如图 6.68 所示的结果。在文献记录区出现查找的结果（一篇文献），同时在分组区的 Search Results 后面括号里也出现 1，表示查找到一篇文献记录。在快捷菜单的 Quick Search 框中输入内容也可进行简单查找。

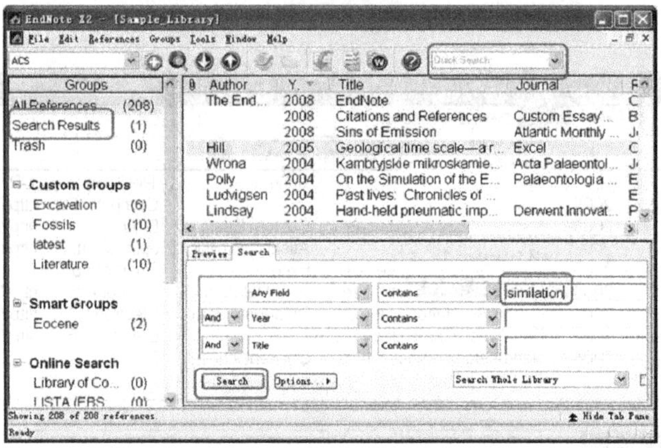

图 6.68 EndNote 的文献查找页面

（2）Spell Check：拼写检查，该功能只有在编辑输入文献记录状态下才能使用。

（3）Cite While You Write：撰写稿件时引用文献的功能，这是 EndNote X2 的主要功能，详见 6.4.2 节。

（4）Online Search：使用该命令后，出现如图 6.69 所示对话框，选择要查找的在线数据库（共 2798 个），单击 Choose 进行查找，同时在下方出现选择的数据库情况简单介绍。在查找时有时会要求输入用户名和密码，取决于用户单位订购的数据库情况。与左下角的 Online Search 具有相同的功能。

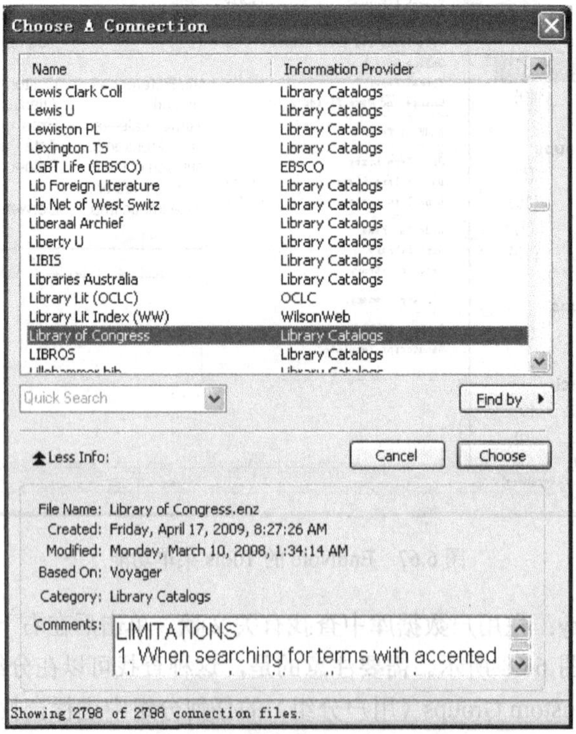

图 6.69 在线查找时可以选择的数据库

（5）Format Paper：将某篇文章中临时引用的文献转换成指定的参考文献格式。

（6）Change and Move Fields：对数据库中的字段进行批量修改，批量移动。

（7）EndNote Web：进入 EndNote 网站。

（8）Open Term Lists：打开术语列表。在其子菜单中有作者名称、期刊名称和关键词名称列表。可以分别列出数据库中的所有作者、期刊和关键词等，如图 6.70 所示。在此可以修改所有作者的名称、为期刊增加缩写等。

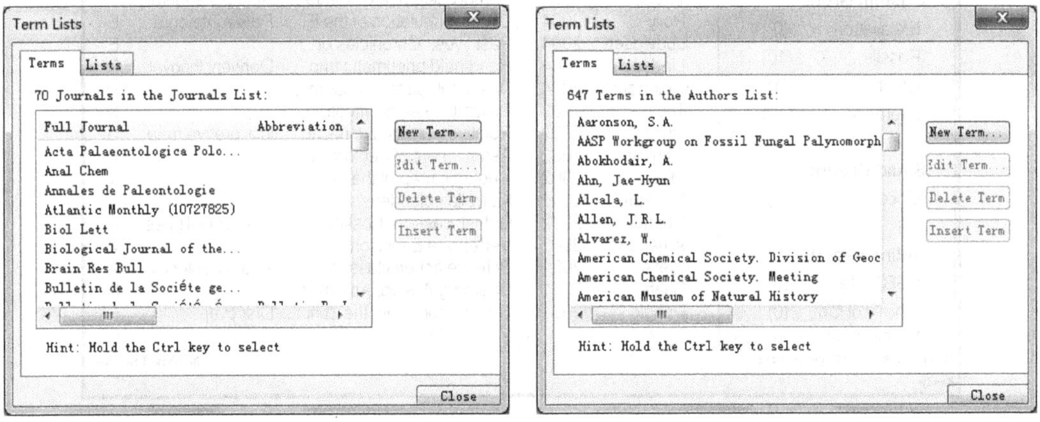

（a）期刊列表　　（b）作者列表

图 6.70　术语列表

（9）Define Term Lists：定义术语列表，用于增加、修改、删除、更新、导入、导出列表，包括作者名称、期刊名称和关键词等，如图 6.71 所示。

（10）Link Term Lists：链接术语列表，将文献中的字段与术语链接起来，以便使输入的文献能在适当的位置显示出来，如图 6.72 所示。

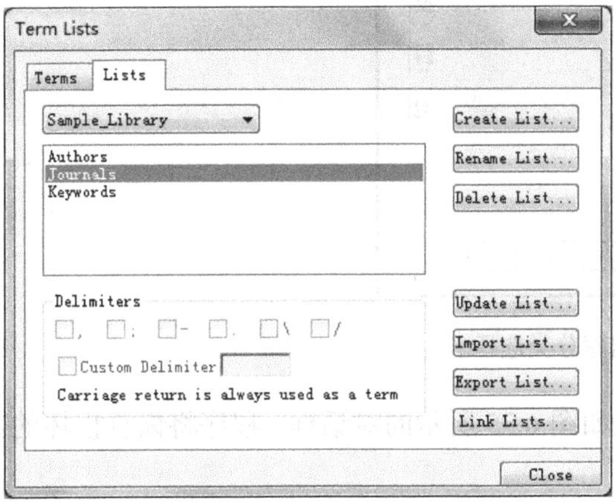

图 6.71　定义术语列表

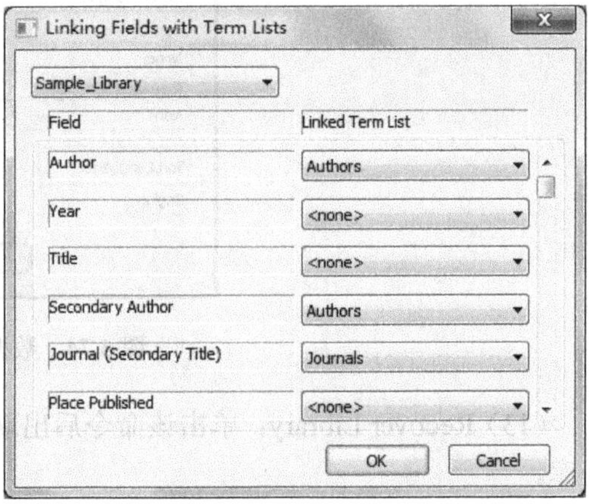

图 6.72　链接字段与术语表

（11）Hide Tab Pane：单击后隐藏或者显示预览和搜索框。如图 6.73 和图 6.68 所示分别是隐藏和显示结果。

（12）Sort Library：将数据库进行分类，可以通过依次选择最多 5 个字段来进行，如图 6.74 所示。可以在下拉列表中进行选择。

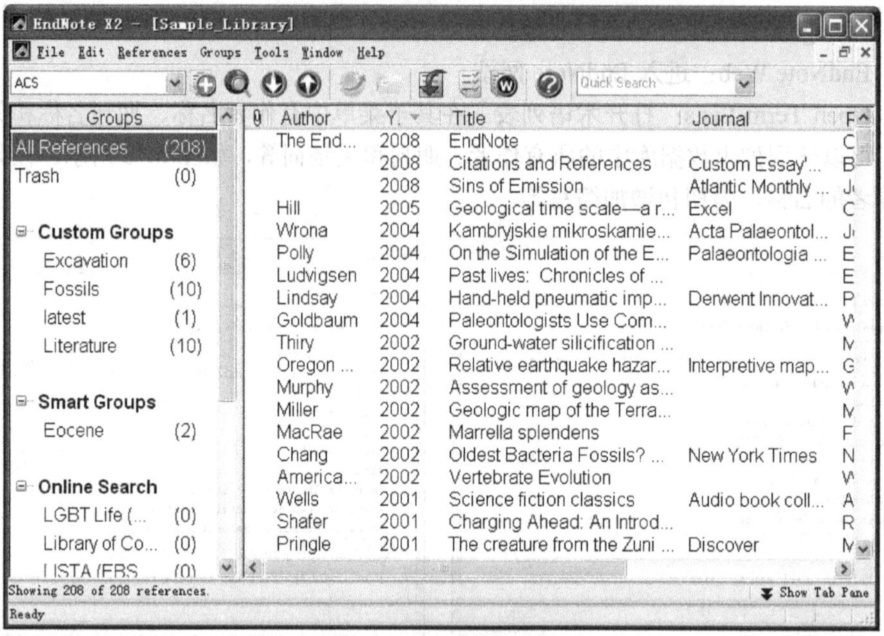

图 6.73 隐藏预览/搜索区效果

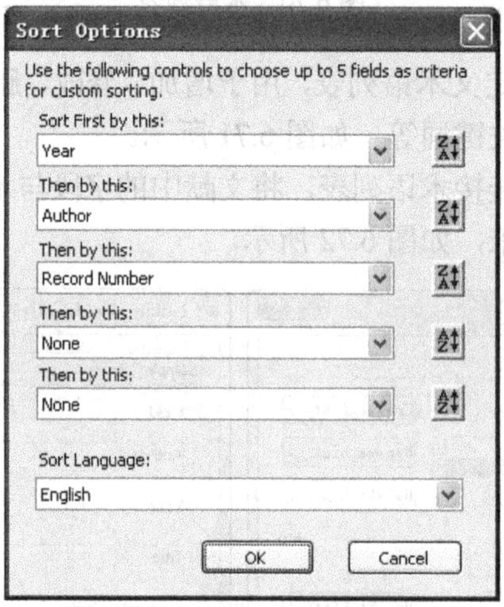

图 6.74 数据库分类选择卡

（13）Recover Library：单击该命令后出现如图 6.75 所示的对话框，程序将恢复损坏的数据库。

图 6.75 恢复数据库提示对话框

（14）Library Summary：数据库总览，包括数据库名称、保存位置、保存日期、记录数、客户组数、使用的记录类型、常用的文献类型、附件数、图数量、作者列表数、杂志列表数和关键词列表数，如图 6.76 所示。

（15）Subject Bibliography：主题分类，可以对文献进行简单统计分析，将在 6.4.5 节中详细介绍。

（16）Manuscript Templates：论文模板，EndNote X2 中提供了 184 种杂志的论文模板，部分内容如图 6.77 所示。使用方法详见 6.4.4 节。

（17）Data Visualization：可译为数据可视化分析，需要借助外部软件，如 Refviz 等。提供了一种程序化的分析方法。这里不再详细介绍。

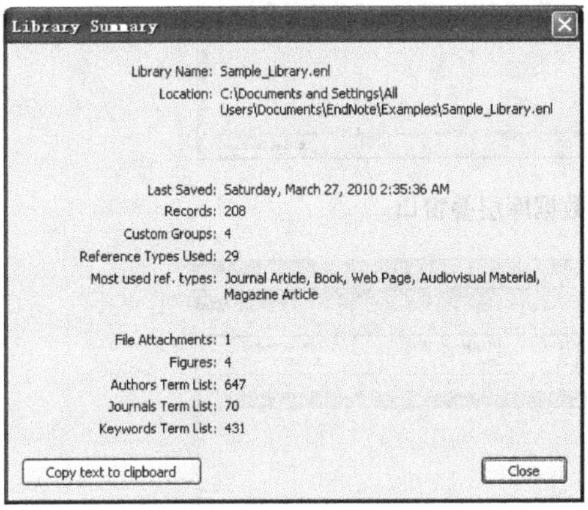

图 6.76　数据库总览

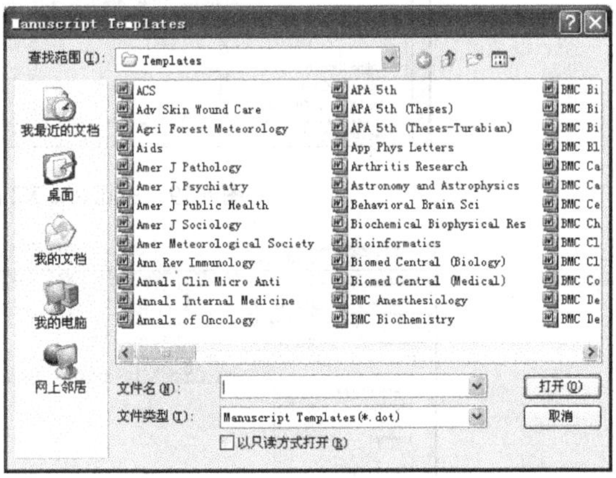

图 6.77　论文模板

6.3.2.6　Window 菜单

Window 窗口中的命令，如图 6.78 所示。分别对数据库进行 Cascade（层叠，如图 6.79 所示）、Tile（堆积，如图 6.80 所示）、Arrange Icons（排列图标）、Close all Libraries（关闭所有数据库）、Show Connection Status（显示连接状态）等操作。

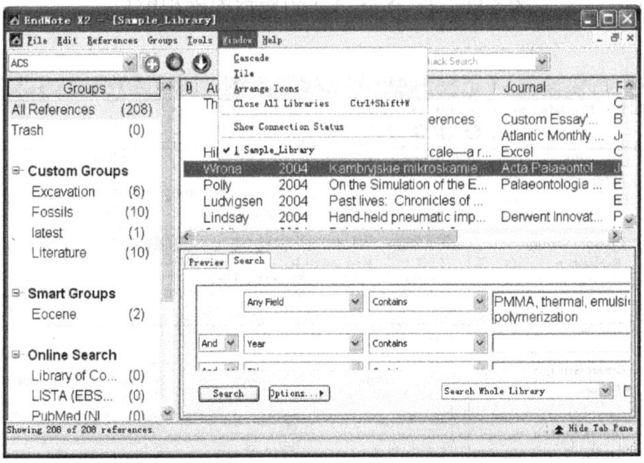

图 6.78　EndNote X2 的 Window 菜单功能

6.3.2.7　Help 菜单

EndNote X2 的 Help 菜单中（如图 6.81 所示）含有与其有关的所有帮助内容，可以通过目录方式、索引方式和搜索方式对有关内容进行检索，了解其使用方法，如图 6.82 所示。该菜单中也有在网站中查找样式功能（Web Styles Finder）、程序更新功能（EndNote Program Updates）以及显示开始对话框功能（Show Getting Started dialog）。

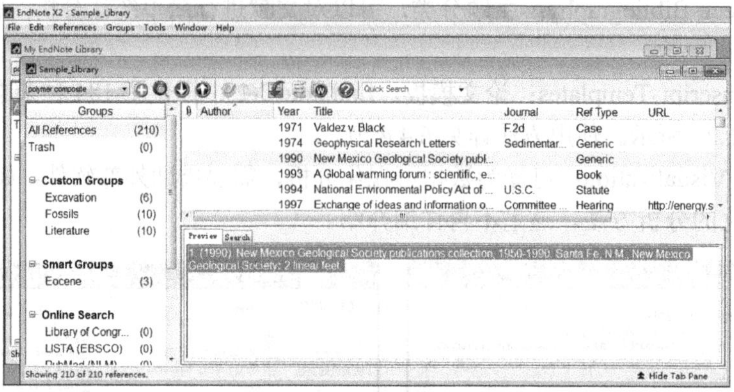

图 6.79　EndNote X2 的数据库层叠窗口

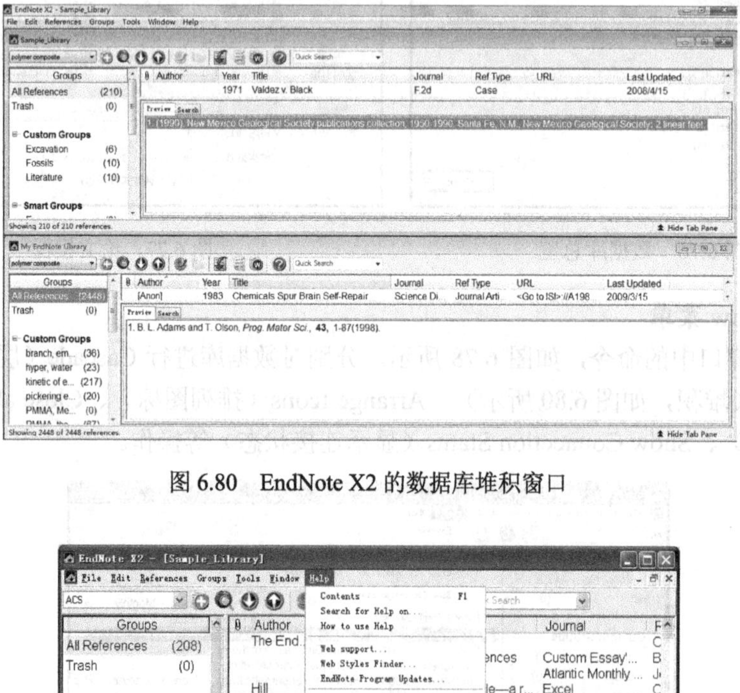

图 6.80　EndNote X2 的数据库堆积窗口

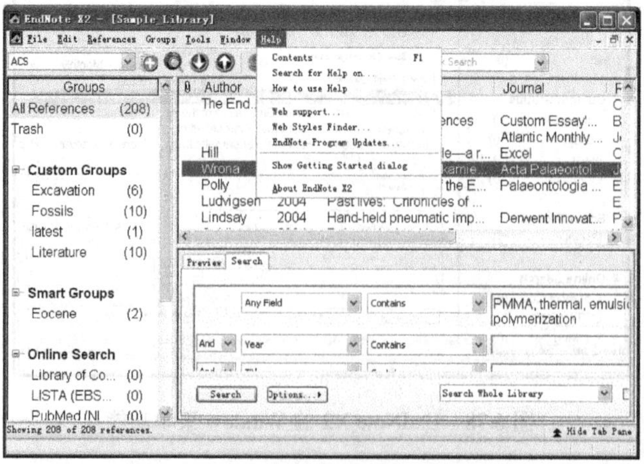

图 6.81　EndNote X2 的 Help 菜单功能

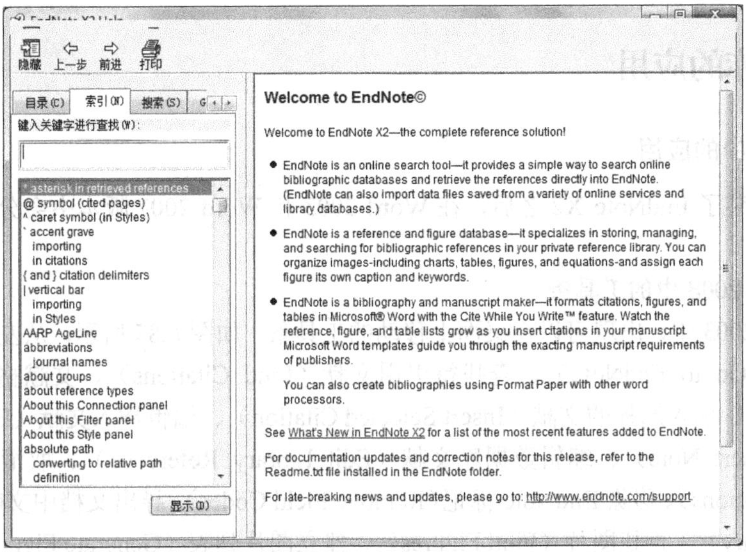

图 6.82 EndNote X2 帮助菜单中的搜索内容

6.3.2.8 快捷键

在菜单下方有如下几个快捷键，如图 6.83 所示：从左至右依次为参考文献样式、新文献、在线搜索、输入文献、输出文献、打开链接、打开文件、插入引用、格式化目录、回到 Word、帮助、快速查找。其中第一个快捷下拉菜单中有许多选项，用于选择参考文献的格式。

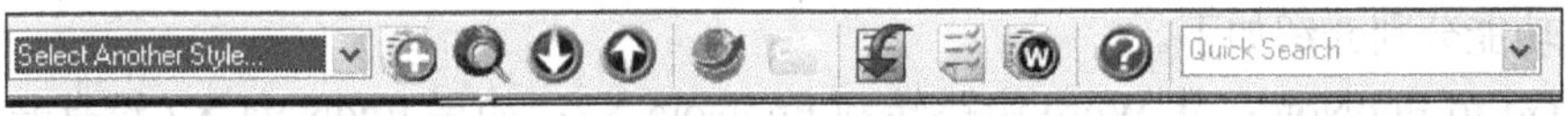

图 6.83 EndNote X2 的快捷键

6.3.2.9 右键菜单介绍

分别在 EndNote X2 主程序窗口的不同位置右击会出现不同的功能。这些功能在以上均已介绍，可参看相应的章节。如图 6.84 所示为在文献记录窗口中右击出现的功能菜单。

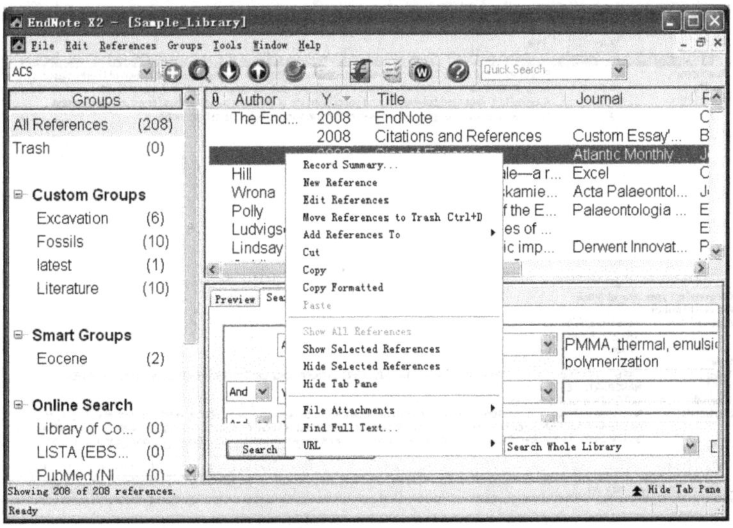

图 6.84 在文献窗口中右击出现的功能菜单

6.4 数据库的应用

6.4.1 Word 中的应用

在正确安装了 EndNote X2 之后，在 Word 2003 和 Word 2007 版本中会分别出现不同的工具条。

6.4.1.1 Word 2003 中的工具条

在 Word 2003 中，出现可以在桌面上移动的工具条，如图 6.85 所示，从左向右依次为打开 EndNote（Go to EndNote）、查找待引用文献（Find Citations）、文献格式化（Format Bibliography）、插入选择的文献（Insert Selected Citation）、编辑插入文献（Edit Citation）、插入备注（Insert Note）、编辑数据库文献（Edit Library Reference）、取消自动格式转换（Unformat Citations）、移除 EndNote 标记（Remove Field Codes）、导出文档中文献信息（Export Traveling Library）、查找图片（Find Figures）、建立图片列表（Generate Figure List）、写作时引用偏好设定（Cite While You Write Preferences）和帮助（Help）。同时在右上角的三角形下拉菜单中，可以添加或删除某些功能按钮。

图 6.85 Word 2003 中出现的 EndNote X2 工具条

上述功能分别介绍如下。

（1）Go to EndNote：从 Word 中跳转到 EndNote X2；如果 EndNote X2 没有开启，单击该按钮将开启 EndNote X2 程序。

（2）Find Citation（s）：撰写引文时，通过查找的方式找到希望引用的参考文献；单击后出现如图 6.86 所示对话框，在 Find 框中输入需要查找的内容（可以使用逗号增加查找条件），

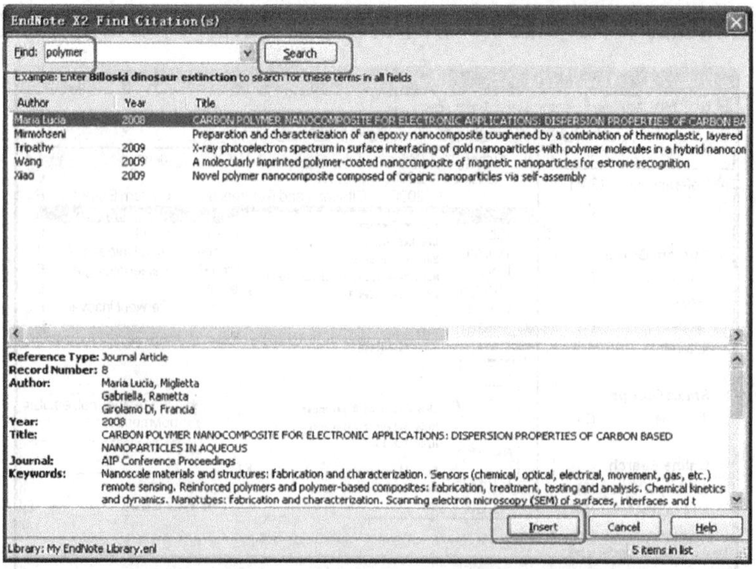

图 6.86 EndNote X2 Find Citation（s）对话框

按 Enter 键或单击 Search 即可找到含有检索词的文献，对话框上部显示找到的文献（本例中有 4 条），对话框下部显示选择出的文献的详细内容，包括文献类型、作者、出版年代、关键词、摘要等。选择所需的文献后单击下部的 Insert 即可将文献插入指定的位置；与单击 Insert Citation 具有相同的功能。

（3）Format Bibliography：将临时引用的参考文献格式按照选定的杂志进行编排。如果一边插入一边进行格式编排，会占用较多内存，降低程序的运行速度；如果不希望这样，可以单击下面的 Unformat Citations 快捷键。

（4）Insert Selected Citation（s）：插入在 EndNote X2 中选定的文献，可以是一篇，也可以是多篇；选定文献时支持 Shift 或 Ctrl 功能键。

（5）Edit Citation（s）：编辑已经插入的引用文献，譬如有些文献引用不合适，或者顺序需要调整，可用该功能完成。

（6）Insert Note：在指定的位置插入输入的内容，插入位置会留下一条文献记录的标记，插入的内容显示在后面参考文献中；单击后出现对话框，在空白出输入内容后单击 OK，即可插入。

（7）Edit Library Reference（s）：如果发现某条参考文献内容有错误，可以用该命令进行修改，该命令将同步更新数据库和后面引用的参考文献。

（8）Remove Field Codes：撰写的论文在投稿前，需要用该命令移除 EndNote 标记；移除后将不能利用 EndNote 对参考文献格式进行编排。

（9）Export Traveling Library：如果接收到一个带 EndNote 标记的文档，可以通过该命令导出有关的参考文献信息。

（10）Find Figure（s）：查找图片后，插入文档中。

（11）Generate Figures List：生成图片列表。

（12）Cite While You Write Preferences：撰稿与引用偏好设定，单击该命令会进入如图 6.87 所示的对话框。

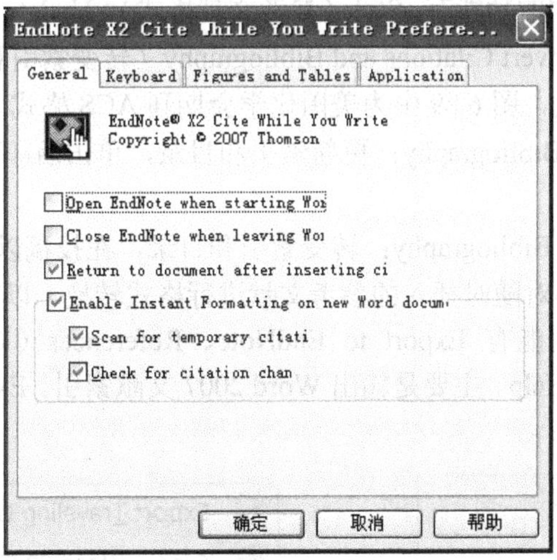

图 6.87 引用时偏好设定选择栏

在此页面上可以设置打开和关闭 Word 时是否打开 EndNote、插入文献后回到文件、即时调整参考文献格式等。

（13）Help：帮助菜单。单击 Help 命令后出现如图 6.81 所示帮助内容。

6.4.1.2 Word 2007 中的工具条

在 Word 2007 版中，在菜单栏中出现如图 6.88 所示 EndNote X2 菜单项。

图 6.88　Word 2007 中出现的 EndNote X2 菜单项

打开 EndNote X2 菜单项，出现如图 6.89 所示的子菜单，该菜单分为三栏，分别是引用栏（Citations）、目录栏（Bibliography）和工具栏（Tools）。

图 6.89　Word 2007 中 EndNote X2 的菜单栏

（1）引用栏 Citations 中含有的功能有：Insert Citation（插入引用）、Go to EndNote（打开 EndNote 程序）、Edit Citation（s）（编辑引用）以及 Edit Library Reference（s）（编辑数据库文献）。

Insert Citation：插入引用，在 Word 中光标的位置插入引用的文献；在其下拉菜单中含有如图 6.90 所示功能，其意义如上所述。

（2）Bibliography 栏中的功能有：Style（参考文献格式）、Update Citations and Bibliography（更新索引和目录）、Convert Citations and Bibliography（转变索引和目录）。

Style：参考文献格式，图 6.89 中为美国化学会期刊 ACS 格式。

Update Citations and Bibliography：更新索引和目录，单击后即可更新，当修改文献记录后进行此操作。

Convert Citations and Bibliography：转变索引和目录，在投稿以前进行该操作。

Unformat Citations 不对随时插入的参考文献进行格式转换，以节约计算机资源。

（3）Tools 栏中的功能有 Export to EndNote、References（即 Cite While You Write Preferences）和 EndNote Help。主要是输出 Word 2007 文献索引。Export to EndNote 子菜单如图 6.91 所示。

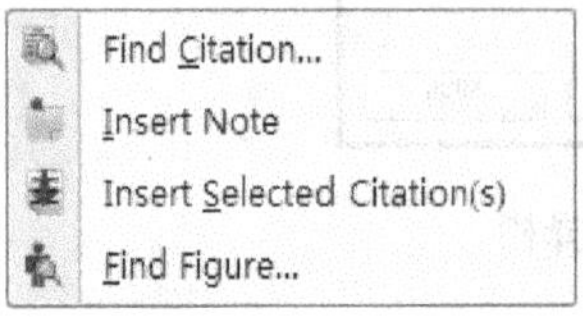

图 6.90　插入引用的子菜单

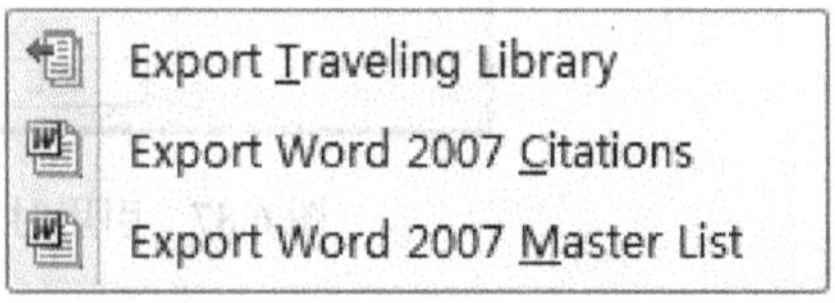

图 6.91　输出到 EndNote 子菜单

6.4.2　利用数据库来撰写论文

使用 EndNote 的主要目的是在撰写论文或书籍时，自动为用户编排参考文献格式。如果手动修改文献格式，需要花费大量的时间，并且在插入新的文献后，对原来所有的文献都要重新进行排序；有时论文改投其他期刊时，又要对参考文献格式进行修改，使用 EndNote 很好地解决了这个问题。要完成这项任务，计算机中必须已经安装了 EndNote 和文字处理软件如 Word 等。首先打开 Word 和 EndNote X2，或者仅打开 Word，在需要插入文献时单击子菜单进入应用栏中的 Insert Citation、Go to EndNote 或者 Edit Citation 都可以打开 EndNote X2。

6.4.2.1　插入文献

下面以 Word 2007 为例介绍插入文献的方法。在 Word 中将鼠标放置在要插入文献的位置，然后切换到 EndNote X2 程序中，查找和选择要引用的参考文献，单击对话框下方的 Insert，即可将选定的文献插到该指定位置；重复该步骤（EndNote X2 支持像按住 Ctrl 选择多个、按住 Shift 选择一排这样的操作），依次插入其他文献，程序将会在文章最后按照 Style 格式要求自动列出文献（本例中为 ACS）。在 Style 后的空白处选择其他格式，即可将参考文献排列成该期刊指定的格式。图 6.92 中列出了最近使用过的期刊文献名称，可以选择最上方的 Select Another Style，在出现的对话框中（如图 6.93 所示）从 3380 种期刊中选择投稿期刊（可以通过单击 Name 或 Category 使之进行排序进行查找）。然后单击 Update Citations and Bibliography 就会按照该期刊要求重新排列期刊文献格式。

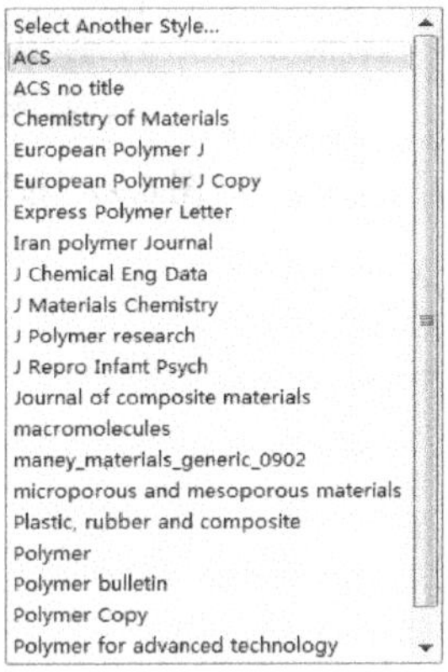

图 6.92　最近使用过的样式列表

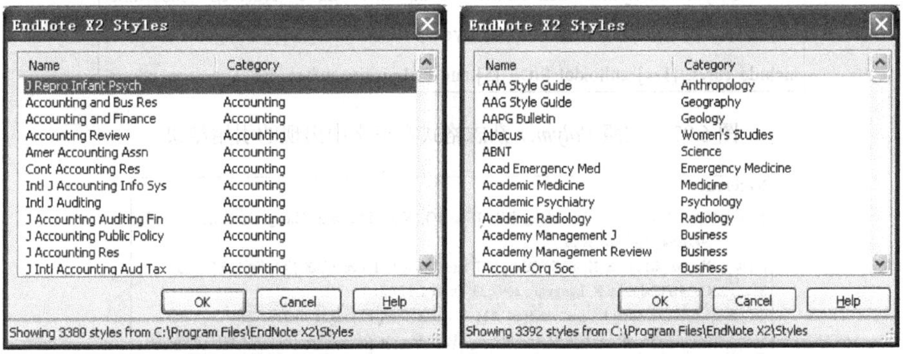

（a）分类排序　　（b）名称排序

图 6.93　EndNote X2 的样式

图 6.94 和图 6.95 分别是按照 *Polymer Chemistry* 杂志格式，插入引用文献后在正文和参考文献中的显示结果。参考文献中出现阴影是因为鼠标在其中间进行了单击，如果在正文的其他部分单击，则会消除阴影。

如果在 Bibliography 栏的 Style 中选择 *Polymer* 杂志后将出现如图 6.96 所示的程序进程框，表明程序正在按照新的文献格式修改正文和参考文献的格式，最后在正文和参考文献中的显示结果如图 6.97 和图 6.98 所示。

1. Introduction

Polymer/inorganic nanoparticle composites have received substantial industrial and academic interest in recent years. Commonly used inorganic additives include clays, [1-4] colloidal SiO_2, [5] and carbon nanotubes, [6,7] among others. Although

图 6.94 按照 *Polymer Chemistry* 杂志格式在正文中出现的引用结果

References

1. Y. S. Choi, M. H. Choi, K. H. Wang, S. O. Kim, Y. K. Kim and I. J. Chung, *Macromolecules*, 2001, **34**, 8978-8985.
2. M. Z. Xu, Y. S. Choi, Y. K. Kim, K. H. Wang and I. J. Chung, *Polymer*, 2003, **44**, 6387-6395.
3. Y. C. Chua and X. Lu, *Langmuir*, 2007, **23**, 1701-1710.
4. D. J. Voorn, W. Ming and A. M. van Herk, *Macromolecules*, 2006, **39**, 2137-2143.
5. A. R. Mahdavian, M. Ashjari and A. B. Makoo, *Eur. Polym. J.*, 2007, **43**, 336-344.
6. C. Luo, X. Zuo, L. Wang, E. Wang, S. Song, J. Wang, C. Fan and Y. Cao, *Nano Lett*, 2008.
7. Y. Ma, P. L. Chiu, A. Serrano, S. R. Ali, A. M. Chen and H. He, *J Am Chem Soc*, 2008, **130**, 7921-7928.

图 6.95 按照 *Polymer Chemistry* 杂志格式在参考文献中出现的引用结果

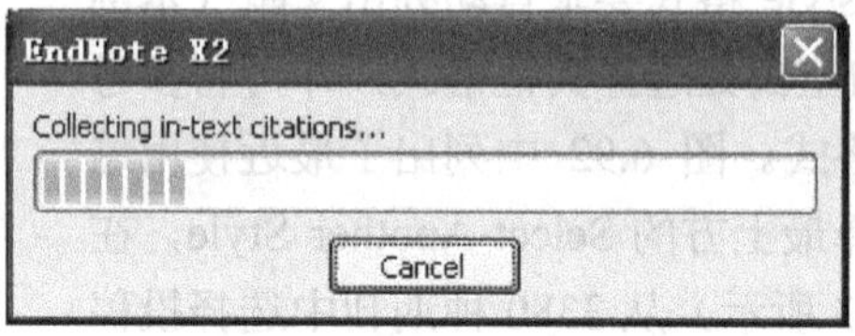

图 6.96 程序转换进程框

1. Introduction

Polymer/inorganic nanoparticle composites have received substantial industrial and academic interest in recent years. Commonly used inorganic additives include clays, [1-4] colloidal SiO_2, [5] and carbon nanotubes, [6, 7] among others.

图 6.97 按照 *Polymer* 杂志格式在正文中出现的引用结果

References

1. Choi YS, Choi MH, Wang KH, Kim SO, Kim YK, and Chung IJ. Macromolecules 2001;34(26):8978-8985.
2. Xu MZ, Choi YS, Kim YK, Wang KH, and Chung IJ. Polymer 2003;44(20):6387-6395.
3. Chua YC and Lu X. Langmuir 2007;23(4):1701-1710.
4. Voorn DJ, Ming W, and van Herk AM. Macromolecules 2006;39(6):2137-2143.
5. Mahdavian AR, Ashjari M, and Makoo AB. European Polymer Journal 2007;43(2):336-344.
6. Luo C, Zuo X, Wang L, Wang E, Song S, Wang J, Fan C, and Cao Y. Nano Lett 2008.
7. Ma Y, Chiu PL, Serrano A, Ali SR, Chen AM, and He H. J Am Chem Soc 2008;130(25):7921-7928.

图 6.98 按照 *Polymer* 杂志格式在参考文献中出现的引用结果

6.4.2.2 修改插入的文献

有时候插入文献后发现需要对其进行修改，这可以利用 EndNote X2 程序提供的 Edit Citations 功能进行修改。单击 Citation 栏中的 Edit Citations 直接进入编辑状态，如图 6.99 所示，在此对话框中可以进行查看、选择、编辑和移除文献。选定文献后单击 Remove，然后继续进行该操作，最后单击 OK，将删除所有要移除的文献。如果单击 Cancel 将取消该操作，文献不会被删除。删除文献后，其余文献在 Word 中将自动重新排序，不必手工干预。

图 6.100 和图 6.101 是图 6.97 和图 6.98 删除部分文献后的显示结果。

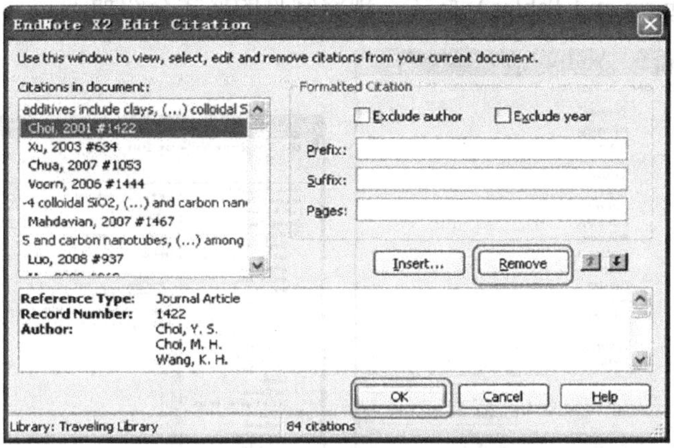

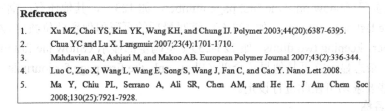

图 6.99　编辑索引文献选项卡

1. Introduction

Polymer/inorganic nanoparticle composites have received substantial industrial and academic interest in recent years. Commonly used inorganic additives include clays, [1, 2] colloidal SiO_2, [3] and carbon nanotubes, [4, 5] among others.

图 6.100　删除部分文献后，按照 *Polymer* 杂志格式在正文中的引用结果

References

1. Xu MZ, Choi YS, Kim YK, Wang KH, and Chung IJ. Polymer 2003;44(20):6387-6395.
2. Chua YC and Lu X. Langmuir 2007;23(4):1701-1710.
3. Mahdavian AR, Ashjari M, and Makoo AB. European Polymer Journal 2007;43(2):336-344.
4. Luo C, Zuo X, Wang L, Wang E, Song S, Wang J, Fan C, and Cao Y. Nano Lett 2008.
5. Ma Y, Chiu PL, Serrano A, Ali SR, Chen AM, and He H. J Am Chem Soc 2008;130(25):7921-7928.

图 6.101　删除部分文献后，按照 *Polymer* 杂志格式在参考文献中的引用结果

6.4.3　修改输出样式

目前 EndNote X2 提供了 3377 种期刊的引文格式，如果投稿的期刊是这 3377 种期刊之一，则无须自行设定引文格式，直接选用这些格式即可；如果恰巧投稿的期刊 EndNote X2 中没有现成的引文格式，可以自行设定。

下面介绍如何自行设定参考引文的格式：在 EndNote X2 主界面中，选择 Edit→Output Style→Open Style Manager，得到图 6.102。

在已有期刊格式中，选择自己需要的期刊格式。如果没有完全符合要求的期刊格式，可以自行创建所需的期刊格式。一般情况下，并不建议完全从头开始创建，可以在图 6.102 对话框中选择引文格式预览（Style Info/Preview），然后找一种比较相近的期刊进行修改。在图 6.102 的界面中单击 Edit，即可进入到图 6.103 的编辑界面。

在该窗口左侧的列表中，分别列出了对这个格式的说明（About this Style）、匿名工作（Anonymous Works）的格式、页码（Page Numbers）的格式、杂志名称（Journal Names）的

格式、正文中引用（Citations）的格式、参考文献目录（Bibliography）格式、脚注（Footnotes）格式以及图表（Figures and Tables）格式。现将常见的格式介绍如下。

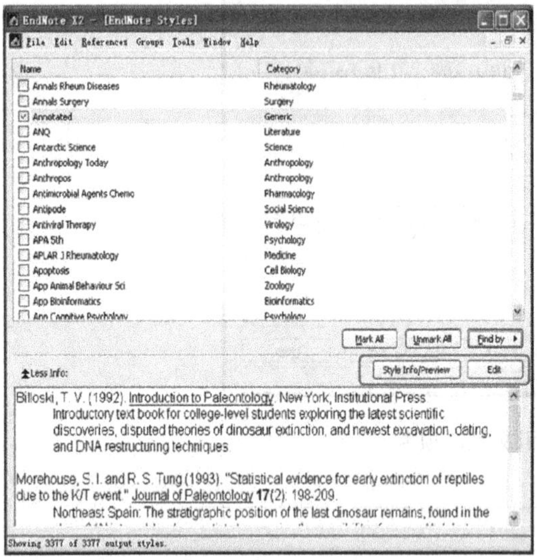

图 6.102　已有输出格式的期刊列表

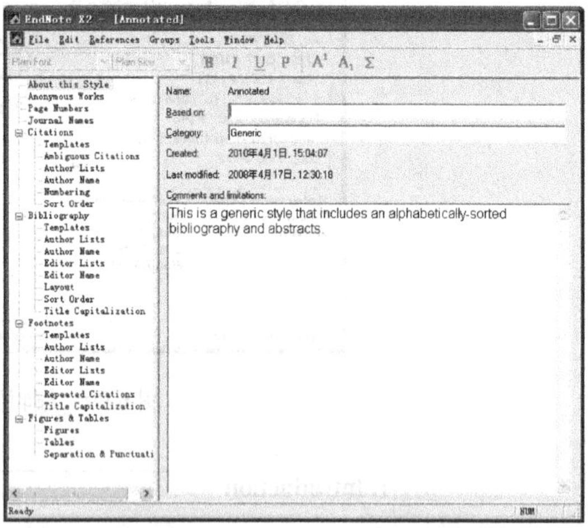

图 6.103　文献格式编辑页面

6.4.3.1　页码格式

单击左窗口中的 Page Numbers（页码格式），出现如图 6.104 所示窗口。不同杂志上页码的显示方式不同，有些杂志要求不能改变页码（Don't change page numbers），有些杂志要求仅显示首页页码（Show only the first page number，如 123），其他还有：缩写最后的页码（Abbreviate the last page number，如 123-5）、缩写最后的页码但保留两位数字（Abbreviate the last page number，keeping two digits，如 123-25）、页码全部显示（Show the full range of pages，如 123-125）、杂志显示首页其他显示全部（Show only the first page for journals，full range for others）。这些要求均可在此进行设定。

6.4.3.2　杂志名称

单击左窗口中的 Journal Names（杂志名称），在右面窗口中出现不同的名称要求（如图 6.105 所示），其中有使用期刊全名（Use full journal name）、1 类缩写（Abbreviation 1）、2 类缩写（Abbreviation 2）、3 类缩写（Abbreviation 3）、不要替代（Don't replace），在右下部的方框中可以选择仅缩写期刊文章（Abbreviate journal articles only）和移除缩写点（Remove periods）。

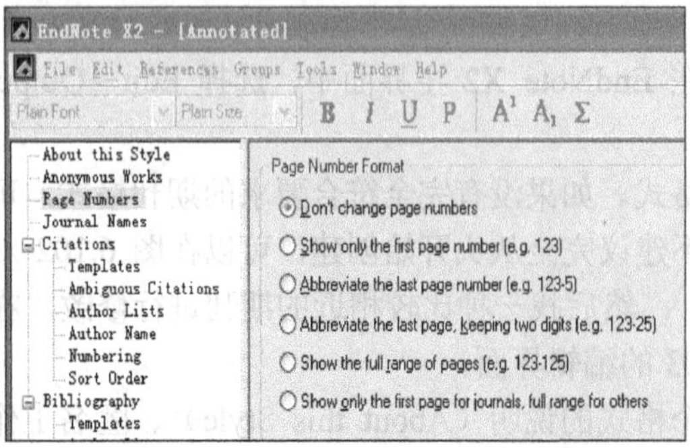

图 6.104　文献页码设定页面

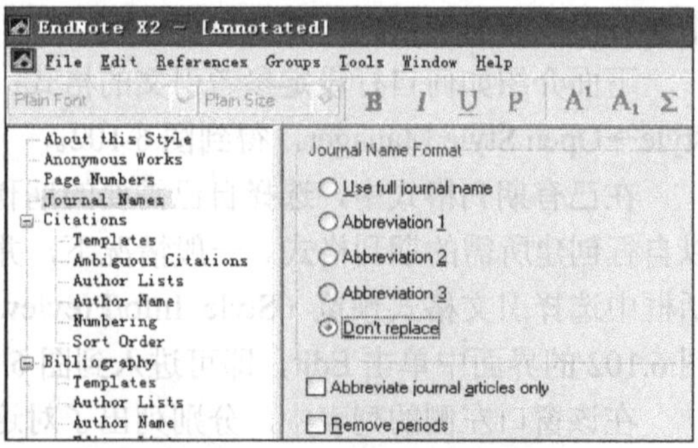

图 6.105　期刊名称设定页面

6.4.3.3　正文引用时显示格式

Citations 部分，可以设定文章正文中引用的参考文献标记格式，有些杂志文中的参考文献引用标记为[1]，有的表示为（1），有些直接用数字表示为 1，还有些用不同的上标表示，如[1]，有些用作者和年代表示，如“Thomas，2007”。单击 Templates，得到图 6.106，在右边空白行中通过使用 Insert Field 按钮，在下拉菜单中选择 Bibliography Number，配合输入[ ]、( )，以及使用工具栏中的上下标、斜体、下划线、加粗等，可以得到所希望的格式。

图 6.106　正文引用模板设定

单击 Citations 的扩展菜单中的 Authors Lists（作者列表），得到如图 6.107 所示窗口。在图 6.107 中，在 Author Separators（作者分隔）中显示，在第一个作者与第二个作者之间采用逗号，在第三个作者与第 100 个作者之间采用逗号，而最后的作者前用 and。在 Abbreviated Authors List（作者缩写列表）中，当首次出现时（First Appearance），可以选择列出全部作者或者选择在三个以上作者时，列出前两个作者，其余采用 et al.或者斜体 *et al.*，当其再次出现（Subsequent Appearances）时，也有类似的选择。可以按照论文正文要求进行修改。

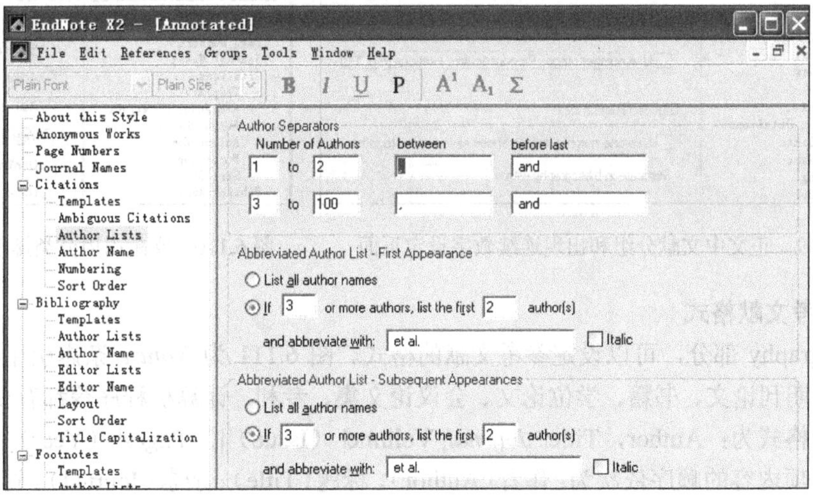

图 6.107　作者列表设定页面

单击 Citations 中的扩展菜单 Authors Name（作者姓名），得到如图 6.108 所示窗口。图 6.108 中显示，在 Name Format（作者名格式）中，First author（第一作者）可以选择采用“Smith, Jane”或“Jane Smith”或者“Smith Jane”格式，Other authors（其他作者）也有类似选择。在 Capitalization（作者字母大写）中选项有 As Is、Normal、all uppercase、small caps，在使用作者 Initials（首字母）时选项有 Last Name Only、A. B.、A.B.、A B 和 AB 等。按照论文正文要求进行选择。

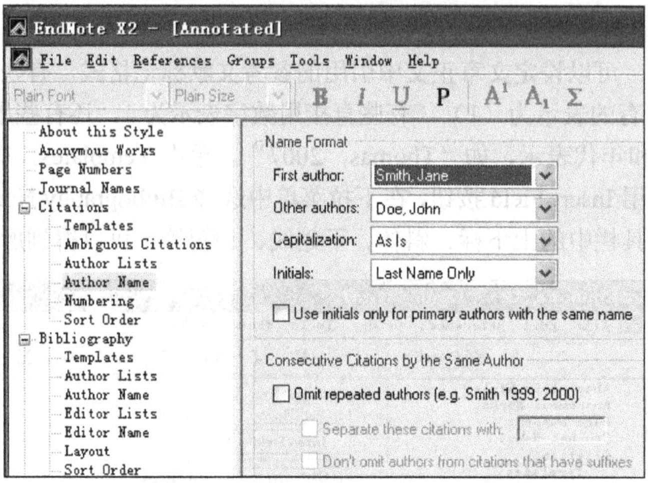

图 6.108　作者姓名设定页面

单击 Citations 的扩展菜单 Numbering，得到如图 6.109 所示窗口。图 6.109 中，All References 中可以选择在出现连续的引用文献时是否采用数字范围，如 1-3 等。

单击 Citations 的扩展菜单 Sort Order（分类排序），得到如图 6.110 所示窗口。在其中的选项中可以选择引用文献在正文中出现时的顺序。

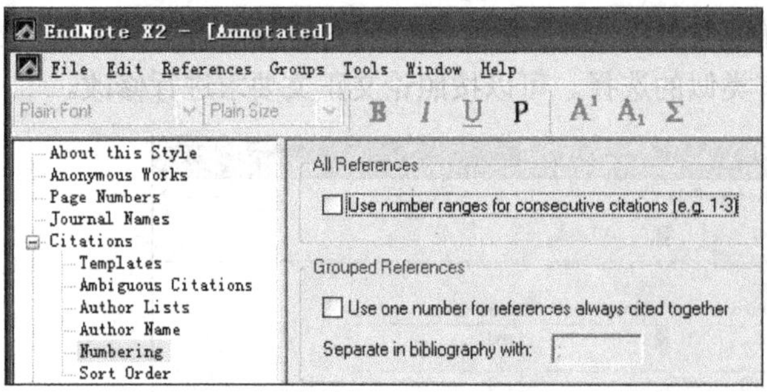

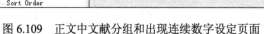

图 6.109　正文中文献分组和出现连续数字设定页面

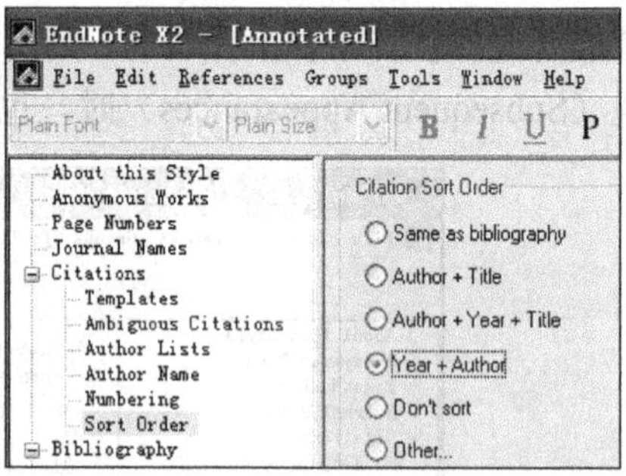

图 6.110　文献引用分类排序设定页面

6.4.3.4　参考文献格式

Bibliography 部分，可以设定参考文献的格式。图 6.111 为 *Nature* 杂志引用参考文献格式，其中对期刊论文、书籍、学位论文、会议论文集、专利、计算机程序等都有要求的格式，如期刊论文格式为：Author，Title|. *Journal*| Volume|（Issue）|，Pages|（Year）|.。这表示，文献信息各项内容的顺序依次为：作者（Author）、标题（Title）、杂志（Journal）、卷（Volume）、期（Issue）、页码（Pages）、年（Year）。作者后面用逗号，论文标题后用句号，杂志名称用斜体，期和年用括号括起来，期刊名称后用逗号，年后用句号。可以单击 Reference Types 按钮插入新的文献类型，单击 Insert Field 插入字段，按照文档编辑的方式，结合工具条 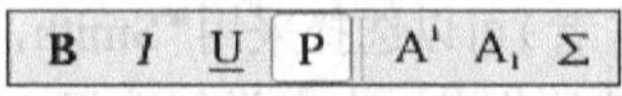 就可以进行修改了。

单击 Bibliography 中的 Author Lists，得到如图 6.112 所示的 *Nature* 期刊中对参考文献中作者的格式要求，其意义同前。单击 Bibliography 中的 Editor Lists 也可以得到类似的窗口。可以在此按照投稿期刊要求进行修改。

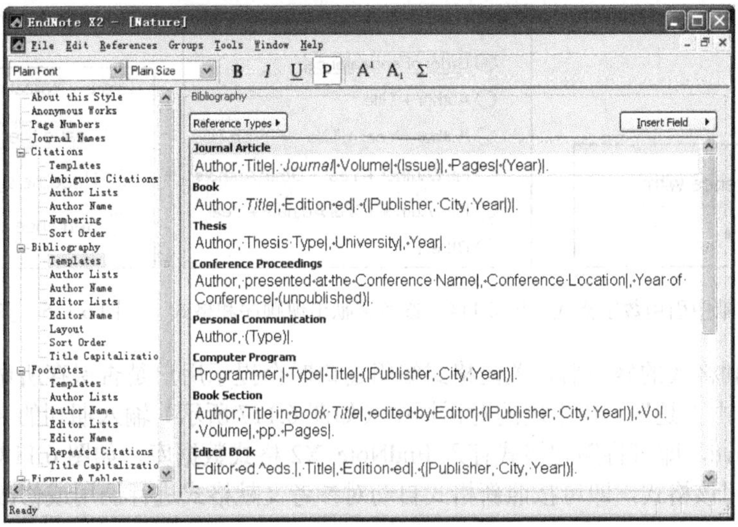

图 6.111　*Nature* 杂志对参考文献格式要求

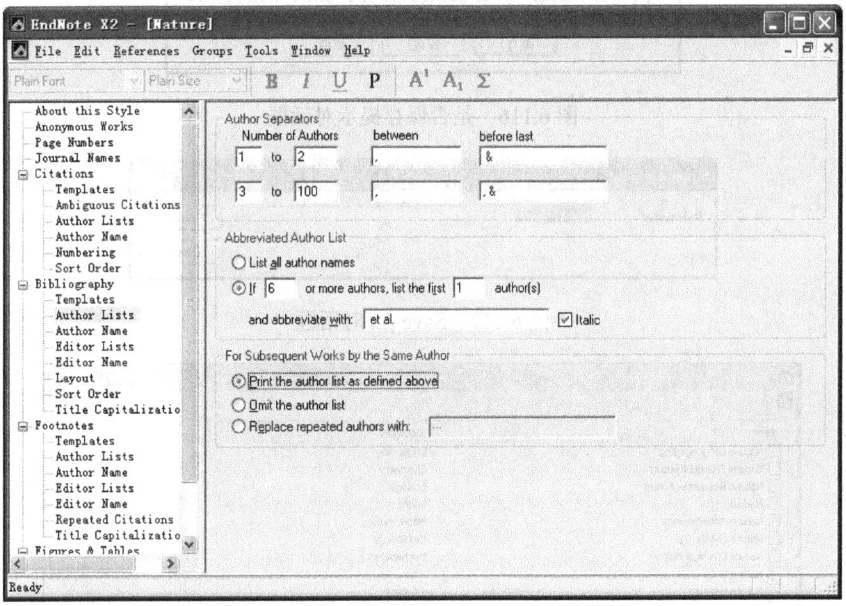

图 6.112　修改参考文献中对作者列表的要求

单击 Bibliography 中的 Author Name（作者姓名），得到如图 6.108 所示的 *Nature* 期刊中对参考文献中作者名称要求的格式，其意义同前。单击 Bibliography 中的 Editor Name（编辑姓名）也得到类似的窗口。

单击 Bibliography 中的 Layout（排版），得到如图 6.113 所示的 *Nature* 期刊中对参考文献中引用顺序的格式，本例中意义是：用数字开头。本例中参考文献数字以上标形式出现。如图 6.114 所示，Bibliography 的 Sort Order（排序次序）中一般选择 Order of appearance（出现次序）。如图 6.115 所示，Bibliography 的 Title Capitalization（题目大写）格式中可以选择：① Leave title as entered（输入的标题内容相同），② Headline style capitalization（全部大写）或者 ③ Sentence style capitalization（句首大写）。

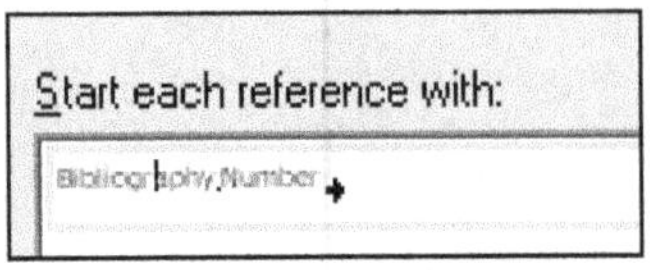

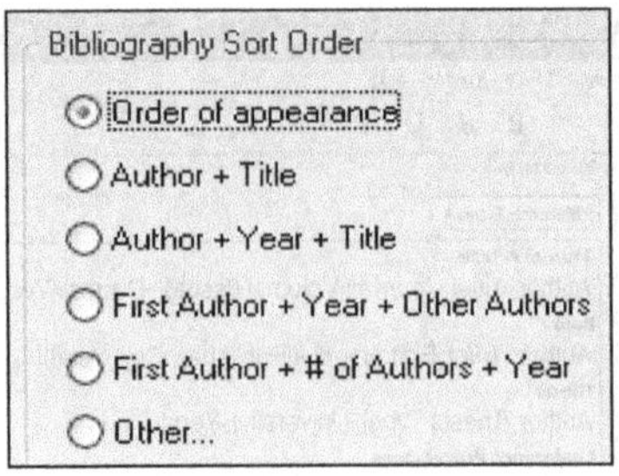

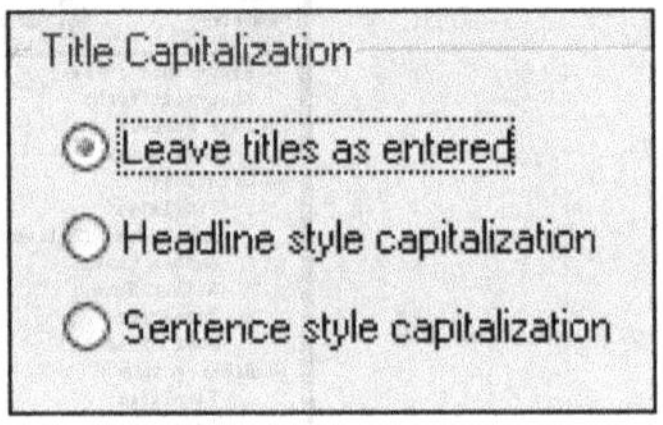

图 6.113　参考文献中引用数字格式　图 6.114　参考文献出现顺序和格式　图 6.115　参考文献标题格式

完成对期刊格式的修改后，关闭格式编辑窗口时会提示用户是否保存所做的修改，如图 6.116 所示，单击“是”，在出现的对话框中（如图 6.117 所示）输入期刊的名称，如 Nature Copy，单击 Save，即可将期刊格式存入 EndNote X2 格式数据库，如图 6.118 所示。以后在使用时只要调用该格式，即可按照新格式自动对参考文献格式进行调用或修改。

图 6.116　是否保存提示对话框

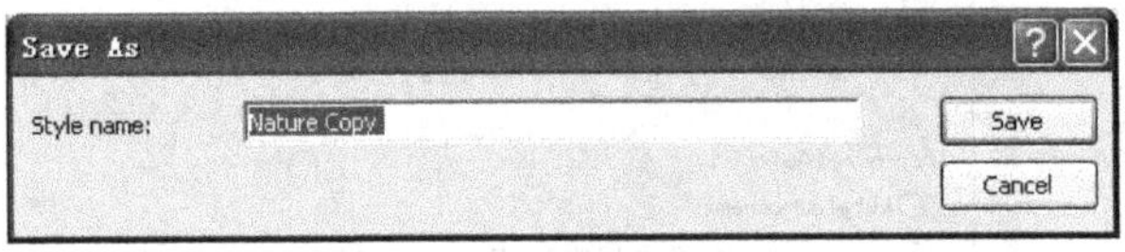

图 6.117　Save As 对话框

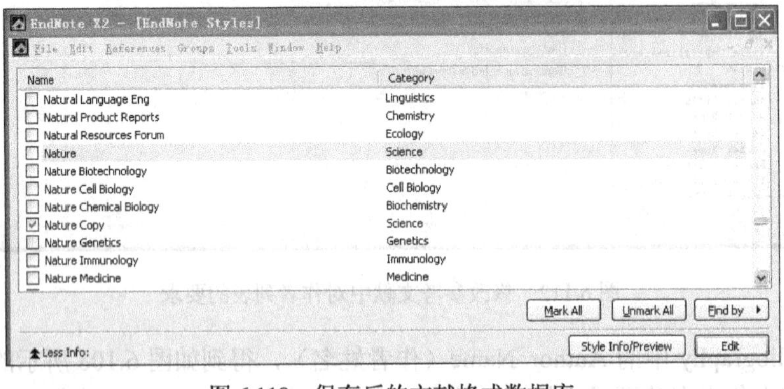

图 6.118　保存后的文献格式数据库

图 6.119 和图 6.120 为按照修改的 Nature Copy 格式修改后在正文和参考文献中的显示结果。

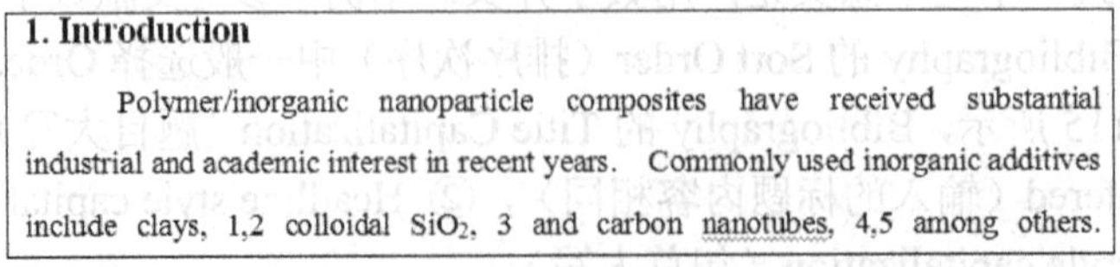
1. Introduction

Polymer/inorganic nanoparticle composites have received substantial industrial and academic interest in recent years. Commonly used inorganic additives include clays, 1,2 colloidal SiO_2, 3 and carbon nanotubes, 4,5 among others.

图 6.119　按照 Nature Copy 格式在正文中的显示结果

References

1 Xu, M.Z., Choi, Y.S., Kim, Y.K., Wang, K.H., & Chung, I.J., Synthesis and characterization of exfoliated poly(styrene-co-methyl methacrylate)/clay nanocomposites via emulsion polymerization with AMPS. *Polymer* 44 (20), 6387-6395 (2003).

2 Chua, Y.C. & Lu, X., Polymorphism behavior of poly(ethylene naphthalate)/clay nanocomposites: role of clay surface modification. *Langmuir* 23 (4), 1701-1710 (2007).

3 Mahdavian, A.R., Ashjari, M., & Makoo, A.B., Preparation of poly (styrene-methyl methacrylate)/SiO2 composite nanoparticles via emulsion polymerization. An investigation into the compatiblization. *Eur. Polym. J.* 43 (2), 336-344 (2007).

4 Luo, C. *et al.*, Flexible Carbon Nanotube-Polymer Composite Films with High Conductivity and Superhydrophobicity Made by Solution Process. *Nano Lett* (2008).

5 Ma, Y. *et al.*, The electronic role of DNA-functionalized carbon nanotubes: efficacy for in situ polymerization of conducting polymer nanocomposites. *J Am Chem Soc* 130 (25), 7921-7928 (2008).

图 6.120 按照 Nature Copy 格式在参考文献中的显示结果

6.4.4 利用论文模板撰写论文

EndNote X2 中除了提供 3387 种杂志的参考文献格式以外，还提供了 184 种杂志的全文模板。如果向这些杂志投稿，只需要按模板填入信息即可。下面以投稿 ACS 杂志为例，说明如何利用全文模板。

从 EndNote X2 主程序的菜单 Tools 中选择 Manuscript Templates，打开 EndNote X2 程序文件夹中的 Templates 文件夹，从中选择要投稿的期刊。这里选择美国化学会期刊 ACS，如图 6.121 所示。

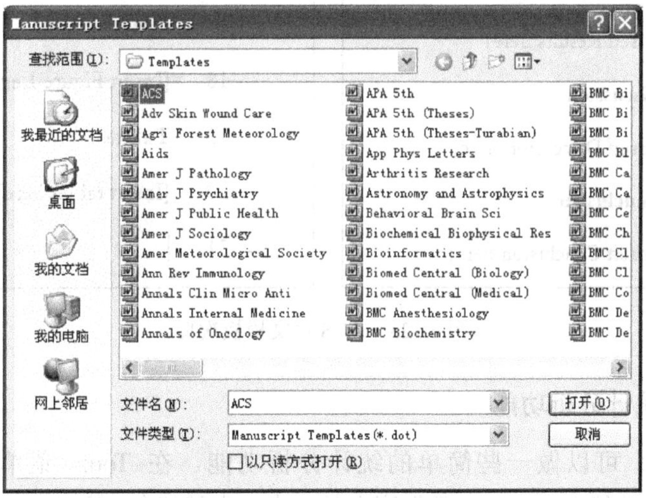

图 6.121 论文模板选择文件夹

选择 ACS 打开后出现一个两页的 Word 文档，在首页中单击[Insert Title]、[Insert Names of author(s)]和[Insert Affiliation information here]，在出现阴影后分别输入论文题目、作者姓名和工作单位信息，如图 6.122 所示。

在第二页中单击相应的位置，如图 6.123 所示，则可以输入 Abstract（摘要）、Introduction（引言）、Experimental Details（实验细节）、Results（结果）、Discussion（讨论）、Conclusion（结论）、Acknowledgements（致谢）、References（参考文献）、Legends（图题）、Tables（表格）等。不同的杂志具有不同的模板，按照模板要求填入相关的信息后保存即可。

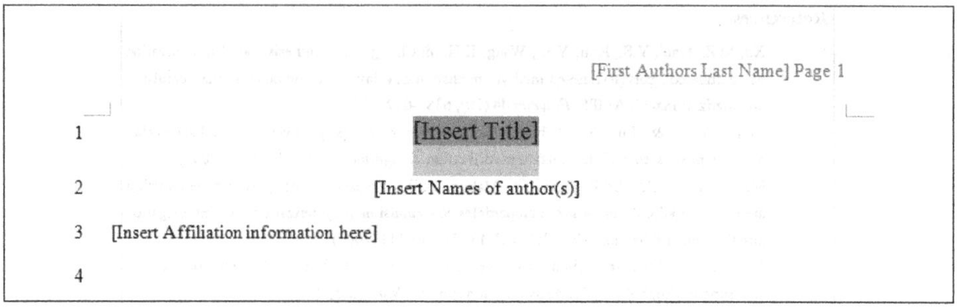

图 6.122　ACS 论文模板首页

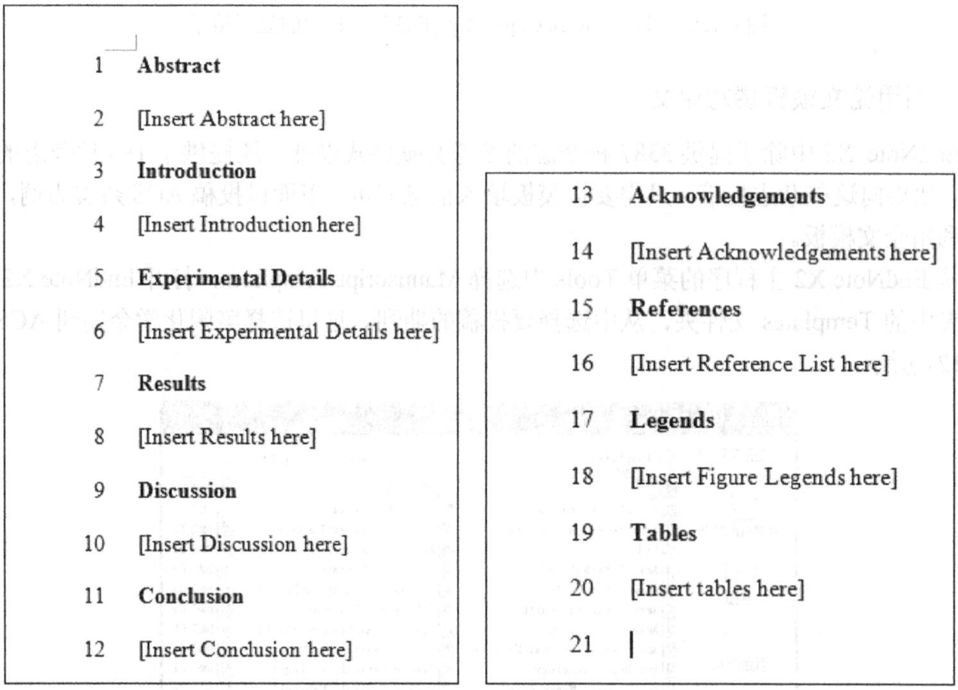

图 6.123　ACS 论文模板次页

6.4.5　EndNote 统计分析功能

利用 EndNote 可以做一些简单的统计分析功能。在 Tools 菜单下面有个 Subject Bibliography，它的功能主要是输出数据库中某一类的文献信息，这里主要介绍一下利用该功能做一点简单的统计分析。单击 Subject Bibliography 进到如图 6.124 所示的页面。

选择 Author（也可以选择其他的，或选择多个，这里以 Author 作为示例），单击 OK，EndNote 就会列出每位作者的论文数，按照作者姓名首字母顺序排列。两次单击 Records，就会按每位作者的论文数进行排序，在当前示例数据库中，如图 6.125 所示，Billoski，T.V. 共有 8 篇文献（有可能是同名的不同作者）。根据作者论文数的多少，大致可以判断出该领域的活跃分子和高产科学家。

如果在图 6.124 中选择 Year（年），数据库将会按照年代统计出每年发表的文章数。根据论文数增长的趋势大致可以判断出该领域的发展趋势。从图 6.126 示例数据库中可以看出该课题在 1998—2000 年期间发表的论文最多，以后逐渐减少。

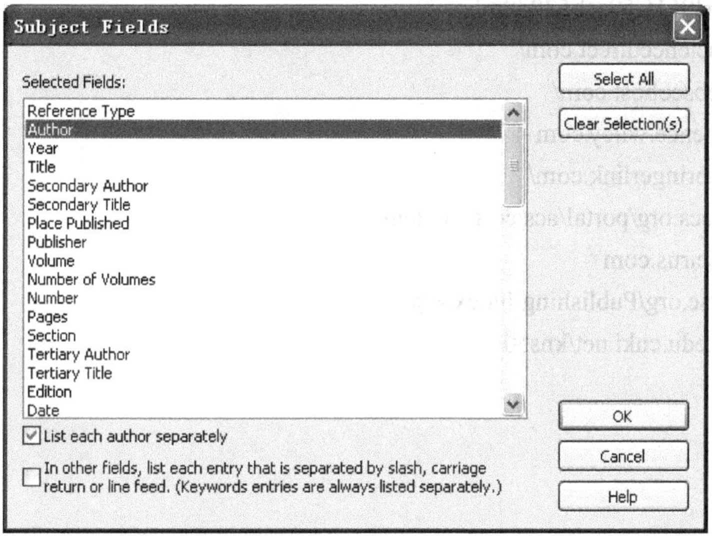

图 6.124　EndNote 的 Subject Fields 对话框

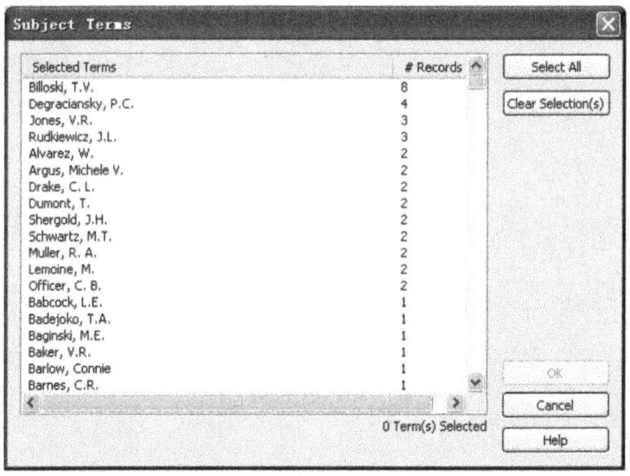

图 6.125　按照作者主题统计的数据

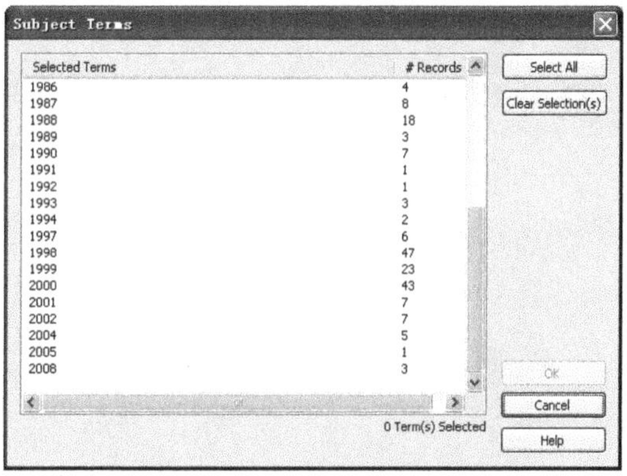

图 6.126　按照年代主题统计的数据

6.4.6　笔记的管理

读完一篇文献后，可以将重点内容、自己总结的概要、一些想法或者其他相关的信息记录在这篇文献的记录中。在 EndNote X2 中有两个位置可以记录大量的文字内容：Notes 和 Research Notes，每处可以记录 32KB 文字信息，如果是纯文本，差不多有 5 页纸的内容。通常 Notes 里有一些引用信息等，只有 Research Notes 是空的，建议用户做笔记时记录在这里。然后在偏好设定中，设定 Display Fields，将 Research Notes 设定为在主窗口显示。这样在主窗口中就可以浏览记录的信息了。

参考文献

[1] http://libiop.iphy.ac.cn/courses/Endnote-user.pdf.

[2] 罗昭锋. EndNote X 中文用户手册（试用版）. 2006.http://wenku.baidu.com/view/05dfa12ded63061C59eeb530.html.
[3] http://www.sciencedirect.com/
[4] http://www.ebscohost.com/
[5] www.interscience.wiley.com
[6] http://www.springerlink.com/
[7] http://portal.acs.org/portal/acs/corg/content
[8] http://www.scirus.com
[9] http://www.rsc.org/Publishing/Index.asp
[10] http://dlib2.edu.cnki.net/kns50/